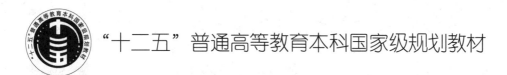

"十二五"普通高等教育本科国家级规划教材

电子线路 CAD 实用教程

——基于 Protel 99 SE 平台

(第 六 版)

潘永雄　沙　河　编著

西安电子科技大学出版社

内 容 简 介

　　本书以从事电子线路设计的工程技术人员、高等学校电子类专业学生作为读者对象，讲解了电子线路计算机辅助设计(CAD)的基本概念、设计规则，通过典型实例，系统地介绍了目前被广泛应用的电子线路 CAD 软件包——Protel 99 SE 的主要功能(包括原理图编辑、电路仿真、印制板设计、信号完整性分析)、安装和使用方法。考虑到从事电子线路 CAD 设计的实际工作需要，书中结合典型实例，尤其是对模拟仿真部分和 PCB 设计规则作了较为详细的讲解。

图书在版编目（CIP）数据

电子线路 CAD 实用教程：基于 Protel 99 SE 平台 / 潘永雄，沙河编著. —6 版. —西安：
西安电子科技大学出版社，2021.12(2023.4 重印)
ISBN 978–7–5606–6329–6

Ⅰ. ①电…　Ⅱ. ①潘…　②沙…　Ⅲ. ①电子电路—计算机辅助设计—AutoCAD 软件—高等
学校—教材　Ⅳ. ①TN702.2

中国版本图书馆 CIP 数据核字（2021）第 247447 号

策　　划　马乐惠
责任编辑　张　玮
出版发行　西安电子科技大学出版社(西安市太白南路 2 号)
电　　话　(029)88202421　88201467　　　邮　　编　710071
网　　址　www.xduph.com　　　　　　　电子邮箱　xdupfxb001@163.com
经　　销　新华书店
印刷单位　陕西日报社
版　　次　2021 年 12 月第 6 版　　2023 年 4 月第 2 次印刷
开　　本　787 毫米×1092 毫米　1/16　印　张　21.5
字　　数　511 千字
印　　数　3001～5000 册
定　　价　50.00 元
ISBN 978–7–5606–6329–6/TN
XDUP 6631006–2
如有印装问题可调换

前　言

本书第五版出版至今已近 5 年，这期间电子元器件封装工艺有了长足的进步，贴片封装元件已成为主流，甚至功率元件也以贴片封装为主；元件封装尺寸越来越小，引脚数量越来越多，引脚间距越来越小，使印制板布线密度越来越大。

由于价格因素及 PCB 设计行业特有的规律，Protel 99 SE 版在国内依然有大量用户，尽管 Protel 99 SE 在 Windows 7、Windows 10 操作系统下运行会遇到一些小问题，如不能用传统方式装入原理图(SCH)库文件和 PCB 封装图库文件，但 Protel 99 SE 代码小，对硬件配置要求低，安装快捷，使之非常适合作为电子 CAD 教学软件的平台；此外，Protel 99 SE 稳定性高，没有明显的漏洞，可在仿真窗口内创建任意的数学函数图像(因软件设计缺陷，基于 DXP 平台的 Altium Designer 各版本在仿真窗口内创建数学函数图像时显示异常)，实现工程设计中常遇到的数值求解计算。因此，本书第六版没有过多地介绍基于 DXP 平台的 Altium Designer ×× 高版本的使用方法，依然重点介绍电子 CAD 设计规律，毕竟 CAD 设计软件仅仅是实现设计思想的平台，掌握了电子 CAD 设计规则、方法、注意事项后，使用什么软件实现就不难了。

第六版继续围绕表面封装元器件布局/布线特征、PCB 设计的一般原则，在保留了第五版架构的基础上，根据读者的意见和建议做了如下修改：

(1) 系统地纠正了第五版第 5、6 章的错漏。

(2) 更新了附录。在附录中系统地阐述了在 Windows 7 及 Windows 10 环境下运行 Protel 99 SE 遇到的问题和解决方法。

本书可作为高等学校及高职院校电子类专业"电子线路 CAD"课程的教材或教学参考书，也可作为从事电路线路设计工作的工程技术人员的参考资料。

尽管我们力求做到尽善尽美，但因水平有限，书中仍难免存在不当之处，恳请读者继续批评、指正。

编者
2021 年 10 月

第 一 版 前 言

对电子线路设计人员来说,掌握电子线路计算机辅助设计(CAD)和计算机辅助制造(CAM)的基本概念,并能熟练运用有关 EDA(电子设计自动化)软件进行线路设计、仿真分析及印制电路板设计,将会极大地提高工作效率。本书系统、全面地介绍了目前最受欢迎的电子线路 CAD 软件之一——Protel 99 的功能、安装和使用方法,重点介绍了该 CAD 软件包内的原理图编辑、模拟仿真分析、印制板编辑及信号完整性分析等方面的基本知识和操作技能。考虑到电子线路 CAD 设计者的实际工作需要,书中结合典型实例,尤其是对模拟仿真部分,作了较为详细的讲解。

本书共分 7 章。第 1 章简要介绍了电子线路 CAD 的基本概念,Protel 98/99 的功能、安装以及设计文件管理等方面的基本知识;第 2、3 章详细介绍了原理图编辑器 Schematic 99 的功能和原理图绘制方法;第 4 章详细介绍了 Sim99 的功能及原理图仿真分析方法;第 5、6 章介绍了印制板编辑器 PCB 99 的功能、印制板设计过程和技巧,以及信号完整性分析的原理、必要性和操作方法;第 7 章简要介绍了元件封装图编辑器 PCBLib 99 的功能及元件封装图的编辑过程和方法。

选择该书作为电子类专业"电子线路 CAD"教材时,建议先讲授"原理图编辑与模拟仿真"部分,时间安排上略滞后于"电子线路"课程 5～10 周,以便学生利用模拟仿真功能学习电子线路知识,这将激发出学生学习本课程和电子线路课程的浓厚兴趣,收到良好的效果;而"印制板设计"部分最好安排在"电子整机"课程后。

本书可以作为高等学校电子类专业"电子线路 CAD"课程的教材或教学参考书,也可作为从事电子线路设计工作的工程技术人员的参考资料。

由于我们水平有限,书中难免存在不当之处,恳请读者批评指正。

编 者
2001年5月

目　　录

第 1 章　电子线路 CAD 与 Protel 99 SE 概述

1.1　电子线路 CAD 的概念

CAD 是 Computer Aided Design(计算机辅助设计)的简称。早在 20 世纪 70 年代，军工部门就开始利用计算机来完成飞机、火箭等航空、航天器的设计工作。CAD 的特点是速度快、准确性高，能极大地减轻工程技术人员的劳动强度，但在当时普及率低，主要原因是计算机价格昂贵，商品化的 CAD 软件种类很少。然而，随着计算机硬件技术的飞速进步以及价格的不断下降，40 多年后的今天，CAD 软件种类繁多，几乎所有的工业设计项目都有相应的 CAD 软件，并向 CAM(Computer Aided Manufacturing，计算机辅助制造)方向发展。可以这样说，CAD、CAM 的普及应用是计算机技术不断前进的动力之一，而在计算机设计、制造领域广泛采用 CAD、CAM 技术后，反过来又极大地缩短了计算机硬件的开发周期，从而促进了计算机技术的发展和进步。

电子线路 CAD 软件的基本功能是使用计算机来完成电子线路的设计过程，包括电原理图的编辑、电路功能仿真、工作环境模拟、印制板设计(包括自动布局、自动布线)与检测(包括布线、布局规则的检测和信号完整性分析)等。电子线路 CAD 软件还能迅速形成各种各样的报表文件，如元件清单报表，为元器件的采购及工程预决算等提供了方便。

目前，电子线路 CAD 软件种类很多，如早期的 TANGO、SmartWork、Auto Board、EE System、PCAD、OrCAD、Protel 等，其功能大同小异。其中 Protel 具有操作简单、方便、易学等特点，自动化程度较高，是目前比较流行的电子线路 CAD 软件之一。

在计算机上，利用电子线路 CAD 软件进行电路设计的过程大致如下：

(1) 编辑原理图。原理图编辑是电子线路 CAD 设计的前提，因此原理图编辑(Schematic Edit)是电子线路 CAD 软件必备的功能。

(2) 必要时利用 CAD 软件的电路仿真功能，对电路功能、性能指标进行仿真测试(如使用 Protel 99/99 SE 的 Sim 仿真器)。电路功能、性能主要由原理图决定。在仿真软件出现以前，只能通过实验方法对电路性能进行测试，但费用高、周期长；在仿真软件出现以后，即可通过仿真软件对电路性能进行模拟，既方便又快捷，而且费用低廉。因此，一个成熟的电子线路 CAD 软件最好应具备电路仿真功能。

(3) 如果电路中使用了 PLD 器件，则必须进行 PLD 设计，以便获得 PLD 烧结数据文件。因此，一个成熟的电子线路 CAD 软件最好能提供 PLD 设计功能(Protel 98/99 SE 提供了 PLD 设计功能)。

(4) 生成网络表文件(或直接执行 Protel 99/99 SE 原理图编辑器中"Design"菜单下的"Update PCB…"命令，创建 PCB 文件并将原理图中的元件序号、封装形式以及连接关系装入 PCB 文件内)。

(5) 不正确时返回(1)，修改原理图。

(6) 设计、编辑印制板(PCB)(执行“Update PCB…”命令，或启动 Protel 99/99 SE PCB 编辑器，并装入从原理图文件中提取的网络表文件)。PCB 设计是电子线路 CAD 设计的最终目的，因此 PCB 编辑功能的强弱(如自动布局、布线效果)是衡量电子线路 CAD 软件关键性能的指标之一。

(7) 对高速数字电路来说，完成印制板编辑后，可能还需要通过信号完整性分析，以确认信号在传输过程中是否发生畸变。

(8) 在 PCB 中生成网络表文件，并与 SCH 编辑器中生成的网络表文件进行比较，以确认 PCB 设计过程中是否改变了原理图中元件的连接关系。

1.2　Protel 99/99 SE 概述

Protel 是 TANGO 的继承者。美国 Accel Technology 公司于 1988 年推出了在当时非常受欢迎的电子线路 CAD 软件包——TANGO，它具有操作方便、易学、实用、高效的特点。但随着集成电路技术的不断进步——集成度越来越高，引脚数目越来越多，封装形式也趋于多样化，并以 QFP、PGA、BGA 等封装形式为主，使电子线路越来越复杂，TANGO 软件的局限性也就越来越明显。为此，澳大利亚 Protel Technology 公司推出了 Protel CAD 软件，作为 TANGO 的升级版本。Protel 上市后迅速取代了 TANGO，成为当时影响最大、用户最多的电子线路 CAD 软件包之一。

早期的 Protel 属于 DOS 应用程序，只能通过键盘命令完成相应的操作，使用起来并不方便。随着 Windows 95/98 的普及，Protel Technology 公司先后推出了 Protel for Windows 1.0、Protel for Windows 1.5、Protel for Windows 2.0、Protel for Windows 3.0 等多个版本，1998 年推出了全 32 位的 Protel 98，1999 年推出了 Protel 99、Protel 99 Service Pack1、Protel 99 SE 等版本，2002 年发布了在 Windows 2000、Windows XP 操作系统下运行的 Protel DXP 版本。Protel 98/99/99 SE 功能很强，将电原理图编辑、电路性能仿真测试、PLD 设计及 PCB 编辑等功能融合在一起，从而实现了电子设计自动化(EDA)。Protel 98/99/99 SE 具有 Windows 应用程序的一切特性，在 Protel 98/99/99 SE 中，引入了操作“对象”属性概念，使所有“对象”(如连线、元件、I/O 端口、网络标号、焊盘、过孔等)具有相同或相似的操作方式，实现了电子线路 CAD 软件所期望的“简单、方便、易学、实用、高效”的操作要求。本书将详细介绍 Protel 99 SE 的功能及使用方法。

Protel 99/99 SE 具有如下特点：

(1) 将原理图编辑(Schematic Edit)、印制电路板(PCB)编辑、可编程逻辑器件(PLD)设计、自动布线(Route)、电路模拟仿真(Sim)、信号完整性分析等功能有机地连在一起，是真正意义上的 EDA 软件，智能化、自动化程度较高。

(2) 支持由上到下或由下到上的层次电路设计，能够完成大型、复杂的电路设计。

(3) 当原理图中的元件来自仿真元件库时，可以直接对电原理图中的电路进行仿真测试。

(4) 提供 ERC(电气规则检查)和 DRC(设计规则检查)，能最大限度地减少设计差错。

(5) 库元件的管理、编辑功能完善，操作非常方便。通过基本的作图工具，即可完成原理图用元件电气图形符号以及 PCB 元件封装图形的编辑、创建。

(6) 全面兼容 TANGO 及 Protel for DOS，即在 Protel 99/99 SE 中可以使用、编辑 TANGO 或低版本 Protel 建立的文件，并提供了与 OrCAD 格式文件转换的功能。

(7) Schematic 和 PCB 之间具有动态连接功能，保证了原理图与印制板的一致性，以便相互检查、校验。

(8) 具有连续操作功能，可以快速地放置同类型元件、连线等。

1.2.1　Protel 99 SE 新增功能

Protel 公司 1999 年 3 月推出了 Protel 99 正式版，不久又推出了 Protel 99 SE(即 Protel 99 第二版)，两者的运行环境、操作方式(如电原理图编辑操作、自动布局与布线操作、印制板编辑等的操作方式)基本相同。与 Protel 99 相比，Protel 99 SE 主要做了如下改进。

1. 可选择设计文件类型

在创建新设计项目时，允许选择设计文件类型——可以选择.ddb 文件，也可以选择 Windows 系统文件。

2. 模拟仿真部分

(1) 改进了"Browse Simdata"(浏览仿真数据)窗口的操作界面，增加了观察对象创建 (New)和删除(Delete)按钮；强化了仿真曲线的测量方式，不仅可以获得 A、B 两个被测点的差——"B–A"，还可以获得最小值、最大值、平均值、均方值等参数。

(2) 虽然保留了"数学函数"仿真元件库，但作用已不大。在 Protel 99 SE 中，可通过"浏览仿真数据"窗口内的"New"按钮，借助基本的"数学函数"来构造观察对象(任一物理量)的数学表示式。这样便可直接观察各节点电压、支路电流、器件功率外的其他物理量及其仿真曲线，避免了在原理图内加入"数学函数"仿真元件和连线而对原理图造成的破坏。

(3) 强化了 AC 小信号分析波形观察方式，可以直接观察"群延迟"参数，且允许在 AC 小信号分析窗口内同时以两种方式观察被测对象。

(4) 扩充了仿真元件库，增加了新的仿真元件。

(5) 增加了观察信号类型。在 Protel 99 SE 中，可以观察任一元件中的电流量。

3. 原理图编辑器部分

(1) 改进了"Browse Sch"(浏览原理图)窗口的操作界面，当以"Library"(元件电气图形库)作为浏览对象时，增加了元件电气图形符号浏览按钮"Browse"和元件电气图形符号浏览窗。在元件电气图形符号浏览窗内，除了显示元件电气图形符号外，还提供了同一封装内的套数、套号信息，使操作者能够方便、迅速地找出目标元件的电气图形符号，直观性强。

(2) 改进了元件属性窗口的界面。

(3) 修改了部分对话窗的界面。

4. PCB 编辑器部分

强化了原理图与 PCB 编辑器的同步更新方式，在原理图窗口内执行"Design"(设计)

菜单下的"Update PCB…"命令，即可将原理图内的元件封装形式、电气连接关系装入同一设计数据库文件包内的 PCB 文件(如果存在多个 PCB 文件，会询问用户装入哪一个 PCB 文件；如果没有 PCB 文件，将自动产生 PCB 文件)中，无须先生成网络表后才能进行装入的操作过程。

5.　"Signal Integrity"(信号完整性分析)部分

(1) 强化了信号完整性分析功能，给每一分析参数均设置了缺省值，即使不对信号完整性分析参数进行任何设置，也能运行(只是结果与实际情况未必相符)。

(2) 调整了部分设置项的位置、内容，忽略了对分析结果影响不大的设置项，简化了分析参数的设置过程。

1.2.2　Protel DXP 概述

2002 年,Protel 公司正式发布了在 Windows 2000、Windows XP 操作系统下运行的 Protel DXP 版本，其运行环境要求比 Protel 99/99 SE 高，具体如下：

推荐配置	最小要求
Windows XP	Windows 2000 Professional
Pentium 1.2 GHz 或更快 CPU	Pentium 500 MHz
内存 512 MB	不小于 128 MB
硬盘空间不小于 620 MB	硬盘空间不小于 620 MB
32 MB 显存，分辨率 1024×768	8 MB 显存，分辨率 1024×768

Protel DXP 操作界面与 Protel 99/99 SE 相比变化较大，"工具"按钮、菜单项较多，初学者不易掌握。尽管 DXP 版新增了一些功能，但一般用户很少用到，且对显示器尺寸要求太高(当显示器尺寸小于 19 英寸时，感到界面上的文字、按钮偏小，眼睛很容易疲劳)，因此，Protel 99/99 SE 用户不一定愿意升级到 Protel DXP。

1.3　Protel 99/99 SE 的安装及启动

1.3.1　Protel 99/99 SE 的安装

1. Protel 99/99 SE 的运行环境

Protel 99/99 SE 对微机硬件要求不高,最低配置为:Pentium Ⅱ或 Celeron 以上 CPU(CPU主频越高，运行速度越快)，内存容量不小于 32 MB(最好是 64 MB 或 128 MB)，硬盘容量必须大于 1 GB(最好使用 8 GB 以上硬盘)，显示器尺寸在 15 英寸或以上，分辨率不能低于 1024×768。当分辨率低于 1024×768(如 800×600 或更低)时，将不能完整显示 Protel 99/99 SE 窗口的下侧及右侧部分(对于 15 英寸显示器来说，当显示分辨率为 1024×768 时，字体太小，不便阅读，因此 17 英寸显示器可能是 Protel 99/99 SE 的最低要求)。总之，硬件配置档次越高，运行速度越快，效果越好。

软件环境要求 Windows 95/98 或 Windows NT4.0 / 2000 以上版本。

就目前来说，Protel 99/99 SE 对微机硬件配置的要求不算高，一般容易满足。

2. Protel 99/99 SE 的安装

Protel 99 与 Protel 99 SE 的安装方法、过程相同：将 Protel 99/99 SE CD-ROM 光盘插入 CD-ROM 驱动器内，如果 CD-ROM 自动播放功能未被禁止的话，Protel 99/99 SE 安装向导将自动启动，并引导用户完成 Protel 99/99 SE 的安装过程。

当然也可以直接运行 Protel 99/99 SE 的安装文件 SETUP，启动安装过程。在安装过程中允许用户选择安装目录，缺省时 Protel 99 SE 安装在 "C:\Program Files\Design Explorer 99 SE"(Protel 99 安装在 "C:\Program Files\Design Explorer 99")文件夹内。在安装过程中，系统将提示用户输入访问码(访问码贴在产品包装外，是 Protel 99/99 SE 合法用户的标志，没有访问码将无法打开和使用 Protel 99/99 SE)。如果在安装时不输入访问码，也可以在安装后启动时输入访问码。

安装后，Protel 99 SE 所在目录的文件结构如图 1-1 所示(假设采用缺省安装路径)。

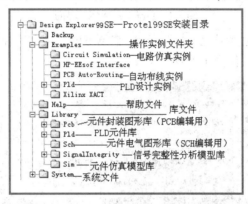

图 1-1　Protel 99 SE 安装后的文件结构

3. 安装补丁程序

完成 Protel 99 SE 安装后，可执行附带光盘上的 Protel 99_service_pack6.exe 文件，安装补丁程序。

4. 安装中文菜单

完成 Protel 99 SE 的安装后，在复制中文菜单前，先启动一次 Protel 99 SE，退出后将 Windows 根目录中的 Client 99se.rcs 英文菜单保存起来，然后将附带光盘中的 Client 99se.rcs 复制到 Windows 根目录下，再启动 Protel 99 SE 时，即可发现所有菜单命令后均带有中文注释信息。

1.3.2　Protel 99/99 SE 的启动

在 Protel 99/99 SE 的安装过程中，安装程序 SETUP.EXE 自动在 Windows 95/98 桌面上和"开始"菜单内建立 Protel 99 SE(Protel 99)的快捷启动方式图标，同时在"开始/程序"快捷菜单内也建立了 Protel 99 SE(Protel 99)的快捷启动方式菜单。因此，启动 Protel 99/99 SE 将非常容易，单击桌面上"开始"菜单内的 Protel 99 SE(Protel 99)快捷启动方式或 Protel 99 SE(Protel 99)快捷方式菜单内的 Protel 99 SE(Protel 99)快捷方式，均可启动 Protel 99/99 SE。Protel 99/99 SE 启动后的操作界面如图 1-2 所示。

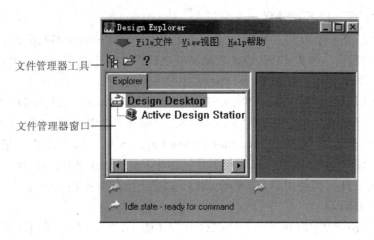

文件管理器工具

文件管理器窗口

图 1-2　Protel 99/99 SE 界面

　　单击 Protel 99 SE 主画面中"File"(文件)菜单下的"New"(新项目)命令，即可创建一个新的设计文件库(.ddb)，如图 1-3 所示。

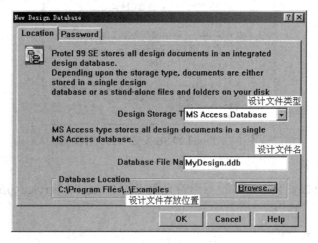

设计文件类型

设计文件名

设计文件存放位置

图 1-3　设计文件库

　　单击图 1-3 中的"Location"标签，即可选择设计文件类型，缺省时用设计数据库文件包，扩展名为 .ddb，即项目内所有文件存放在一个设计数据库文件包内，也可以选择 Windows 系统文件结构，即项目内不同的文件单独存放；还可指定新设计文件(.ddb)的存放路径(缺省时存放在 Design Explorer 99 SE 目录下的 Examples 子目录内，如 C:\Program Files\Design Explorer 99 SE\Examples)和文件名(MyDesign.ddb)。建议通过"Browse…"(浏览)按钮选择其他的目录路径(将用户数据文件存放在用户数据盘上特定目录内是一个好的习惯)，并在"Design File Name"文本框内输入新设计数据库的文件名。

　　必要时单击图 1-3 中的"Password"标签，输入访问该设计数据库(.ddb)文件的密码。输入密码后，再编辑、浏览设计数据库文件时要求输入的密码，这样可有效阻止他人非法浏览、修改该项目内的设计文件。

　　选择设计数据库文件存放路径并输入文件名后，单击"OK"按钮，即可进入 Protel 99 SE 的设计状态，如图 1-4 所示。

图 1-4　创建设计文件库后的界面

此时，窗口标题栏显示为"Design Explorer-[D:\p99\test.ddb]"(其中 D:\p99\test.ddb 就是设计数据库文件所在的目录及文件名)。在 Protel 99 SE 中的所有设计文件，如原理图文件(.sch)、印制板文件(.pcb)、仿真测试波形文件(.wav)以及各种报表文件等，缺省时均存放在设计数据库文件(Design DataBase)中。.ddb 文件实际上是一个文件包，其中既可以包含文件，也可以包含子目录。

在"设计文件列表"窗口内，单击设计数据库文件(test.ddb)前的小方块(或直接双击 test.ddb)，即可看到设计数据库文件(.ddb)内的文件结构，再单击各文件夹前的小方块即可显示或隐藏文件夹内的文件目录结构，如图 1-5 所示。

图 1-5　设计文件库(test.ddb)的结构

图 1-5 中，"Design Team"文件夹内存放了设计队伍(存放在"Members"文件夹内)、文件访问权限(不同设计人员对文件的访问权限存放在"Permission"文件夹内)以及会议记录等项目设计日常管理信息。"Recycle Bin"是设计文件回收站，其作用类似于 Windows 95/98 桌面上的"回收站"，用于存放删除的设计文件，必要时可以从中恢复。设计文件，如原理图文件、元件清单、模拟仿真波形文件、印制板文件以及各种各样的报表文件等，均存放在"Documents"文件夹内。

单击"设计文件管理器"窗口内的"Documents"文件夹或双击工作窗口内的"Documents"标签后，执行"File"菜单下的"New…"(创建新文件)命令，将弹出如图 1-6 所示的新文档(New Document)选择窗口。该文档选择窗列出了 Protel 99 SE 可以管理、编辑的文件类型，包括 Schematic Document(原理图文件)、Schematic Library Document(电原理图元件库文件)、

PCB Document(印制板文件)、PCB Library Document(印制板图形库文件)、Spread Sheet Document(Protel 表格文件，类似于电子表格)、Text Document(文本文件)、Waveform Document(波形文件)、Document Folder(文件夹)等。

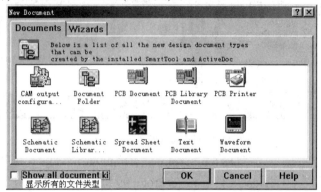

图 1-6　新文档选择窗

选择相应的文件类型，如"Schematic Document"(原理图文件)，单击"OK"按钮后将生成相应的设计文件，如图 1-7 所示。此时一般采用缺省文件名作为设计文件名，缺省的原理图文件为 Sheet n.sch (n=1,2,3 等)；缺省的 PCB 文件名为 PCB.PCB n；缺省的 PCB 元件封装图文件名为 PCBLib n.Lib；缺省的元件电气图形库文件名为 SchLib n.Lib。

图 1-7　系统创建的原理图文件名

当然，在"设计文件管理器"窗口内，直接双击设计文件图标也能进入相应的编辑状态。

1.3.3　Protel 99/99 SE 中的文件管理

在 Protel 99/99 SE 中，通过"设计文件管理器"可以方便、快捷地管理设计项目中数目庞大的不同类型的设计文件。"设计文件管理器"的使用方法与 Windows 中"资源管理器"的使用方法完全相同。

1. 打开设计文件

执行"File"菜单下的"Open…"命令(或直接单击工具栏内的"打开"按钮)，在如图 1-8 所示的"Open Design Database"窗口内，在"文件类型"下拉列表窗内选择相应的设计文件类型(如.Ddb)，在文件列表窗内找出并单击待打开的设计文件名(如 Design Explorer 99 SE\Examples 文件夹下的演示文件库 Z80 Microprocessor)后，再单击"打开"按钮(或直接双击文件列表窗内的设计文件)，即可打开一个已存在的设计文件库，如图 1-9 所示。

图 1-8　打开设计文件库选择窗

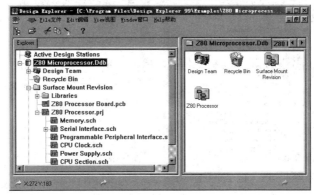

图 1-9　设计文件库 Z80 Microprocessor.Ddb 的结构

2. 列出或隐藏设计文件或文件夹内的目录结构

在"设计文件管理器"窗口内，单击设计文件库前的小方块，即可显示或隐藏设计文件库的目录结构；单击设计文件库内文件夹前的小方块即可显示或隐藏文件夹内的文件目录结构。

3. 文件切换

在"设计文件管理器"窗口内，直接单击文件夹或文件夹内的设计文件时，即可迅速打开文件夹，或切换到相应设计文件的编辑状态。

4. 文件删除、改名及复制

为了防止在文件复制、删除、改名等操作过程中改变系统提供的演示文件，不妨先在 D 盘上创建一个临时文件夹，如 D:\File Test，然后将 C:\Program Files\Design Explorer 99 SE\Examples\Z80 Microprocessor.Ddb 设计数据文件包复制到 D:\File Test 文件夹内，然后执行"File"(文件)菜单下的"Open"命令，打开 D:\File Test\Z80 Microprocessor.Ddb 文件，接着即可进行文件改名、删除、复制等操作。

1) 删除文件或文件夹

下面以删除图 1-10 窗口内"Surface Mount Revision"文件夹内的"Memory.sch"文件为例，说明文件删除的操作过程：

(1) 在"设计文件管理器"窗口内，双击"Surface Mount Revision"文件夹下的 Memory.sch 文件(即先切换到该文件的编辑状态)。

(2) 执行"File"菜单下的"Close"命令，关闭文件(或将鼠标移到文件名上，单击右键调出快捷菜单，指向并单击其中的"Close"命令关闭文件)。

(3) 单击"Surface Mount Revision"文件夹，返回图 1-10。

(4) 在如图 1-10 所示的"文件列表"窗口内，单击 Memory.sch 图标。

(5) 执行"File"菜单下的"Delete"命令，确认后即可将 Memory.sch 文件移到"Recycle Bin"(回收站)内。

当文件处于关闭状态时，将鼠标移到需要删除的设计文件上，按鼠标左键不放，直接将文件移到"Recycle Bin"(回收站)文件夹内也可迅速删除。

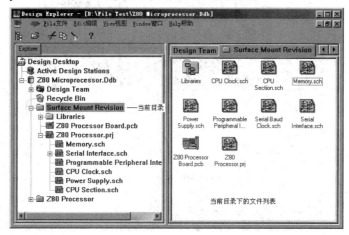

图 1-10　设计文件库(.Ddb)内文件夹结构

当删除对象为文件夹时，先逐一关闭文件夹内的文件，然后即可删除文件夹本身。

2) 永久删除与恢复

当需要彻底删除或从回收站内恢复某一文件时，在"设计文件管理器"窗口内，双击"Recycle Bin"(回收站)文件夹，在回收站窗口内，指向并单击目标文件(如图 1-11 所示)后，再执行"File"菜单下的"Delete"命令将目标文件永久删除；执行"File"菜单下的"Restore"命令将恢复目标文件；执行"File"菜单下的"Empty Recycle Bin"(清空回收站)命令将永久删除回收站内的所有文件。

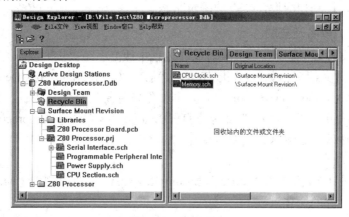

图 1-11　回收站

3) 文件或文件夹改名

当文件或文件夹处于关闭状态时，可对设计文件或文件夹进行改名。例如，在图 1-11

所示窗口内，将鼠标移到"Z80 Processor"文件夹上，单击鼠标右键，指向并执行"Close"(关闭)命令，再将鼠标移到"Z80 Processor"文件夹上，单击鼠标右键，指向并执行"Rename"命令，即可对"Z80 Processor"文件夹进行改名。

值得注意的是：在 Protel 99 状态下，单击设计文件窗口右上角的"关闭"按钮时，将关闭设计数据库文件(即关闭了整个设计数据库内的所有文件)，即窗口右上角"关闭"按钮的功能与"File"菜单下的"Close Design"命令相同。如果只需关闭设计数据库(.ddb)中某一特定设计文件时，只能通过当前编辑器窗口内"File"菜单下的"Close"(关闭)命令关闭当前正在编辑的文件。

4) 文件复制与搬移

复制文件的操作过程如下：

(1) 在"设计文件管理器"窗口内，单击源文件所在文件夹。

(2) 在如图 1-10 所示"文件列表"窗口内，找出并单击待复制的源文件；执行"File"菜单下的"Copy"命令(或将鼠标移到"文件列表"窗口内待复制的源文件图标上，单击右键，指向并单击快捷菜单内的"Copy"命令)。

如果执行"File"菜单下的"Cut"(剪贴)命令(或将鼠标移到"文件列表"窗口内待复制的源文件图标上，单击鼠标右键，指向并单击快捷菜单内的"Cut"命令)，则执行粘贴操作后，相当于进行了文件搬移。

(3) 单击目标文件夹，然后执行"File"菜单下的"Paste"(粘贴)命令，即可将指定文件或文件夹复制到目标文件夹内。

1.4　Protel 99/99 SE 电子线路设计流程

使用 Protel 99/99 SE 进行电子线路设计的流程大致如图 1-12 所示。

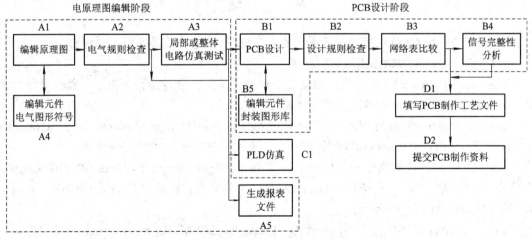

图 1-12　使用 Protel 99 SE 设计电子线路流程

1. 原理图编辑

先进入原理图编辑状态，编辑设计项目的电原理图(图 1-12 中的 A1 过程)。如果在编辑原理图的过程中，当某一元件的电气图形符号在 Protel 99 SE 提供(或已有)的电气符号库中找不到时，则需进入元件电气图形符号编辑状态(图 1-12 中的 A4 过程)以制作相应元件的电气图形符号。

完成了原理图编辑后，最好(但并非必须)使用原理图编辑器的电气规则检查(ERC)功能对原理图进行 ERC 检查(图 1-12 中的 A2 过程)，找出原理图中可能存在的缺陷。

必要时，通过电气仿真功能(图 1-12 中的 A3 过程)，对原理图整体或局部单元电路进行电气仿真分析，验证电路功能，获取相应的性能指标(或确定电路中某一元件的参数)。

生成元件清单报表文件(图 1-12 中的 A5 过程)，为系统元器件采购、工程预决算提供依据；生成网络表文件，为 PCB 设计结束后的网络表比较提供依据。

2. 设计 PCB 板

原理图编辑结束后，就可以进入 PCB 设计阶段(图 1-12 中的 B1 过程)。如果在 PCB 设计过程中，当某一元件的封装图在 Protel 99 SE 提供(或已有)的元件封装图库中找不到时，则需进入元件封装图编辑状态(图 1-12 中的 B5 过程)以制作相应元件的封装图。

PCB 设计结束后，最好使用 PCB 编辑器中的设计规则检查功能(图 1-12 中的 B2 过程)，对 PCB 进行检查，以确认是否存在与设计规则相抵触的错误。必要时，从 PCB 文件中抽取网络表文件，并与原理图网络表文件进行比较(图 1-12 中的 B3 过程)，确认 PCB 与原理图元件电气连接关系的一致性。对于高频电路来说，完成了 PCB 设计后，必要时通过信号完整性分析功能(图中的 B4 过程)，验证所设计的 PCB 的电磁兼容性指标是否达到要求。

3. 填写 PCB 制作工艺文件

当确认 PCB 无误后，即可填写 PCB 制作工艺文件(图 1-12 中的 D1 过程)，如指明覆铜板参数(如基板材料、厚度、铜箔厚度)、焊盘处理工艺等。如果系统中存在 PLD 器件，则可进入 PLD 仿真操作(图 1-12 中的 C1 过程)，生成 PLD 烧录文件。

习　题

1-1　电子线路 CAD 的基本含义是什么？CAD 软件包必须具备哪些功能？

1-2　指出 Protel 99/99 SE 的运行环境。

1-3　运行 Protel 99 SE 所要求的最低分辨率是多少？当显示分辨率小于软件要求的最低分辨率时，启动 Protel 99 SE 会遇到什么问题？

1-4　在 Protel 99 SE 状态下，打开 C:\Program Files\Design Explorer 99 SE\Examples Examples\Z80 Microprocessor.ddb 设计文件包，并浏览该文件包内的文件结构。

1-5　在 D 驱动器上建立一个 Examples 文件夹，并将 Design Explorer 99 SE\Examples 文件夹内的所有文件及目录拷贝到 D:\ Examples 文件夹内，然后启动 Protel 99 SE，并创建 My First Design.ddb 设计文件包。

1-6　在 Protel 99 SE 状态下，打开 D:\ Examples\Z80 Microprocessor.ddb 设计文件包，并将 Surface Mount Revision 文件夹内所有的.Sch 文件及.prj 文件复制到 D:\ Examples\My First Design.ddb 文件包内的 Documents 文件夹内。

1-7　删除 D:\ Examples\Z80 Microprocessor.ddb 文件包内 Surface Mount Revision 文件夹下的 Z80 Microprocessor.prj 文件，然后再从设计文件回收站内恢复该文件。

第 2 章　电原理图编辑

电原理图编辑是电子线路 CAD 最基本的功能，也是电子线路 CAD 的基础，因为从电原理图编辑器中提取的网络表文件是印制板设计过程中自动布局、自动布线的依据，同时电原理图也是电路性能仿真测试的前提。因此，电原理图的编辑操作是电路 CAD 软件最基本的操作，用户必须熟练掌握。本章通过一个简单实例介绍电原理图的概念以及在 Protel 99 SE SCH 编辑器中输入、编辑、检查、打印电原理图的基本知识。

2.1　电原理图的概念及绘制规则

1. 电原理图的概念

所谓电原理图，就是使用电子元器件的电气图形符号以及绘制电原理图所需的导线、总线等示意性绘图工具来描述电路系统中各元器件之间的电气连接关系的一种符号化、图形化的语言。

图 2-1 是大家非常熟悉的单管放大电路的电原理图，它由四个电阻、三个电容和一个 NPN 型三极管组成，图中使用了导线、电气节点、接地符号、电源符号 +VCC 四种绘图工具将电阻、电容、三极管等元器件的电气图形符号连接在一起。

既然电原理图是一种图形化、符号化的语言，那么在电原理图中使用的电气图形符号必须是当时某一地区或全世界范围内电气、电子工程技术人员所接受的、通用的图形符号，以便进行技术协作和交流，这就涉及元器件电气图形符号的标准和电原理图绘制规则问题。附录中摘录了 1985 年国家标准局制定的《电气图用图形符号》(即 GB 4728—85)中常见的元器件电气图形符号及绘制规则。

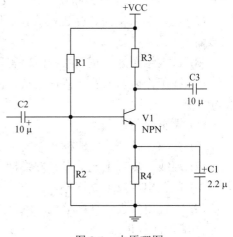

图 2-1　电原理图

在 Protel 99 SE 中，所有元器件的电气图形符号均存放在 Design Explorer 99 SE\Library\Sch 子目录下不同设计数据库文件(.ddb)内。DDB(Design Data Book)文件实际上是元件库文件包，在 DDB 元件库文件内可能包含一个或多个 .Lib 库文件，例如在仿真测试用元件电气图形符号 SIM.ddb 元件库文件包内就包含了 28 个 .Lib 电气图形符号库文件；而分立元件，如电阻、电容、电感、二极管、三极管、电位器等元器件的电气图形符号存放在 Miscellaneous Devices.ddb 元件库文件中；集成电路芯片按制造商分类分别存放在各自公司相应的数据库文件(.ddb)包内。例如，AMD 公司生产的集成电路芯片的电气图形符号就分类存放在如下数据库文件包内：

AMD Analog.ddb　　　　　　　　AMD 公司模拟元件的电气图形符号库

AMD Asic.ddb　　　　　　　　　AMD 公司特殊功能元件的电气图形符号库

AMD Converter.ddb　　　　　　AMD 公司转换器件的电气图形符号库

AMD Interface.ddb　　　　　　AMD 公司接口器件的电气图形符号库

AMD Logic.ddb　　　　　　　　AMD 公司数字逻辑电路芯片的电气图形符号库

AMD Memory.ddb　　　　　　　AMD 公司存储器芯片的电气图形符号库

AMD Microcontroller.ddb　　　AMD 公司微控制器芯片的电气图形符号库

AMD Miscellaneous.ddb　　　　AMD 公司混合器件的电气图形符号库

AMD Peripheral.ddb　　　　　　AMD 公司计算机外设器件的电气图形符号库

AMD Telecommunication.ddb　AMD 公司通信器件的电气图形符号库

需要说明的是，Protel 99 SE 元件库中的电气图形符号并不严格遵守某一特定标准，甚至同一元件具有两种或两种以上的电气图形符号，原因可能是各大公司使用的电气图形符号并不统一。必要时，可用 Protel 99 SE 提供的元件图形符号编辑器(SchLib)编辑、修改，有关 SchLib 编辑器的使用方法可参阅本章 2.1 节"启动元件图形符号编辑器"。

此外，在 Protel 99 SE 中，原理图的绘制规则也与 GB 4728—85 的规定有所区别。

2. 电原理图编辑器(SCH)的操作步骤

(1) 设置 SCH 编辑器的工作参数(不是必须，可以采用系统缺省的参数工作，尤其是初学者，可以先不急于修改系统工作参数)。

(2) 选择图纸幅面、标题栏式样、图纸放置方向等(对于初学者来说，也可以先采用缺省设置)。

(3) 放大绘图区，直到绘图区内呈现大小适中的栅格线为止。

(4) 在工作区内放置元器件：先放置核心元件的电气图形符号，再放置电路中剩余元件的电气图形符号。

(5) 调整元件位置。

(6) 修改、调整元件的标号、型号及其字体大小、位置等。

(7) 连线，放置电气节点、网络标号以及 I/O 端口。

(8) 放置电源及地线符号。

(9) 运行电气设计规则检查(ERC)，找出原理图中可能存在的缺陷。

(10) 加注释信息。

(11) 生成网络表文件(或直接执行 PCB 更新命令，自动产生一个同名的 PCB 文件)。

(12) 打印。

2.2　Protel 99 SE 原理图编辑器(SCH)的启动及界面认识

2.2.1　原理图编辑器窗口的组成

在图 1-6 中，选择"Schematic Document"(电原理图)，并单击"OK"按钮确认(或直接双击"Schematic Document"图标)后，在"Documents"文档下自动创建一个以"Sheet n.Sch"

作为文件名的原理图文件(但文件名并未确定,处于重命名状态,用户可以直接修改文件名,然后回车或单击鼠标左键确认),如图 2-2 所示。

图 2-2　系统创建的原理图文件名

如果不输入文件名就直接回车或单击鼠标左键,则将使用 Sheet1.Sch、Sheet2.Sch 等作为原理图文件名。

在图 2-2 中,直接双击"设计文件管理器"窗口内"Documents"文件夹下相应的原理图文件名,即可进入电原理图编辑状态,如图 2-3 所示。

图 2-3　原理图编辑窗口

Protel 99 SE 原理图编辑窗口由菜单栏、工具栏、原理图编辑窗口等部分组成,在原理图编辑窗口上还有各种设计文件标签,以方便编辑器、文件之间的切换,其中菜单栏内包含了"File"(文件)、"Edit"(编辑)、"View"(视图)、"Place"(放置)、"Design"(设计)、"Simulate"(仿真)、"Tools"(工具)、"PLD"(可编程器件)等菜单项,这些菜单命令的用途将在后续操作中逐一介绍。

需要指出的是,建立在同一文件夹下的原理图文件,如 Sheet1.Sch、Sheet2.Sch 彼此之间并不关联,除非按层次电路设计规则来组织同一文件夹内的原理图文件。

在 Protel 99 SE 中,通过"设计文件管理器"(Design Manager)切换文件非常方便,单击工作窗口上的文件标签,即可切换到相应文件的编辑状态。

单击"File"菜单下的"Open"命令,将打开另一设计项目。设计项目打开后,设计项目内的所有文件及文件夹均显示在"设计文件管理器"窗口内,单击设计项目内的文件夹即可观察到其中的文件,单击其中的文件即可切换到该文件的编辑状态。

等选项，其中：

● Orientation：用于选择图纸方向。可选择 Landscape(风景画方式，即水平)方式或 Portrain(肖像方式，即垂直)方式。由于显示屏水平方向尺寸大于垂直方向尺寸，因此图纸放置方向取水平方式更直观(打印时，将打印方向设为纵向后，即可获得良好的打印效果)。

● Title Block：用于选择图纸标题栏式样。SCH 编辑器提供了 Standard(标准)和 ANSI(美国国家标准协会制定的标题栏格式)两种形式的图纸标题栏,图纸各部分的名称如图 2-6 所示。

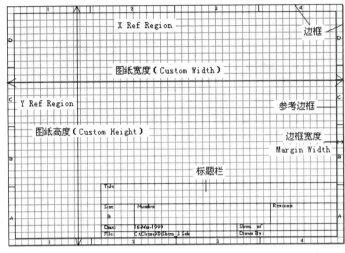

图 2-6　图纸各部分名称

当"Title Block"选项前的复选框处于选中状态(框内含有 √)时，显示"标题栏"；反之，不显示"标题栏"。

● Show Reference Zone：用于显示/关闭图纸的参考边框。

● Show Border：用于显示/关闭图纸的边框。

● Show Template Graphics："图纸模板图形"的显示开关。当不选择该复选项时，不显示图纸模板点位图(有些图纸模板含有点位图信息)。

● Border：用于选择图纸边框的颜色，缺省时为黑色(对应的颜色值为 3)。改变边框颜色的操作过程如下：将鼠标移到 Border 颜色框内，单击鼠标左键，即可弹出如图 2-7 所示的颜色选择窗；在"Basic colors"(基本色)或"Custom colors"(用户自定义颜色)列表窗内单击所需的颜色，然后单击"OK"按钮即可改变图纸边框的颜色。当"Basic colors"(基本色)列表窗内提供的 256 种颜色和"Custom colors"(用户自定义颜色)列表窗提供的 16 种颜色不能满足要求时，用户还可单击图 2-7 中的"Define Custom Colors…"按钮调出 Windows 的调色板，利用混色原理，在 Windows "颜色"设置框内调出自己喜欢的颜色，然后单击"添加到自定义颜色(Λ)"按钮，将调出的颜色放到用户自定义颜色框内，再单击"确定"按钮，返回图 2-7 所示的颜色选择窗，然后就可以在"Custom colors"列表窗内选择用上述方法

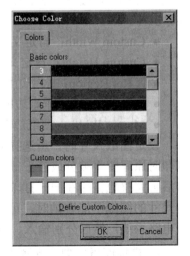

图 2-7　颜色选择窗

调出的颜色。

● Sheet：用于选择图纸底色，缺省时为淡黄色(对应的颜色值为 214)。在编辑过程中，不必重新设定图纸的底色，但在打印前往往需要将图纸底色改为"白色"，否则图纸底色同样会被打印出来。

在编辑原理图的过程中，更换图纸尺寸、方向时，如果发现原理中部分元件超出图纸边框，则不宜存盘退出，否则再也无法打开该文件。这时可按如下步骤处理：

(1) 执行"Design"菜单下的"Options…"命令，选择原来或更大的图纸尺寸。

(2) 如果电路图尺寸并不大，只是位置太偏，才超出新选定图纸的边框，则选定后调整电路图位置，然后再重新设置图纸尺寸，反复几次总可以使电路图不会超出新图纸的边框。如果电路图太大，无论如何调整，在新选定的图纸上还是无法容纳时，就只好放弃使用更小尺寸的图纸。

2.2.3　设置 SCH 的工作环境

启动 SCH 编辑器后，可采用缺省的 SCH 环境参数编辑原理图。不过，在编辑、绘制原理图前，了解有关 SCH 编辑器工作环境、参数(如光标形状、大小，可视栅格形状、颜色，光标移动方式、屏幕刷新方式等)的设置方法，然后根据不同操作任务和个人习惯重新设置，操作起来也许会更方便、自然，工作效率会更高。

1. 光标形状、大小的选择

单击"Tools"菜单下的"Preferences…"(优化)命令，在弹出的对话框内单击"Graphical Editing"标签，即可显示如图 2-8 所示的设置窗口。在"Cursor/Gird Options"设置框内，单击"Cursor"即可重新选择光标的形状和大小：

● Small Cursor 90：小 90°，即小"十字"光标(缺省设置)。在放置总线分支时，选用90°光标可避免斜 45°光标与总线分支重叠，以便准确定位。

● Large Cursor 90：大 90°，即大"十字"光标。采用大 90°光标时，光标的水平与垂直线长(充满整个编辑区)。在元件移动、对齐操作的过程中，常采用大 90°光标，以便准确定位。

● Small Cursor 45：小 45°倾斜光标。在连线、放置元件等操作过程中，选择 45°光标更容易看清当前光标的位置，以便准确定位。

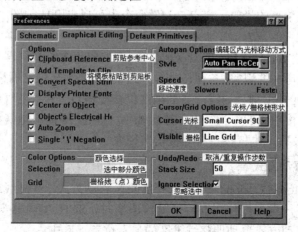

图 2-8　设置 SCH 编辑器工作环境

2. 可视栅格形状、颜色及大小的选择

可视栅格设置仅影响屏幕的视觉效果，打印时，不打印栅格线。

(1) 栅格形状的设置：在图 2-8 中，单击"Cursor/Gird Options"(光标/栅格选择)设置框内的"Visible"项，即可选择可视栅格的形状：

- Dot Grid(点画线)。
- Line Grid(直线条)。

(2) 栅格颜色的设置：在图 2-8 中，单击"Color Options"(颜色)选项框内的"Grid"(栅格)项，即可重新选择栅格的颜色(缺省时为灰色，对应的颜色值为 213)。

(3) 选中对象颜色的设置：在图 2-8 中，单击"Selection"即可重新选择"选中对象"在屏幕上的颜色(缺省时为黄色，对应的颜色值为 230)。

(4) 栅格大小的设置：在图 2-5 中(单击"Design"菜单下的"Options…"命令，再单击"Sheet Options"标签)，单击"Girds"选项框内的"Visible"项即可重新设置栅格的大小，缺省值为 10(没有单位)，取值大小仅影响显示屏上的视觉效果，一般不用修改。

取消"Visible"复选框内的"√"号，意味着不显示可视栅格(不显示可视栅格时，不利用于元器件放置、移动、连线等操作过程中的定位，因此一般要显示栅格)。

单击"View"菜单下的"Visible Grid"命令也可以允许或禁止显示可视栅格。

(5) 选择光标的移动方式：在图 2-5 中，"Girds"选项框内的"Snap"项用于锁定栅格。如果选择"锁定栅格"方式，则光标移动时只能按设定的距离移动。例如，当可视栅格大小为 10 时，而"Snap"也是 10，则光标移动的最小距离将是 10 个单位。选择"锁定栅格"方式能快速、精确定位，连线时容易对准元件的引脚，避免出现连线与连线之间、引脚与连线之间因定位不准确造成不相连的情形。

单击"View"菜单下的"Snap Grid"命令也可以允许或禁止锁定栅格。

(6) 设置电气格点自动搜索功能及范围："Electrical Grid"用于设置"电气格点自动搜索"功能和范围。当图 2-5 中"Electrical Grid"(电气格点自动搜索)选择框内的"Snap"项处于选中状态时，在连线、放置网络标号状态下，当光标移到电气节点附件(以电气格点为中心，以"Electrical Grid"选择框内的"Grid"设定值为半径的范围内)时，光标会自动跳到电气格点上(此时光标下将出现一个直径约 2 mm 的黑圆斑)，从而保证了连线的准确性。

单击"View"菜单下的"Electrical Grid"命令也可以打开或关闭"电气格点自动搜索"功能。

不过，"Visible""Snap""Electrical Grid"三者的取值大小要合理，否则连线时反而会造成定位困难或连线弯曲的现象。一般来说，可视栅格大小与锁定栅格大小相同(锁定栅格取 10 或 5 均能保证元件引脚、导线端点准确定位在栅格点上)；"电气格点自动搜索"半径范围要略小于锁定栅格距离的一半，例如锁定栅格大小为 10 时，电气格点自动搜索半径取 4，而当锁定栅格为 5 时，电气格点自动搜索半径取 2。

3. 设置编辑区移动方式

图 2-8 中的"Autopan Options"用于选择编辑区移动方式。在画线或放置元件操作过程中，即在命令状态下，当光标移到编辑区窗口边框时，SCH 编辑器窗口将根据"Autopan Options"项设定的移动方式自动调整编辑区的显示位置，其中：

● Auto Pan Off：关闭编辑区自动移动方式。

● Auto Pan Fixed Jump：按 Step Size 和 Shift Step 两项设定的步长移动(建议采用这种移动方式)。

● Auto Pan ReCenter：以光标当前位置为中心，重新调整编辑区的显示位置。

在速度较快的微机系统中，如 Pentium Ⅱ、Celeron 以上档次微机系统中，最好关闭编辑区自动移动方式，否则因刷新、移动速度太快，反而不好操作；而在慢速微机系统中，可采用编辑区自动移动方式。

4. 打开/关闭"自动放置电气节点"功能

在连线操作过程中，当两条连线交叉或连线经过元件引脚端点时，SCH 编辑器会自动在连线的交叉点上放置一个"电气节点"，使两条连线在电气上相连；同样，当连线经过元件引脚端点时，也会自动放置一个"电气节点"，使元件引脚与连线在电气上相连。采用自动放置电气节点方式的目的是为了提高绘图速度，但有时会出现误连，因此最好禁止这一功能，而通过手工方式在需要连接的连线或连线与元件引脚交叉点上放置电气节点。

单击"Tools"菜单下的"Preferences…"命令，在弹出的对话框内单击"Schematic"标签，如图 2-9 所示，单击"Options"设置框内的"Auto-Junction"复选框，去掉其中的"√"号，即可关闭自动节点放置功能。

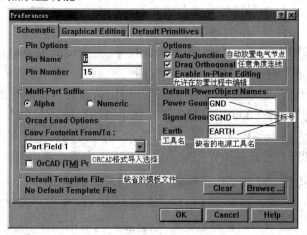

图 2-9　设置 SCH 编辑器工作环境的"Schematic"标签

5. 禁止/允许任意角度连线

在图 2-9 中，单击"Options"设置框内的"Drag Orthogonal"(任意角度连线)复选框，即可禁止(缺省设置)/允许任意角度连线，一般不使用任意角度连线方式。

6. 设置模板文件

用户除了使用 SCH 编辑器提供的缺省模板文件作底图外，还可以选择 Protel 99 SE 提供的其他模板文件作底图，甚至使用自己建立的模板文件作底图(有关模板文件的建立方法将在 2.13 节中介绍)。

Protel 99 SE 模板数据库文件存放在\Design Explorer 99 SE\System\Template 目录下，扩展名为.TAB。单击图 2-9 中的"Browse…"按钮，在弹出的"Default Template File"对话窗内，选择相应的模板数据库文件并确认，所选择的模板文件即出现在图 2-9 的"Default

Template File"文本盒内，然后单击"OK"按钮退出，即可完成模板文件的装入过程。

需要说明的是，新装入的模板文件并不立即生效，只有重新打开一个新的电原理图文件时，才使用新装入的模板文件作底图。

2.3　电原理图绘制

设置了 Protel 99 SE 原理图编辑器的工作环境、图纸尺寸等参数后，就可以在当前图纸工作区内绘制、编辑电原理图。下面以绘制、编辑图 2-10 所示电路为例，介绍电原理图编辑的基本操作。

不断单击"主工具"栏内的"放大工具"按钮(或按 Page Up 键)，直到工作区内显示出大小适中的可视栅格线为止，然后即可进行原理图的绘制操作。

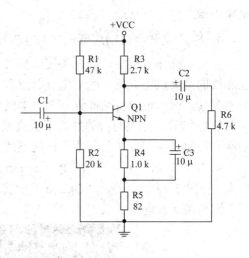

图 2-10　原理图编辑操作演示电路

2.3.1　元件电气图形符号库及管理

原理图中元件的电气图形符号分类存放在不同的元件电气图形库文件(.Lib)中，初学者往往不知道正在编辑的原理图中的元器件(如图 2-10 中的核心元件 NPN 三极管)存放在哪一元件电气图形符号库文件中，因此绘制原理图的第一步就是确定待放置目标元件的电气图形符号存放在哪一元件电气图形库文件(.ddb)中，然后将元件电气图形符号文件添加到元件库文件列表中，再从元件库文件列表中选择相应的元件库(.Lib)作为当前元件库，从当前元件库中选择所需的元件电气图形符号，并放置到编辑区内，即可完成元件电气图形符号的放置过程。

1. 元件库概念及 Protel 99 SE 元件电气图形符号库的认识

在 Protel 99 SE 中，进行原理图编辑所需的元件电气图形符号均存放在 Design Explorer 99 SE\Library\Sch 子目录下不同设计数据库文件(.ddb)内。DDB(即 Design Data Book 的简称)文件实际上是元件库文件(.Lib)包，在 DDB 设计数据库文件内可能包含一个或多个 .Lib 元件库文件，例如，在仿真测试用元件电气图形符号 Sim.ddb 文件包内就包含了 28 个 .Lib 元件电气图形符号库文件；分立元件，如电阻、电容、电感、二极管、三极管、电位器等元器件的电气图形符号存放在 Miscellaneous Devices.ddb 元件库文件中；集成电路芯片按制造商分类分别存放在各自公司相应的数据库(.ddb)文件包内。

当然 Protel 99 SE 也可以使用 Protel 98 或更低版本的原理图用元件电气图形符号库文件。

对于初学者来说，往往不知道将要放置的元件电气图形符号是否能在当前设计数据库文件包(.ddb)内找到，也不知道它在哪一元件库文件(.Lib)中。在这种情况下，当然可以通过"元件"列表窗下的"Find"按钮，查找将要放置的元件电气图形符号所在的图形库文件，但在 Protel 99 SE 中，元件电气图形符号库是一个文件包，收录的元件种类、数目又多，查找速度较慢(尤其是当 CPU 档次、主频较低时，查找速度会更慢)。因此，为了便于读者迅速找出所需元件电气图形符号，下面列出了 Protel 99 SE 所有的 SCH 库文件包(位于 Design Explorer 99 SE\Library\Sch 目录下)，并附简要说明。

Actel User Programmable.ddb	Actel 公司用户可编程器件的电气图形符号库
Allegro Integrated Circuits.ddb	Allegro 公司集成电路芯片元件的电气图形符号库
Altera Asic.ddb	Altera 公司特种器件的电气图形符号库
Altera Interface.ddb	Altera 公司接口器件的电气图形符号库
Altera Peripheral.ddb	Altera 公司计算机外设器件的电气图形符号库
AMD Analog.ddb	AMD 公司模拟元件的电气图形符号库
AMD Asic.ddb	AMD 公司特殊功能元件的电气图形符号库
AMD Converter.ddb	AMD 公司转换器件的电气图形符号库
AMD Interface.ddb	AMD 公司接口器件的电气图形符号库
AMD Logic.ddb	AMD 公司数字逻辑电路芯片的电气图形符号库
AMD Memory.ddb	AMD 公司存储器芯片的电气图形符号库
AMD Microcontroller.ddb	AMD 公司微控制器芯片的电气图形符号库
AMD Miscellaneous.ddb	AMD 公司混合器件的电气图形符号库
AMD Peripheral.ddb	AMD 公司计算机外设器件的电气图形符号库
AMD Telecommunication.ddb	AMD 公司通信器件的电气图形符号库
Analog Devices.ddb	模拟器件库
Actel Programmable Logic Device.ddb	Actel 公司可编程逻辑器件电气图形符号
Burr Brown Analog.ddb	Burr Brown 公司模拟元件的电气图形符号库
Burr Brown Converter.ddb	Burr Brown 公司转换器件的电气图形符号库
Burr Brown Industrial.ddb	Burr Brown 公司工业器件的电气图形符号库
Burr Brown Interface .ddb	Burr Brown 公司接口器件的电气图形符号库
Burr Brown Peripheral.ddb	Burr Brown 公司计算机外设器件的电气图形符号库
Burr Brown Telecommunication.ddb	Burr Brown 公司通信器件的电气图形符号库
Dallas Analog.ddb	Dallas 公司模拟器件的电气图形符号库
Dallas Consumer.ddb	Dallas 公司用户器件的电气图形符号库
Dallas Converter.ddb	Dallas 公司转换器件的电气图形符号库
Dallas Interface.ddb	Dallas 公司接口器件的电气图形符号库
Dallas Logic.ddb	Dallas 公司数字逻辑电路芯片的电气图形符号库
Dallas Memory.ddb	Dallas 公司存储器芯片的电气图形符号库
Dallas Microprocessor.ddb	Dallas 公司微处理器芯片的电气图形符号库
Dallas Miscellaneous.ddb	Dallas 公司混合器件的电气图形符号库
Elantec Analog.ddb	Elantec 公司模拟元件的电气图形符号库
Elantec Consumer.ddb	Elantec 公司用户器件的电气图形符号库
Elantec Industrial.ddb	Elantec 公司工业器件的电气图形符号库
Elantec Interface.ddb	Elantec 公司接口器件的电气图形符号库
Gennum Analog.ddb	Gennum 公司模拟器件的电气图形符号库

Gennum Consumer.ddb	Gennum 公司用户器件的电气图形符号库
Gennum Converter.ddb	Gennum 公司转换器件的电气图形符号库
Gennum DSP.ddb	Gennum 公司 DSP 器件的电气图形符号库
Gennum Interface.ddb	Gennum 公司接口器件的电气图形符号库
Gennum Miscellaneous.ddb	Gennum 公司混合器件的电气图形符号库
HP-Eesof.ddb	HP-Eesof 公司器件的电气图形符号库
Intel Databooks.ddb	Intel 公司数据文件的电气图形符号库
International Rectifier.ddb	International Rectifier 公司器件的电气图形符号库
Lattice.ddb	Lattice 公司器件的电气图形符号库
Lucent Analog.ddb	Lucent 公司模拟元件的电气图形符号库
Lucent Asic.ddb	Lucent 公司特种器件的电气图形符号库
Lucent Consumer.ddb	Lucent 公司用户器件的电气图形符号库
Lucent DSP.ddb	Lucent 公司 DSP 器件的电气图形符号库
Lucent Industrial.ddb	Lucent 公司工业器件的电气图形符号库
Lucent Interface.ddb	Lucent 公司接口器件的电气图形符号库
Lucent Logic.ddb	Lucent 公司数字逻辑器件的电气图形符号库
Lucent Memory.ddb	Lucent 公司存储器芯片的电气图形符号库
Lucent Miscellaneous.ddb	Lucent 公司混合器件的电气图形符号库
Lucent Oscillator.ddb	Lucent 公司振荡器的电气图形符号库
Lucent Peripheral.ddb	Lucent 公司计算机外设器件的电气图形符号库
Lucent Telecommunication.ddb	Lucent 公司通信器件的电气图形符号库
Maxim Analog .ddb	Maxim 公司模拟器件的电气图形符号库
Maxim Miscellaneous.ddb	Maxim 公司接口器件的电气图形符号库
Maxim Interface.ddb	Maxim 公司混合器件的电气图形符号库
Microchip.ddb	Microchip(微芯片)公司微处理器的电气图形符号
Miscellaneous Devices.ddb	混合元件库,相当于 Protel 98 中分立元件库 Device.Lib
Mitel Analog.ddb	Mitel 公司模拟器件的电气图形符号库
Mitel Logic.ddb	Mitel 公司数字逻辑器件的电气图形符号库
Mitel Peripheral.ddb	Mitel 公司计算机外设器件的电气图形符号库
Mitel Telecommunication.ddb	Mitel 公司通信器件的电气图形符号库
Motorola Analog.ddb	Motorola 公司模拟器件的电气图形符号库
Motorola Consumer.ddb	Motorola 公司用户器件的电气图形符号库
Motorola Converter.ddb	Motorola 公司转换器件的电气图形符号库
Motorola Databooks.ddb	Motorola 公司数据文件的电气图形符号库
Motorola DSP.ddb	Motorola 公司数字处理器芯片的电气图形符号库
Motorola Microcontroller.ddb	Motorola 公司微控制器芯片的电气图形符号库
NEC Databooks.ddb	NEC 公司数据文件的电气图形符号库
Newport Analog.ddb	Newport 公司模拟器件的电气图形符号库
Newport Consumer.ddb	Newport 公司用户器件的电气图形符号库

NSC Analog.ddb	NSC 公司模拟器件的电气图形符号库
NSC Consumer.ddb	NSC 用户器件的电气图形符号库
NSC Converter.ddb	NSC 公司转换器件的电气图形符号库
NSC Databooks.ddb	NSC 公司数据文件的电气图形符号库
NSC Industrial.ddb	NSC 公司工业器件的电气图形符号库
NSC Miscellaneous.ddb	NSC 公司混合器件的电气图形符号库
NSC Oscillator.ddb	NSC 公司振荡器的电气图形符号库
NSC Telecommunication.ddb	NSC 公司通信器件的电气图形符号库
Philips.ddb	Philips 公司器件的电气图形符号库
PLD.ddb	可编程器件的电气图形符号库
Protel DOS Schematic Libraries.ddb	Protel DOS 原理图库
QuickLogic Asic.ddb	QuickLogic 公司特种器件的电气图形符号库
RF Micro Devices Analog.ddb	RF Micro Devices 公司模拟器件的电气图形符号库
SGS Analog.ddb	SGS 公司模拟器件的电气图形符号库
SGS Asic.ddb	SGS 公司特种器件的电气图形符号库
SGS Consumer.ddb	SGS 公司用户器件的电气图形符号库
SGS Converter.ddb	SGS 公司转换器件的电气图形符号库
SGS Industrial.ddb	SGS 公司工业器件的电气图形符号库
SGS Interface.ddb	SGS 公司接口器件的电气图形符号库
SGS Logic SIM.ddb	SGS 公司数字逻辑模拟仿真元件的电气图形符号库
SGS Memory.ddb	SGS 公司存储器芯片的电气图形符号库
SGS Microcontroller.ddb	SGS 公司微控制器的电气图形符号库
SGS Microprocessor.ddb	SGS 公司微处理器的电气图形符号库
SGS Miscellaneous.ddb	SGS 公司混合器件的电气图形符号库
SGS Telecommunication.ddb	SGS 公司通信器件的电气图形符号库
Sim.ddb	模拟仿真分析元件图形符号库
Spice.ddb	模拟仿真激励信号源及少量元件图形符号库
TI Databooks.ddb	TI 公司数据文件的电气图形符号库
TI Logic.ddb	TI 公司数字逻辑器件的电气图形符号库
TI Telecommunication.ddb	TI 公司通信器件的电气图形符号库
Western Digital.ddb	Western Digital 公司器件的电气图形符号库
Xilinx Databooks.ddb	Xilinx 公司数据文件的电气图形符号库
Zilog Databooks.ddb	Zilog 公司数据文件的电气图形符号库
Altera Memory.ddb	Altera 公司存储器芯片的电气图形符号库
AMD Microprocessor.ddb	AMD 公司微处理器芯片的电气图形符号库
Burr Brown Oscillator.ddb	Burr Brown 公司振荡器的电气图形符号库
Dallas Telecommunication.ddb	Dallas 公司通信器件的电气图形符号库
Lucent Converter.ddb	Lucent 公司转换器件的电气图形符号库
Mitel Interface.ddb	Mitel 公司接口器件的电气图形符号库

Motorola Oscillator.ddb   Motorola 公司振荡器的电气图形符号库

NSC Interface.ddb   NSC 公司接口器件的电气图形符号库

RF Micro Devices Telecommunication.ddb   RF Micro Devices 通信元器件的电气图形符号库

SGS Peripheral.ddb   SGS 公司计算机外设器件的电气图形符号库

如果已知待放置元件的电气图形符号所在元件电气图形库(.Lib)文件名，即可在库文件列表窗内找出并单击对应的元件库文件，使其成为当前元件库(或通过"Add/Remove"按钮装入元件库列表)。

2. 从元件库列表中选择当前库文件

当前元件库(.Lib)文件显示在原理图编辑器窗口(如图 2-4 所示)的元件电气图形库列表窗内。如果当前元件库列表窗内空白，可单击该列表窗内的下拉按钮，从已打开的元件库列表中选择特定的元件库作为当前元件库。

当前元件库文件内的元器件名称显示在"元件列表窗"内，如图 2-4 所示。

3. 元件库的装入与移出

如果元件电气图形库列表窗内没有显示目标元件电气图形库(.Lib)文件名，则说明该元件库没有装入，需要通过"Add/Remove"按钮装入。下面以装入 C:\Program Files\Design Explorer 99 SE\Library\Sch 目录下的 Sim.ddb(仿真分析用元件电气图形库)文件为例，说明装入元件库的操作过程。

(1) 在图 2-4 所示的原理图编辑器窗口内，单击元件电气图形库列表窗下的"Add/Remove"按钮。

(2) 在图 2-11 所示的"Change Library File List"窗口内，单击"文件类型(T)"列表下拉按钮，选择 .ddb 文件类型(由于 Protel 99 SE 元件电气图形存放在 .ddb 数据库文件包内，因此一般选择 .ddb 类型文件，当需要装入 Protel 98 及以前版本的元件电气图形库时，可选择 .Lib 文件类型)。

图 2-11 更改元件库列表

(3) 不断单击"搜索(I)"列表窗的下拉按钮，直到元件库文件所在目录 C:\Program Files\Design Explorer 99 SE\Library\Sch 成为当前目录。

(4) 在文件列表窗口内找出目标元件电气图形库文件 Sim.ddb，然后双击(或单击库文件名后，再单击"Add"按钮)，所选择的元件库文件即出现在图 2-11 中的"Selected Files"(选定库文件)列表窗口内。

(5) 单击"Selected Files"(选定文件)列表窗下的"OK"按钮退出，即完成元件库文件的装入，如图 2-12 所示。

在图 2-11 所示"Selected Files"列表窗口内，直接双击某一元件库文件名(或单击元件库文件名后，再单击"Selected Files"列表窗下的"Remove"按钮)，对应库文件即从已选定元件库文件列表中消失，再单击"OK"按钮返回原理图编辑器，相应的元件库文件即从元件电气图形库文件列表窗口中消失(但不删除库文件本身，需要时仍可通过图 2-4 窗口内的"Add/Remove"按钮，执行以上(1)～(5)步操作过程，再将它添加到元件电气图形库列表窗口内)。

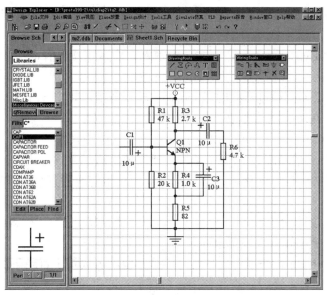

图 2-12　装入 Sim.ddb 元件电气图形符号库文件包后

4. 确定元件所在库

当操作者无法确定待放置元件的电气图形符号位于哪一元件电气图形库文件时，可单击原理图编辑窗口(如图 2-4 所示)内元件列表窗口下的"Find"按钮，在图 2-13 所示的"Find Schematic Component"(查找原理图用元件电气图形符号)窗口内的"Find Component"文本框内输入待查找的元件名(可以是元件的全名或其中的一部分)，然后设置查找范围，单击"Find Now"按钮，启动元件查找操作。

图 2-13　查找原理图用元件电气图形符号

(1) 在"By Library Reference"文本盒中输入待查找的元件名，如 74LS04、8031 等，输入的元件名中可以使用"*"(代替任意长度的字符串)或"?"(代替任一字符)等通配符，以扩大查找范围，避免遗漏。如果只知道元件名的一部分，可使用通配符扩大查找范围，例如当元件名设为"*80?31*"时，将找出所有厂家生产的 8031 系列芯片，如 8031、80C31 等。

(2) 必要时在"By Description"文本盒内输入元件属性描述信息，也可以找到元件所在的元件电气图形库文件。缺省时，不使用该查找方式。

(3) 在"Search"(查找)对话框的"Scope"(搜索范围)中设定查找范围：

● All Drives：在所有驱动器中查找。

● Specified Path：在由"Path"文本盒指定的目录中查找。

● List Libraries：在元件库列表中查找。建议使用这一查找方式，原因是 Protel 99 SE 元件电气图形库以文件包形式存放，元件数目多，采用前两种查找方式时，查找速度可能较慢。

(4) 在"Path"文本盒中输入查找的路径，只有当查找范围设为"Specified Path"时，才需要在 Path 文本盒中输入查找目录路径。

(5) 当选择"Sub Directories"选项时，将搜索驱动器或特定目录下的子目录。

输入待查找元件名，设置好查找范围、条件后，即可单击"Find Now"按钮，启动查找过程。当找到目标元件时，可以选择下列操作方式之一：

● 单击"Stop"按钮，停止搜索。

● 不做任何干预，继续搜索，直到找出满足条件的所有元件库。

在图 2-13 所示的查找条件下，单击"Find Now"按钮后，查找结果如图 2-14 所示，满足条件的元件为 2N2222、2N2222A、P2N2222A 三个元件，这三个元件存放在 C:\Program Files\Design Explorer 99 SE\Library\Sch 目录下的 Sim.ddb 文件包内的 BJT.LIB 元件电气图形符号库文件中。

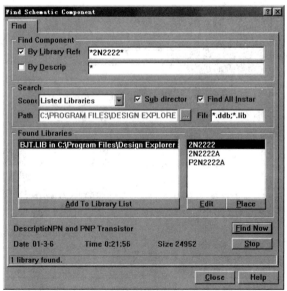

图 2-14　查找结果

(6) 找到后，在图 2-14 中满足条件的元件列表窗口内单击特定元件后，再单击 "Place" 按钮，即可将指定元件放到原理图编辑区内；单击 "Found Libraries"(找出的库文件列表)窗口下的 "Add to Library List" 按钮，则可将元件所在的库文件加入到库元件文件列表中。

2.3.2　放置元件

1. 放置元件的操作过程

编辑原理图的第一步就是从元件电气图形库文件中找出所需元件的电气图形符号，并把它们逐一放到原理图编辑区内。下面以图 2-10 所示的分压式偏置放大电路为例，介绍元件放置的操作过程。

(1) 选择待放置元件所在的电气图形库作为当前元件电气图形库文件(.Lib)。

图 2-10 中仅包含电阻、电容、三极管等分立元件。而分立元件电气图形符号存放在 C:\Program Files\Design Explorer 99 SE\Library\Sch\ Miscellaneous Devices.ddb 数据库文件包内的 Miscellaneous Devices.Lib 库文件中。因此首先单击"Add/Remove"按钮，将 Miscellaneous Devices.ddb 元件库文件装入库文件列表中(操作过程参阅 2.3.1 中 "元件库的装入与移出" 部分内容)。

(2) 在元件电气图形库文件列表窗口内，找出并单击 Miscellaneous Devices.Lib 文件，使它成为当前元件电气图形库文件，如图 2-12 所示。

(3) 在元件列表内找出并单击所需的元件。

在放置元件操作过程中，一般优先安排原理图中核心元件的位置。在图 2-10 所示电路中，核心元件是 NPN 三极管，因此，通过滚动元件列表窗内的上下滚动按钮，在元件列表窗内找出并单击 "NPN1" 元件，如图 2-15 所示。

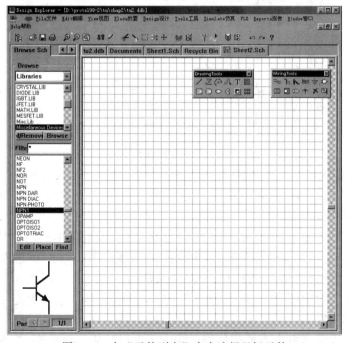

图 2-15　在"元件列表"窗内选择目标元件

为了提高操作效率,也可以在图 2-15 所示的"Filter"(元件过滤器)文本盒中输入"NPN*"并回车，这样元件列表窗内将只显示以"NPN"作为元件名前三个字符的元件。

对于没有经验的初学者来说，往往不知道所需元件位于哪一元件库内，也不知道库内元件名(往往是简称)与元件电气图形符号之间的对应关系。对于集成电路芯片，只要知道生产商和元件类型，就可以判断出元件所在电气图形数据库文件包，例如 AM27256 芯片，其中的"AM"是 AMD 公司的商标，而 27256 是 EPROM 存储器芯片，这样即可判断出该元件电气图形符号应该放在 AMD Memory.ddb 数据库文件包内；而对于通用的分立元件，Protel 99SE 元件库中的元件名往往是元件名全称的缩写，例如用"RES"作为电阻器(Resistor)元件名，用"CAP"作为电容器(Capacitor)元件名，用"Electro"作为电解电容器(Electrolysis Capacitor)元件名，用"Inductor"作为电感器(Inductor)元件名等。

(4) 放置元件。

单击元件列表窗口下的"Place"(放置)按钮，将 NPN 三极管的电气图形符号拖到原理图编辑区内，如图 2-16 所示。

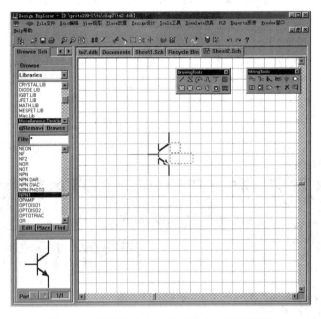

图 2-16　从元件库中取出元件电气图形符号

从元件电气图形库中拖出的元件，在单击鼠标左键前，一直处于激活状态，元件位置会随鼠标的移动而移动。移动鼠标，将元件移到编辑区内指定位置后，单击鼠标左键固定，然后再单击鼠标右键或 Esc 键退出元件放置状态，这样就完成了元件放置操作，如图 2-17 所示。

在图 2-17 中，三极管电气图形符号上的"NPN1"是元件的型号，"Q?"是元件的序号，显然不是我们所期望的，为此可在单击"Place"按钮后，按下 Tab 键进入元件属性对话窗进行修改，关于如何修改元件属性，后面将详细介绍。

执行"Place"(放置)菜单下的"Part..."命令，同样可以实现放置元件操作，但远不如通过"Place"按钮操作方便。

Protel 99 SE SCH 编辑器具有连续操作功能，执行了某一操作后，需单击右键或按 Esc 键结束当前的操作，返回空闲状态。

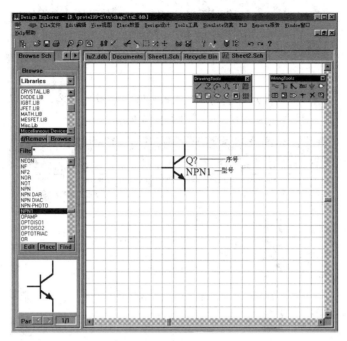

图 2-17　在原理图编辑区内放置了 NPN 三极管电气图形符号

放置电阻：滚动元件列表窗内的上下滚动按钮，在元件列表窗口内找出并单击 "RES2" 元件，然后再单击 "Place" 按钮，将电阻器的电气图形符号粘贴到编辑区内，如图 2-18 所示。

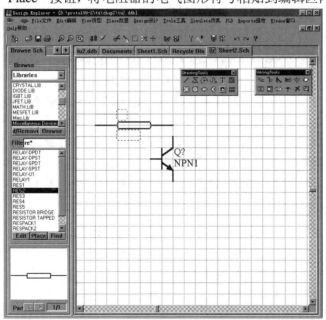

图 2-18　粘贴到编辑区内的电阻元件

在元件未固定前，可以通过下列按键调整元件的方向：

空格键：每按一次空格键，元件沿逆时针方向旋转 90°。

X 键：左右对称。

Y 键：上下对称。

通过上述按键调整电阻方向，移到适当位置后，单击鼠标左键固定。

Protel 99 SE 具有连续放置功能，固定第一个电阻后，可不断重复"移动鼠标→单击左键固定"的操作方式放置剩余电阻，待放置了所有同类元件后，再单击右键(或按 Esc 键)退出，这样操作效率较高。

按同样方法，将极性电容(元件名称为 Electro1)和无极性电容(元件名称为 CAP)等元件的电气图形符号粘贴、固定在编辑区内，如图 2-19 所示。

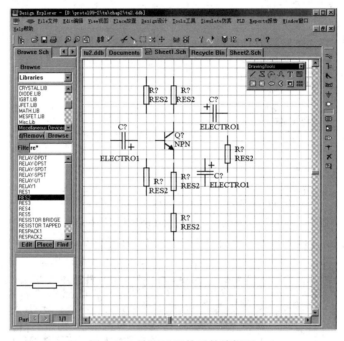

图 2-19　放置了元件后的编辑区

可见，放置单个元件的操作过程可概括为：选择(在元件列表窗内找出并单击要放置的目标元件)→单击"Place"按钮→按 Tab 键修改元件序号、型号等属性→移到编辑区指定位置→单击鼠标左键固定→单击鼠标右键退出放置状态；连续放置同类元件的操作过程为：固定了同类元件中的第一个元件后，不断重复"按 Tab 键进入元件属性设置状态(必要时)→移动鼠标→单击鼠标左键"放置后续元件，再单击鼠标右键退出元件放置状态。

2. 调整元件位置和方向

如果感到图中元件的位置、方向不尽合理，可通过如下方式调整：

方法一：将鼠标移到待调整的元件上，单击鼠标左键，选定目标元件，被选定的目标元件的四周将出现一个虚线框，如图 2-20 所示。

再单击鼠标左键，被选定的元件即处于激活状态，然后就可：

● 移动鼠标调整位置。

● 按空格键：使选定对象沿逆时针方向旋转 90°。

● 按 X 键：左右对称。

● 按 Y 键：上下对称。

当元件调整到位后，单击鼠标左键固定即可。

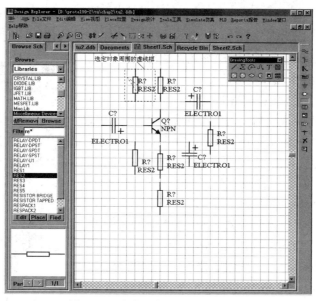

图 2-20　选定对象周围出现虚线框

方法二：将鼠标移动到目标元件上，按下鼠标左键不放，然后直接移动鼠标(或通过空格、X、Y 键也能迅速移动元件位置或调整元件方向)，当元件调整到位后，松开鼠标左键即可。

注意：为了确保元器件之间正确连接，在放置、移动元件操作时，必须保证彼此相连的元件引脚端点间距大于或等于 0，即两元件引脚端点可以相连或相离(靠导线连接)，但不允许重叠。

3. 删除多余的元件

当需要删除图中一个或多个元件时，可通过如下方式实现：

方法一：将鼠标移到需要删除的元件上，单击鼠标左键，选定需要删除的目标元件，然后按 Del 键将其删除。

方法二：执行"Edit"(编辑)菜单下的"Delete"命令，然后将光标移到待删除的元件上，单击鼠标左键即可迅速删除光标下的元件，然后单击鼠标右键退出删除状态(执行了 Protel 99 SE 中的某一命令后，一般需要通过单击鼠标右键或按下 Esc 键退出)。该方法的特点是执行了"Edit/Delete"命令后，通过"移动→单击"方式可迅速删除多个元件，操作结束后，再单击鼠标右键退出命令状态。在删除操作过程中，如果误删了其中的某一元件，可单击主工具栏内的"恢复"工具(等同于"Edit"菜单下的"Undo"命令)恢复。

方法三：当需要删除某一矩形区域内的多个元件时，最好单击"主工具"栏内的"标记"工具，然后将光标移到待删除区的左上角，单击鼠标左键，移动光标到删除区右下角，单击鼠标左键，标记待删除的元件；然后执行"Edit"菜单下的"Clear"命令。

方法四：当需要删除多个无法用矩形区标记的元件时，可执行"Edit"菜单下的"Toggle Selection"命令，然后不断重复"移动光标到待删除的元件上，单击鼠标左键"过程，直到选中了所有待删除的元件，然后执行"Edit"菜单下的"Clear"命令。

4. 修改元件选项属性——序号、封装形式、型号(或大小)

细心的读者可能会问，图 2-19 中元件电气图形符号上的"R?"、"C?"、"Q?"代表什么？

它们就是元件序号。在缺省状态下，元件序号用"R?"、"C?"、"Q?"、"U?"表示，这显然不是我们所期望的，因为图 2-10 中的 NPN 三极管的序号是 Q1。可以通过如下方法修改元件的序号、封装形式、型号(或大小)等元件选项属性。

1) 在放置元件操作过程中修改

在放置元件操作过程中，单击 "Place" 按钮将元件从元件电气图形库文件中拖出后，没有单击鼠标左键前，元件一直处于激活状态，这时按下键盘上的 Tab 键，即可调出元件属性设置窗，如图 2-21 所示，其中各栏目含义如下：

● Lib Ref：元件在电气图形符号库中的名称，不能修改，但可以更换为库内的另一元件名。

图 2-21　元件属性设置窗

● Footprint：元器件封装形式。元件封装形式是印制板编辑过程中布局操作的依据，必须给出，除非不打算做印制板，如仅用 Protel 99 SE 原理图编辑器画电原理图而已。对于集成电路芯片来说，常见的封装形式有 DIP(Dual In-line Package，即双列直插式)、SIP(Single In-line Package，即单列直插式，主要用于电阻排以及一些数字/模拟混合集成电路芯片的封装)、SOP(Small Outline Package，即小外形封装，引脚间距只有 50 mil，多见于数字集成电路芯片)、SOIC(Small Outline Integrated Circuit，即小尺寸集成电路封装，引脚间距与 SOP 相同，也主要用于数字集成电路芯片)、TSSOP (Thin Shrink Small Outline Package，即超薄小尺寸封装，多见于数字 IC 及部分 MCU 芯片)、PQFP(塑料四边引脚扁平封装)、PLCC(塑料有引线芯片载体封装)、PGA(插针网格阵列)、BGA(球形网格阵列)等。

为适应不同的应用场合，大部分集成电路芯片提供了两种或两种以上的封装形式。

对于分立元件，如电阻、电容、电感来说，元件封装尺寸与元件大小、耗散功率、安装方式等因素有关。

例如，轴向引线(即传统穿通式 AXIAL 封装形式)电阻器为 AXIAL0.3～AXIAL1.0，对于常用的 1/8 W、1/16 W 小功率轴向引线电阻来说，可采用 AXIAL0.25 或 AXIAL0.3(即两引线孔间距为 6.35～7.62 mm)；对于 1/4 W 电阻来说，可采用 AXIAL0.3 或 AXIAL0.4(即两引线孔间距为 7.62～10.16 mm)，如表 2-1 所示。对于大尺寸电阻来说，当采用竖直安装方式时，也可采用 AXIAL0.3 封装方式。

表 2-1　轴向引线封装电阻尺寸与参考封装形式

电阻种类 /W	电阻体长度 L/mm	电阻体直径 D/mm	最佳跨距 /mm	最大跨距 /mm	参考封装形式
1/16、1/8、1/4	3.2	1.5	6.35(250 mil)	7.62(300 mil)	AXIAL0.25 (AXIAL0.3)
1/4、1/2	6.0	2.3	8.89(350 mil)	10.16(400 mil)	AXIAL0.35 (AXIAL0.4)
1/2、1	9.0	3.0	12.70(500 mil)	17.78(700 mil)	AXIAL0.5

电解电容封装形式一般采用 RB.2/.4(两引线孔距离为 0.2 英寸，而外径为 0.4 英寸)到 RB.5/1.0(两引线孔距离为 0.5 英寸，而外径为 1.0 英寸)。大容量及小容量电容封装尺寸应根

据实际尺寸进行选择，例如一些 10 μF/10 V 小尺寸电容引线孔距仅为 0.05 英寸，外径仅为 0.1 英寸。

普通二极管的封装形式为 DIODE0.3～DIODE0.7。

普通三极管的封装形式由三极管型号决定，常见的有 TO-39、TO-42、TO-54、TO-92A、TO-92B、TO-220 等。

对于小尺寸设备，多采用表面封装器件，如电阻、电容、电感等一般采用 SMC 无引线封装方式，例如，1/16 W 或 1/10 W 小功率贴片电阻多采用 0402 或 0603 封装规格；1/8 W 小功率贴片电阻多采用 0805 封装规格；而 1/4 W 贴片电阻多采用 1206 封装规格(部分 1/8 W、1/4 W 电阻也采用 1005 封装规格)。

对于普通三极管、集成电路来说，多采用 SMD 封装方式。例如，小功率三极管及某些具有三个引脚的集成电路多采用 SOT(小外形晶体管)，如 SOT-23、SOT-25、SOT-89 等封装形式，引脚排列有 ECB(最常见)和 EBC(比较少)两种。

不过元件封装形式应由线路设计人员提供，而不是由电原理图编辑、印制板设计者确定的。但如果 Protel 操作者同时又是电路的设计者，则最好先到元器件市场购买所需的元器件后，再进行电原理图编辑和印制板设计，这时器件型号完全确定，可以从器件手册查到元件封装形式和尺寸，或测绘后用 PCBLib 编辑器创建元件的封装图。

● Designator：元件序号(有时也称为元件标号)。缺省时，Protel 99 SE 用 "R?"、"C?"、"Q?"、"U?" 等表示。

元件序号，即元件在电路图中的顺序号，一般均需要给出。在放置元件操作时，可以立即给出，也可以暂时用缺省的 "R?"、"C?"、"Q?" 或 "U?" 等表示，待整个电路编辑结束后，逐个修改或让 Protel 99 SE 自动编号。

Protel 99 SE 对元件序号命名没有限制，可以是任意字符串，但为了提高电路图的可读性，元件序号命名最好遵守如下规则：

根据功能将整个电路系统划分为若干子电路系统，并用数字编号。例如电视机电路图就可以分为整机电源电路、行扫描电路、场扫描电路、显像管附属高压电路及控制电路、伴音电路、中放电路、视放电路等多个子系统，分别用数字 1、2、3 等作为子电路系统的序号，如电源部分编号为 "1"、中放电路编号为 "2"、视放电路编号为 "3" 等，于是就可以使用如下方法表示：电阻用 "Rnxx" 表示，其中的 n 是子电路编号，xx 作为该电阻在 n 号子电路中的顺序号。例如 R301 表示该电阻位于 3 号子电路内，其顺序为 01，即 R301 是 3 号子电路中的第一个电阻。同样，电容用 "Cnxx" 表示；电感用 "Lnxx" 表示；电位器用 "VRnxx" 表示；二极管用 "Dnxx" 或 "Vnxx" 表示，稳压二极管用 "DZnxx" 或 "Vnxx" 表示；三极管用 "Qnxx" 或 "Vnxx" 表示；集成电路用 "Unxx" 或 "ICnxx" 表示。

对于一个复杂的设计项目来说，可能含有多张电路图，如果每一子电路分别绘制在不同的原理图中，则元件序号可以采用缺省值，待所有元件调入后通过元件属性全局选项在元件序号前加上 "子电路序号"，再结合 "自动编号" 功能，对元件重新编号，使元件序号格式为 Rnxx、Cnxx、Unxx。

如果设计项目中不同子电路均绘制在同一原理图内，强烈推荐在输入过程中采用 "元件类型＋子电路序号＋?" 的元件序号格式，如子电路 1 中所有电阻序号设为 "R1?"，所有二极管序号设为 "D1?"；子电路 2 中所有电阻序号设为 "R2?"，所有三极管序号设为 "Q2?"。

待放置了所有元件后，利用"自动编号"功能及元件属性全局选项修改功能，使元件序号自动变为 Rnxx、Cnxx、Unxx 格式。

　　但确定电路图中元件序号的工作往往不是由原理图编辑、印制板设计者承担的，而是电路设计师在构造线路时就已经拟定，除非 CAD 操作者就是线路的设计者。

　　● Part：元件选项属性窗内的第一个"Part"参数的含义是型号或大小。缺省时，Protel 99 SE 将元件名称作为型号。对于电阻、电容、电感等元件来说，可在该文本盒内输入元件的大小，如 1 kΩ(电阻阻值)或 10 μF(电容容量)等；对于二极管、三极管、集成电路芯片来说，可以在该文本盒内输入元件的型号，如 1N4148(二极管型号之一)、9013(三极管型号之一)、74LS00(74 系列数字集成电路芯片中的四套 2 输入与非门电路)等。

　　第二个"Part"的含义是同一封装中的第几套电路。许多集成电路芯片，同一封装内含有多套电路，例如 74LS00 芯片内就含有四套 2 输入与非门电路，这时就需要指定选用其中的哪一套电路。

　　● Select：当选择该项时，固定后的元件自动处于选中状态。

　　● Hidden Pins：当选择该项时，将显示隐含的元件引脚，如集成电路芯片中的电源引脚 VCC 和地线 GND。

　　在元件属性窗口内，当"Hidden Pins"处于非选中状态时，不显示定义为隐含属性的元件引脚名称及编号。大多数分立元件，如电阻、电容、二极管、三极管等的引脚编号定义为隐含属性；集成块的电源 VCC 和地线 GND 引脚一般也定义为隐含属性。

　　● Hidden Field：显示元件仿真参数 Part Field1～Part Field16 的数值。

　　● Field Name：显示元件仿真参数 Part Field1～Part Field16 的名称。

2) 激活后修改

将鼠标移到元件上，直接双击也可以调出如图 2-21 所示的元件选项属性设置窗。

重新设定元件序号、型号(或大小)以及封装形式等选项参数后的结果，如图 2-22 所示。

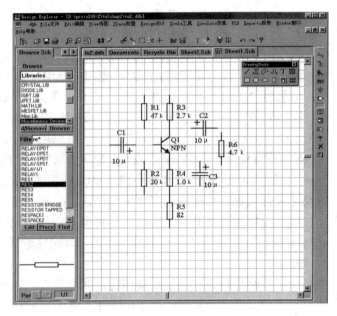

图 2-22　元件属性修改结果

3) 修改、调整元件序号/型号(大小)

在 Protel 99 SE 中，许多对象(如元件、元件序号、型号等)均具有相同或相似的属性和操作方法。

例如，将鼠标移到电阻 R4 的序号"R4"上，按下鼠标左键不放，移动鼠标即可将该序号移到另一位置。在移动过程中，按下空格键还可以旋转序号字符串(字符对象，如序号、型号只有旋转功能，没有对称功能)。

将鼠标移到序号上，双击鼠标左键，还可以调出"序号"的选项属性设置窗。例如将鼠标移到"C1"序号上，双击左键即可调出 C1 序号的选项属性设置窗，如图 2-23 所示。

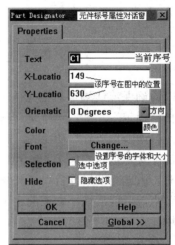

图 2-23 中各项含义介绍如下：

● Text：当前序号。可以输入新的序号(当采用汉字作为元件序号时，可以使用除智能 ABC 输入法以外的任一种输入法，如郑码、全拼等方式输入)，也可以删除，即不输入任何字符。

● X-Location：序号在图中位置的 X 轴坐标。

● Y-Location：序号在图中位置的 Y 轴坐标。

● Orientation：序号中的字符方向(0 表示水平放置，没有旋转；90、180、270 表示旋转了相应的角度)。

图 2-23 元件序号选项属性设置窗

● Change…：单击该按钮，将调用 Windows 98/2000 的字体设置窗，修改序号的字体、字型及字号(即大小)。

● Color：表示序号字体的颜色，缺省时为蓝色(对应的颜色值为 223)。修改序号颜色与修改图纸底色的操作方法相同。

● 当 Hide 选项处于选中状态时，表示将该序号隐藏(注意隐藏与不存在不同)。

型号选项属性设置窗与序号选项属性设置窗相同，修改方法也相同。

由于元件属性具有继承性(即封装形式、型号、大小等不变，序号自动递增)，因此，当原理图中的元器件序号需要人工编号时，强烈推荐在放置元件过程中，按下 Tab 键调出元件属性设置窗，给出序号、封装形式、型号(或大小)等参数，这样放置了同类元件的第一个元件后，即可通过"移动→单击鼠标"方式放置图中剩下的同类型元件。在放置后续同类元件时将会发现：元件的序号自动递增，如第一个电阻的序号为 R101，再单击鼠标放置第二个电阻时，其序号自动设为 R102，省去了每放一个元件前均需按 Tab 键修改元件选项属性的操作过程，提高了效率。

2.3.3 连线操作

完成元件放置及位置调整操作后，就可以开始连线、放置电气节点、电源及地线符号等操作。

在 Protel 99 SE 原理图编辑器中，原理图绘制工具，如导线、总线、总线分支、电气节点、网络标号等均集中存放在"画线"工具(Wiring Tools)中(如图 2-24 所示)，不必通过"Place"菜单下的相应操作命令放置。因此，当屏幕上没有画线工具时，可执行"View"菜单下的

"Toolbars\Wiring Tools"命令打开画线工具窗(栏)，然后直接单击"画线"工具中的工具执行相应的操作，以提高原理图的绘制速度。

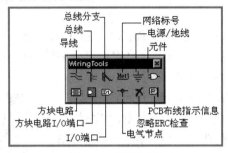

图 2-24　画线工具

为确保连线端点对准元件引脚端点，在连线前最好启用"自动搜索电气节点"功能和"栅格锁定"功能，至于是否需要打开或禁止"自动节点放置"功能则视个人习惯而定(关闭"自动节点放置"功能时，需要通过手工方式在导线、元件引脚的"T"形连接处以及导线的交叉点放置电气节点，可能出现遗漏，造成该连的不连；而启用"自动节点放置"功能时，原理图编辑器自动在导线与导线的交叉点、导线与引脚的"T"形连接处放置一个电气节点，可能出现不该连的连了。如何设置这些参数，可参阅 2.2.3 节"设置 SCH 的工作环境")。

1. 连线

单击画线工具中的 ≒(导线)工具(注意，在连线时一定要使用"Wiring Tools"工具栏中的导线)，SCH 编辑器即处于连线状态，将光标移到元件引脚的端点、导线的端点以及电气节点附近时，光标下将出现一个黑圆圈(表示电气节点所在位置)，如图 2-25 所示。

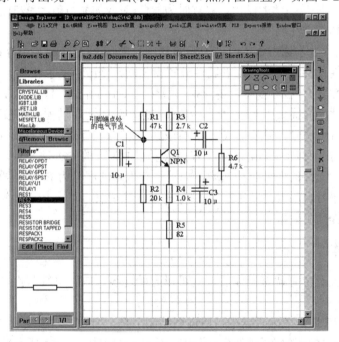

图 2-25　元件引脚端点、导线端点的电气连接点

连线过程如下:

(1) 单击导线工具。

(2) 必要时按下空格键切换连线方式。Protel 99 SE 提供了 Any Angle(任意角度)、45 Degree Start(45°开始)、45 Degree End (45°结束)、90 Degree Start(90°开始)、90 Degree End (90°结束)和 Auto Wire(自动)六种连线方式,如图 2-26 所示。一般可以选择"任意角度"外的任一连线方式。

(3) 当需要修改导线选项属性(宽度、颜色)时,按 Tab 键调出导线选项属性设置对话窗,如图 2-27 所示。

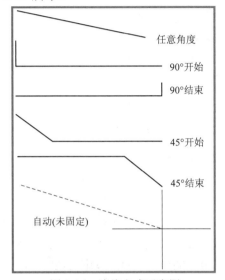

图 2-26　连线方式示意图

图 2-27　导线选项属性设置窗口

导线属性选项包括导线宽度、导线颜色等,其中:

● Wire:导线宽度,缺省时为 Small,SCH 提供了 Smallest、Small、Medium、 Large 四种导线宽度。当需要改变导线宽度时,可单击导线宽度列表窗下拉按钮,指向并单击相应规格的导线宽度即可。一般情况下,选择 Small,即细线,以便与总线相区别。

● Color:导线的颜色,缺省时为蓝色(颜色值为 223)。

(4) 将光标移到连线起点并单击鼠标左键固定;移动光标,即可观察到一条活动的连线,当光标移到导线拐弯处时,单击鼠标左键,固定导线的转折点;当光标移到连线终点时,单击鼠标左键,固定导线的终点,再单击鼠标右键结束本次连线(但仍处于连线状态,如果需要退出连线状态,就必须再单击鼠标右键或按下 Esc 键)。

因此连线操作可归纳为:单击"导线"工具→单击(起点)→移动→单击(转弯)→单击(终点)→单击鼠标右键(结束本次连线操作)。

在连线操作过程中,必须注意:

● 只有"画线"工具栏(窗)内的"导线"工具具有电气连接功能,而"画图"工具栏(窗)内的"直线"、"曲线"等均不具有电气特性,不能用于表示元件引脚之间的电气连接关系。同样也不能用"画线"工具栏(窗)内的"总线"工具连接两个元件的引脚。

● 从元件引脚(或导线)的端点开始连线,不要从元件引脚、导线的中部连线。

● 元件引脚之间最好用一条完整导线连接,尽量不使用多段导线完成元件引脚之间的连接，否则可能出现无法连接的现象。

● 连线不能重叠，尤其是当"自动放置节点"功能处于关闭状态时，重叠的导线在原理图上不易发现，但它们彼此之间并没有连接在一起。

● 在"自动节点放置"处于允许状态下，连线时最好不要在元件引脚端点处走线，否则会自动加入电气节点，造成误连。

图 2-28 给出一些连线操作示范，连线是否正确也可从网络表文件描述的元件连接关系中看出。

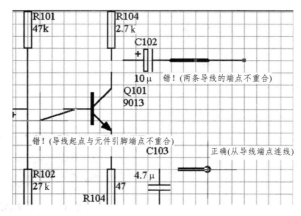

图 2-28　连线示范

连线方式选择规律如下：在连线状态下，通过空格键即可在六种连线方式中进行切换。一般说来，可以使用"任意角度"外的任一种连线方式按上面描述的操作方法生成直角、45°连线。但为了提高连线效率，应根据需要采用相应的连线方式，如图 2-29 所示。

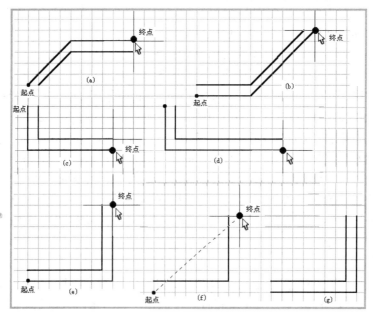

图 2-29　连线方式选择规则

选择"45 Degree Start"方式，在连线起点单击固定后，直接移到连线终点双击，再右击，即可迅速生成如图 2-29(a)所示的以 45°开始的连线。

选择"45 Degree End"方式，在连线起点单击固定后，直接移到连线终点双击，再右击，即可迅速生成如图 2-29(b)所示的以 45°结束的连线。

选择"90 Degree Start"方式，在连线起点单击固定后，直接移到连线终点双击，再右击，即可迅速生成如图 2-29(c)和图 2-29(d)所示的以 90°开始的连线。

选择"90 Degree End"方式，在连线起点单击固定后，直接移到连线终点双击，再右击，即可迅速生成如图 2-29(e)所示的以 90°结束的连线。

选择"Auto Wire"方式，在连线起点单击固定后，直接移到连线终点，即可发现连线起点和终点间出现了一条虚线，如图 2-29(f)所示，单击后虚线即刻变为实线，如图 2-29(g)所示，且连线终点也随之固定，单击鼠标右键结束。

2. 删除连线

将鼠标移到需要删除的导线上，单击鼠标左键，导线即处于选中状态(导线两端、转弯处将出现一个灰色的小方块)，如图 2-30 所示，然后按下 Del 键即可删除被选中的导线。

此外，也可以使用其他方式删除导线，详细的操作方法可参阅 2.5.2 节"单个对象的编辑"和 2.5.3 节"同时编辑多个对象"中的部分内容。

3. 调整导线长短和位置

当发现导线长短不合适时，可将鼠标移到导线上，单击左键，使导线处于选中状态；然后将鼠标移到小方块上，单击左键，鼠标箭头立即变为光标形状；移动光标到另一位置，即可调节线段端点、转折点的位置，使导线被拉伸或压缩；然后再单击鼠标左键固定。

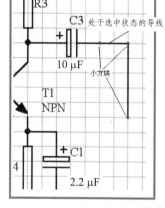

图 2-30　处于选中状态的导线段

将鼠标移到导线上，按下左键不放，移动鼠标也可以移动导线的位置。

2.3.4　放置电气节点

单击画线工具中"放置电气节点"工具，将光标移到"导线与导线"或"导线与元件引脚"的"T"形或"十"字交叉点上，单击鼠标左键，即可放置表示导线与导线(包括元件引脚)相连的电气节点，如图 2-31 所示。

在放置电气节点操作的过程中，单击"放置电气节点"工具后，必要时也可以按下 Tab 键激活电气节点选项属性设置框。在电气节点选项属性设置窗内，选择节点大小、颜色以及锁定状态(当"Lock"处于选中状态时，表示相应的电气节点处于锁定状态，在移动与节点相连的元件或导线时，电气节点留在原处不动；而处于非锁定状态时，移动与节点相连的元件或导线时，电气节点会自动消失)。

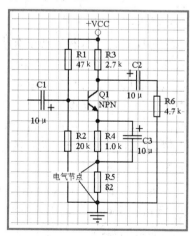

图 2-31　放置电气节点

删除电气节点的方法：将鼠标移到某一电气节点上，单击鼠标左键，选中需要删除的电气节点，再按 Del 键即可。

需要指出的是：在 GB 4728—85 标准中，"导线与导线"或"导线与元件引脚"的"T"

形连接处不需要放置电气节点，然而必须在 Protel 99 SE 原理图编辑器中放置电气节点，否则不能建立电气连接关系。

2.3.5　放置电源和地线

单击画线工具中的电源/地线工具，然后按下 Tab 键，调出电源/地线选项属性设置窗口，如图 2-32 所示。

图 2-32 中各项含义介绍如下：

图 2-32　电源/地线选项属性设置窗

● Net：网络标号，缺省时为 VCC 或 GND。在 Protel 99 SE 中，将电源、地线视为一个元件，通过电源或地线的网络标号区分，也就是说，即使电源、地线符号形状不同，但只要它们的网络标号相同，也认为是彼此相连的电气节点。因此，在放置电源、地线符号时要特别小心，否则电源和地线网络会通过具有相同网络标号的电源和地线符号连在一起，造成短路，或通过具有相同网络标号的电源符号将不同电位的电源网络连接在一起，造成短路。

一般情况下，电源的网络标号定义为"VCC"，地线的网络标号定义为"GND"，因为多数集成电路芯片的电源引脚名称为"VCC"，地线引脚名为"GND"。但也有例外情况，有些集成电路芯片，如多数 CMOS 集成电路芯片的电源引脚名称为"VDD"，地线引脚名称为"VSS"，另一些集成电路芯片的电源引脚名称为"VS"，甚至为"VSS"，而地线引脚名称为"GND"；又如集成运算放大器电路芯片的电源引脚名称为"V+"(正电源引脚)、"V−"(负电源引脚)。因此，了解原理图中集成电路芯片电源引脚和地线引脚名称最可靠的办法是进入 SchLib 编辑状态，打开相应元件的电气图形符号。当然，直接双击原理图编辑区内相应的集成电路芯片，进入元件选项属性设置窗，然后单击"Pin Hidden"复选框，显示芯片隐藏的引脚，再单击"OK"按钮退出，也可以迅速了解到相应芯片的电源、地线引脚名称，如图 2-33 所示。

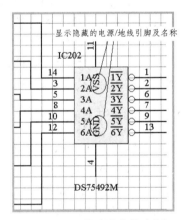

图 2-33　显示芯片隐藏的电源、地线引脚

确认了电源、地线引脚名称后，再双击相应芯片，在对应元件选项属性设置窗内，取消"Pin Hidden"复选框内的"√"，不显示芯片隐藏引脚。

如果电源、地线符号的网络标号与原理图中集成电路芯片电源引脚与地线引脚的名称不一致，则会造成集成电路芯片的电源、地线引脚不能正确连接到电源和地线节点上。当原理图中存在集成电路芯片电源引脚或地线引脚名称不一致时，根据实际情况可采用如图 2-34 所示的连接方法。

图 2-34　电源、地线处理方法

- Style：选择电源/地线的形状。

Protel 99 SE 原理图编辑器提供了十余种电源/地线符号，可单击"Style"列表框下拉按钮进行选择。

完成连线并放置电源/地线符号后，图 2-10 所示的单管放大电路的绘制工作就完成了，结果如图 2-35 所示。

在电路图编辑过程中以及结束后，单击主工具栏内的"存盘"工具或"File"(文件)菜单下的"Save"命令将正在编辑的电原理文件存盘。

当用"File"菜单下的 "Save Copy as"命令存盘时，将弹出如图 2-36 所示的对话框，在"Name"文本盒内输入新的文件名，在"Format"列表框中选择文件类型(原理图文件类型为 Advanced Schematic binary(*.sch))后，单击"OK"按钮退出，新文件将存放在当前设计数据库文件包的 Documents 文件夹内。

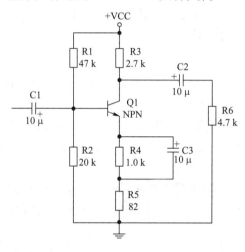

图 2-35　完成原理图编辑后看到的结果

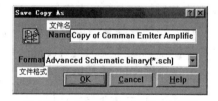

图 2-36　"Save Copy As"对话框

2.3.6　总线、总线分支、网络标号工具的使用

当原理图中含有集成电路芯片时，常用"总线"代替数条平行的导线，以减少连线占用的图纸面积。但"总线"毕竟只是一种示意性连线，通过总线连接的元件引脚电气上并不相连，还需要使用 "总线分支"、"标号"作进一步的说明。

1. 放置总线(Place Bus)

例如，在图 2-37 所示电路中，当需要将 IC1 的 P20～P26 引脚分别与 IC3 的 A8～A14 相连时，除了平行导线外，也可以使用总线、总线分支以及标号来描述它们彼此的电气连接关系。

画总线与画导线的操作过程完全相同，即单击画线工具栏的放置总线(Place Bus)工具，将光标移到总线的起点并单击(固定起点)，移动光标到转弯处并单击(固定转折点)，移动光标到总线终点并单击(固定终点)，然后再单击鼠标右键结束该总线(与画导线类似，此时仍处于画总线状态，可继续画总线，当不需要画总线时，可再单击鼠标右键退出)，如图 2-38 所示。

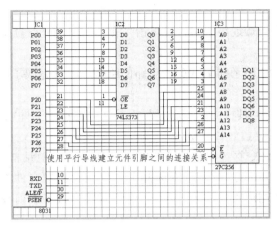
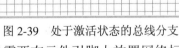

图 2-37　用导线连接的原理图

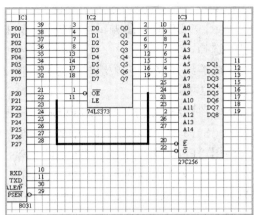

图 2-38　绘制了一条总线后的结果

导线的删除、移动、长短调整操作，对总线同样适用。

2. 放置总线分支(Place Bus Entry)

使用"总线"来描述元件连接关系时，一般还需要用"放置总线分支"(Place Bus Entry)连接元件引脚或导线。放置总线分支的操作过程如下：

单击画线工具栏的"放置总线分支"工具，总线分支即附在光标上，如图 2-39 所示，通过空格键、X 或 Y 键调整总线分支方向后，移动光标到需要放置总线分支的元件引脚或导线的端点，再单击鼠标左键固定。

往往需要多个与总线配合使用的总线分支，不断重复"移动光标→单击"操作就可以连续放置多个总线分支。当所需的总线分支放置完毕后，再单击鼠标右键退出总线分支放置状态，操作结果如图 2-40 所示。

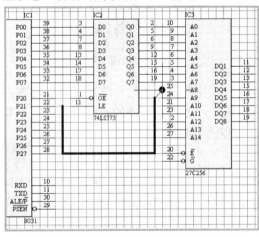

图 2-39　处于激活状态的总线分支

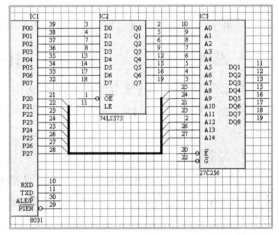

图 2-40　用总线和总线分支实现元件引脚间的连接

当需要在元件引脚上放置网络标号时，在总线分支与元件引脚之间往往需要插入一段导线，以便有空间放置网络标号。

删除总线分支的操作很简单，即将鼠标移到总线分支上，单击鼠标左键，选中待删除的总线分支(被选中的总线分支两端将出现一个小方块)，再按 Del 键即可。

3. 放置网络标号(Place Net Label)

总线、总线分支毕竟只是一种示意性的连线，元件引脚之间的电气连接关系并没有建立，还需要通过网络标号(Net Label)来描述两条线段或线段与元件引脚，即两个电气节点之间的连接关系。在导线或引脚端点放置两个相同的网络标号后，导线与导线(或元件引脚)之间就建立了电气连接关系。原理图中具有相同网络标号的电气节点均认为电气上相连，这样可以使用网络标号代替实际的连线。

放置网络标号的操作过程如下：

单击画线工具栏的放置网络标号(Place Net Label)工具，一个虚线框就出现在光标附近，虚线框内的字符串就是最近一次输入的网络标号名称。

按下 Tab 键，进入网络标号选项属性设置窗口，如图 2-41 所示，设置网络标号名称、颜色、字体及大小等属性后，将光标移到需要放置这一网络标号的引脚端点或导线上，单击鼠标左键即可完成。

当需要在网络标号上放置上划线，以表示该点信号低电平有效时，可在网络标号名称字符间插入"\"(左斜杠)，如"W\R\"、"R\D\"等。

注意：在放置网络标号时，网络标号电气节点一定要对准元件引脚端点或导线，否则就不能建立电气连接关系。网络标号可以是任一长度的字符串，但当网络标号以"数字"结尾，如用 A8、D0、或 SD2 等作为网络标号时，在放置了当前网络标号后，网络标号会自动递增，这样在放置多个网络标号时，单击放置"网络标号"工具，设置第一个网络标号名后，就可不断重复"移动→单击"操作方式来迅速放置剩余的网络标号，这样做效率很高，如图 2-42 所示。

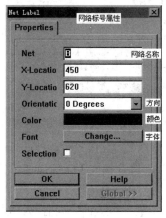
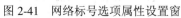
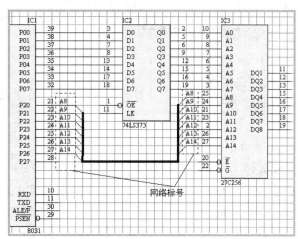

图 2-41 网络标号选项属性设置窗   图 2-42 用网络标号指示电气连接关系

删除网络标号的操作很简单，即将鼠标移到网络标号名上，单击鼠标左键，选中待删除的网络标号(选中的网络标号周围被一个虚线框包围)，再按 Del 键即可。

2.3.7 I/O 端口

如果原理图中的元件数目较多，使用实际导线连接显得很乱时，除了使用网络标号来表示元件引脚之间的电气连接关系外，还可以使用 I/O 端口描述导线与导线或元件引脚(包括任何两个电气节点)的电气连接关系。

与网络标号相似,电路中具有相同 I/O 端口名的元件引脚(或导线)在电气上被认为相连。I/O 端口既可以用于表示同一张电路图内任何两个元件引脚之间的电气连接关系,也可用于表示同一电路系统中(即第 3 章介绍的层次电路编辑)各分电路图之间元件引脚的连接关系。但 I/O 端口具有方向性,使用 I/O 端口表示元件引脚之间的连接关系时,也指出了引脚信号的流向。因此,I/O 端口的含义比网络标号更明确。

例如,在图 2-42 中,可以使用导线连接 IC1 的 29 引脚与 IC3 的 20 引脚,也可以使用 I/O 端口表示 IC1 的 29 引脚与 IC3 的 20 引脚之间的电气连接关系,操作过程如下:

(1) 单击画线工具栏的放置 I/O 端口(Place Port)工具,可观察到带方向的 I/O 端口框,如图 2-43 所示。

(2) 按下 Tab 键,进入 I/O 端口选项属性设置窗,如图 2-44 所示,设置 I/O 端口名称、输入/输出特性,然后单击"OK"按钮,关闭 I/O 端口选项属性设置窗口。

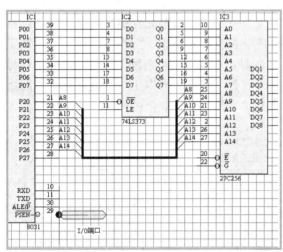

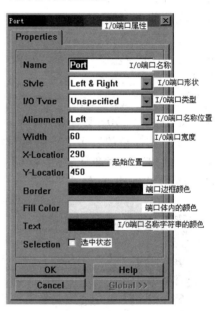

图 2-43　单击"I/O 端口"工具后出现的 I/O 端口框　　　图 2-44　I/O 端口选项属性设置窗

图 2-44 中各项含义介绍如下:

● Name:I/O 端口名称,缺省时为"Port"。在电路图中,具有相同 I/O 端口名称的 I/O 端口在电气上相连(与网络标号类似)。这里的 I/O 端口名称为"ROMOE"。

当需要在 I/O 端口名称上放置上划线,表示该 I/O 信号低电平有效时,可在 I/O 端口名称字符间插入"\",如"W\R\"、"R\D\"等。

● Style:I/O 端口形状,共有四种,如图 2-45 所示。当选择"None"时,I/O 端口外观为长方形;选择"Left"时,I/O 端口向左;选择"Right"时,I/O 端口向右;选择"Left & Right"时,I/O 端口外形为双向箭头。

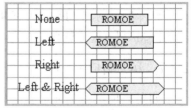

图 2-45　I/O 端口形状

● I/O Type:I/O 端口电气特性,其中:

➤ Unspecified:I/O 端口电气特性没有定义。

➤ Output：输出口。

➤ Input：输入口。

➤ Bidirectional：双向端口。例如 CPU 数据总线 D7～D0 就是双向引脚。

在电气法检查(ERC)中，当发现两个类型为"输入"的 I/O 端口连在一起时将给出提示信息，因为正常情况下，前级输出接后级输入。

● Alignment：指定"端口名称"字符串在 I/O 端口中的位置，其中有 Left(靠左)、Right(靠右)、Center(中间)。

根据需要还可以重新定义 I/O 端口边框、体内以及 I/O 端口名称字符串的颜色等其他选项，然后单击"OK"按钮退出即可。

当使用"I/O 端口"表示电路图中导线或元件引脚的连接关系时，I/O 端口的形状和 I/O 端口电气类型的合理搭配，将指示 I/O 端口的信号流向(输入、输出还是双向)。

(3) 将光标移到适当位置，单击鼠标左键，固定 I/O 端口的一端，移动光标，再单击鼠标左键，固定端口的另一端，即可完成 I/O 端口放置过程，如图 2-46 所示。

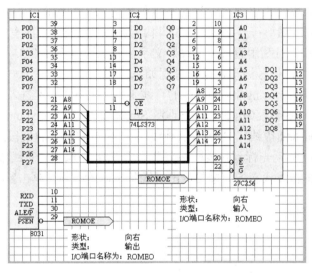

图 2-46　用"I/O 端口"表示电气连接关系

删除 I/O 端口的操作很简单，即将鼠标移到 I/O 端口上，单击鼠标左键，选中待删除的 I/O 端口(选中的 I/O 端口周围被一个虚线框包围)，再按 Del 键即可。

在绘制原理图操作过程中，可随时单击主工具栏内的"撤消"工具，返回上一步操作状态，缺省时 Protel 99 SE 记录了前 50 步操作结果，即可以向前退 50 步；或者删除后，重新放置或连线。有关连线过程中或连线后重新调整一个元件位置的操作技巧可参阅 2.5 节内容。

2.4　利用画图工具添加说明性图形和文字

在编辑原理图的过程中，除了使用"画线"工具中的放置元件、导线、网络标号、I/O 端口等描述元器件之间的电气连接关系外，还可使用画图工具(Drawing Tools)栏(窗)内的工具在原理图上添加不具有电气特性的说明性质的图形(如输入/输出波形、屏蔽盒)和文字等信息，以提高原理图的可读性。

2.4.1 画图工具介绍

画图工具，如直线(Line)、多边形(Polygon)、椭圆弧(Elliptical Arcs)、椭圆(Ellipses)、毕兹曲线(Bezier)等均存放在画图工具(Drawing Tools)栏内，如图 2-47 所示。因此，如果画图工具没有出现，则可执行"View"菜单下的"Toolbars\Drawing Tools"命令打开画图工具栏，然后直接单击画图工具栏内的工具执行相应的操作(与执行"Place\Drawing Tools"菜单下相应的画图工具命令效果相同，但直接单击"Drawing Tools"工具栏内相应的画图工具要方便得多)。

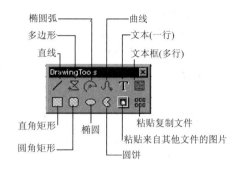

图 2-47 画图工具

2.4.2 常见图形绘制技巧

通过下面的几个实例介绍画图工具的基本使用方法，而绘图工具更详细的使用方法可参阅 2.12 节"元件电气图形符号编辑与创建"内容(Protel 99 SE 中所有元件的电气图形符号均使用画图工具绘制)。可利用直线、曲线、文字等画图工具在图 2-35 所示的电路中添加如图 2-48 所示的输入/输出信号波形，操作过程如下：

(1) 单击画图工具(Drawing Tools)栏内的直线工具，按下 Tab 键进入直线选项属性设置窗口(如图 2-49 所示)，选择线条粗细(Small(小)、Smallest(最小)、Medium(中等)、Large(粗))、形状(Solid(实线)、Dashed(虚线)、Dotted(点画线))后，将光标移到直线段起点并单击鼠标左键(固定直线段的起点)，移动光标到直线段终点并单击鼠标左键(固定直线段的终点)，再单击鼠标右键(这时仍处于画直线状态，如果要退出画线状态，就必须再单击鼠标右键)，形成 X 轴线段。

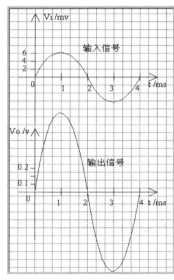

图 2-48 输入/输出波形

图 2-49 直线工具选项属性

其实，"画图"工具中的直线和"画线"工具中的导线具有相同的操作方法。

(2) 将光标移到 Y 轴的起点并单击，移动光标到 Y 轴的终点并单击，然后再单击鼠标右键即可完成 Y 轴直线段的绘制。

(3) 利用同样的方法, 绘出 X 轴、Y 轴箭头、表示坐标刻度的直线段, 然后单击鼠标右键或 Esc 键退出直线绘制状态。

(4) 单击画图工具(Drawing Tools)栏内的曲线工具, 必要时按下 Tab 键进入曲线选项属性设置窗口, 选择线条粗细、颜色。

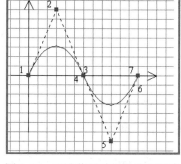

(5) 将光标移到正弦曲线的起点, 如图 2-50 中的 1 点, 单击鼠标左键固定→将光标移到 2 点, 单击左键→将光标移到图中的 3 点, 单击左键, 即可看到正弦信号的正半周→单击左键, 固定正弦信号正半周的形状(即 3、4 点重合)→将光标移到图中的 5 点, 单击左键→将光标移到图中的 6 点, 单击左键, 即可看到正弦信号的负半周→单击左键, 固定正弦信号负半周的形状(即 6、7 点重合)。

(6) 单击鼠标右键或按下 Esc 键退出曲线绘制状态, 即可获得一个周期的正弦波信号。

图 2-50　正弦信号波形的绘制顺序

一些常见曲线的绘制步骤如图 2-51 所示, 其中: 图 2-51(a)的绘制步骤为在 1 点单击, 2 点单击, 3 点单击 + 单击, 然后单击鼠标右键结束; 图 2-51(b)和 2-51(e)的绘制步骤与图 2-51(a)相同; 图 2-51(c)的绘制步骤为 1 点单击, 2 点单击, 3 点单击 + 单击, 4 点单击, 5 点单击 + 单击, 6 点单击, 7 点单击 + 单击, 8 点单击, 9 点单击 + 单击, 再单击鼠标右键结束; 图 2-51(d)的绘制步骤为 1 点单击, 2 点单击, 3 点单击, 4 点单击 + 单击, 再单击鼠标右键结束; 图 2-51(f)的绘制步骤为 1 点单击, 2 点单击, 3 点单击 + 单击, 4 点单击, 5 点单击 + 单击, 再单击鼠标右键结束。

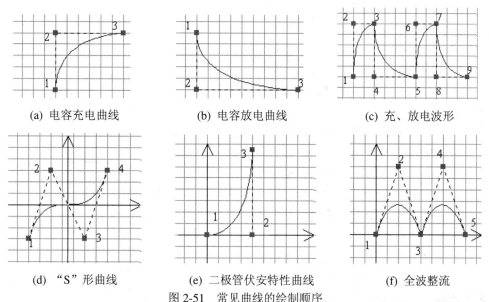

(a) 电容充电曲线　　　　　(b) 电容放电曲线　　　　　(c) 充、放电波形

(d) "S" 形曲线　　　　(e) 二极管伏安特性曲线　　　　(f) 全波整流

图 2-51　常见曲线的绘制顺序

而脉冲波、三角波、梯形波等可用直线绘制, 操作简单, 这里不再多讲。

(7) 单击画图工具(Drawing Tools)栏内的文本(Place Annotation)工具, 按下 Tab 键进入文本选项属性设置窗口, 输入文本信息(缺省时是最近一次输入的文本信息), 设置文本的字体颜色、字体大小等选项后，单击"OK"按钮退出即可(文本选项属性设置窗口与网络标号选项属性设置窗口相同，如果要输入汉字信息，也必须使用智能ABC输入法以外的其他输入方法)。

(8) 将光标移到适当位置，单击鼠标左键固定文本信息，然后不断按下 **Tab** 键，输入 X 轴、Y 轴单位及坐标刻度等文本信息。

利用同样办法制作输出特性曲线，最后就获得如图 2-48 所示的输入、输出曲线。

2.5　原理图编辑技巧

前面介绍了编辑电原理图所用工具的基本操作方法，不难看出，在 Protel 99 SE 中很多工具的选项属性、操作方法基本相同，下面再介绍原理图的一些编辑技巧。

2.5.1　操作对象概念

在 Protel 99 SE 原理图编辑器中，画线、画图工具中的所有工具统称为操作对象，在选择(标记)、删除、移动(包括平移和旋转)等操作中，所有对象的操作方式相同；性质相同或相近的操作对象，如画线工具中的导线、总线以及画图工具中的直线、曲线等的选项属性设置窗口内各设置项含义也相同或相近，又如画线工具中的网络标号工具与画图工具中的文本工具也具有相同的选项属性。不同操作对象选项属性窗口内含义相同的选项的设置方法相同，如各类对象选项属性窗口内各选项颜色的修改方法相同，而不论它们是字体的颜色还是线条的颜色；操作对象属性窗口内各文本信息字体的设置方法也相同，而不管它们是网络标号名称、I/O 端口名称还是画图工具中的文本信息。因此，学会 Protel 99 SE 的操作不难，只要掌握了某一对象的操作方法，也就掌握了其他对象的操作方法。

2.5.2　单个对象的编辑

1. 选定当前操作对象

将鼠标移到待选定的操作对象上，单击鼠标左键即可将鼠标下的对象作为当前操作对象。当把画图工具中的直线、画线工具中的导线、总线以及总线分支等作为当前操作对象时，线段的起点、终点以及转弯处均出现一个灰色的小方块；而将元件及其序号、型号以及网络标号、文本信息等操作对象作为当前操作对象时，其四周将出现一个虚线框，如图 2-52 所示。任何时候，只能选定图中的一个操作对象作为当前操作对象。

选定当前操作对象后，就可以进行删除或激活。将鼠标移动到编辑区内空白处并单击左键，将取消选定的当前操作对象。

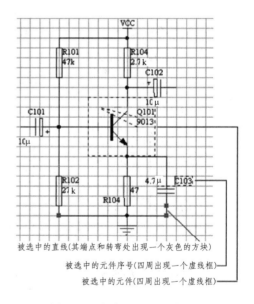

被选中的直线(其端点和转弯处出现一个灰色的方块)

被选中的元件序号(四周出现一个虚线框)

被选中的元件(四周出现一个虚线框)

图 2-52　当前操作对象的状态

2. 删除单个对象

将鼠标移到待删除对象上，单击鼠标左键，选定待删除的对象，然后按下 Del 键，即可将其删除。但需要注意的是：不能单独删除元件序号、型号，原因是元件序号、型号是元件的组成部分，只有删除元件本身才能删除与元件关联的序号和型号。

执行"Edit"菜单下的"Delete"命令后，将光标移到待删除的对象上，单击鼠标左键，也会迅速删除光标下的对象。当需要删除多个对象时，可不断重复"移动→单击"操作过程，连续删除多个对象。删除操作结束后，单击鼠标右键退出命令状态。

3. 移动

方法一：将鼠标移到需要平移的操作对象上，按住鼠标左键不放(鼠标箭头将变为光标)，移动鼠标，光标下的操作对象也跟着移动，这样就可以直接将操作对象移到指定位置。

方法二：执行"Edit"菜单下的"\Move\Move"或"\Move\Drag"命令，然后将光标移到需要平移的对象上，单击鼠标左键，移动光标，可直接将操作对象移到另一位置，然后单击鼠标左键固定。当需要移动多个对象时，可不断重复"单击→移动→单击"操作过程，连续移动多个对象。操作结束后，单击鼠标右键退出命令状态。

"Edit\Move\Move"(移动)与"Edit\Move\Drag"(拖动)命令的作用不完全相同。当通过"Edit\Move\Move"命令移动元件、I/O 端口时，在移动过程中，与元件引脚或 I/O 端口相连的导线不会移动，即移动后将出现"断线"现象；而通过"Edit\Move\Drag"命令拖动元件或 I/O 端口时，在移动过程中，与元件引脚或 I/O 端口相连的导线会随着元件或 I/O 端口的移动被拉伸或压缩，即移动后元件的电气连接关系不变。因此，连线后，需要移动元件或 I/O 端口时，使用"Edit\Move\Drag"命令拖动，可避免移动后需要重新修改连线的麻烦。

4. 修改对象的属性

在 Protel 99 SE 中，任何操作对象均具有选项"属性"设置窗口，通过它可以重新设置、修改操作对象的选项。例如，通过"直线"选项属性，可以重新选择直线的形式(实线、点画线、虚线)、宽度、颜色等；通过"文字"(注释文字、元件序号、类型或数值)选项属性，可以重新设置"文字"信息的字体、字型、字号、颜色等；通过"元件"选项属性，可以重新设置元件的封装形式、序号、型号、大小、颜色等。

修改对象属性的操作方法如下：

(1) 将鼠标移到对象上，单击左键，选择对象。

(2) 单击左键，激活对象。

(3) 按下 Tab(制表)键，即可调出对象的属性设置窗。

此外，直接将鼠标移到操作对象上，双击鼠标左键，可即刻调出操作对象的属性设置窗；或者将光标移到操作对象上，单击鼠标右键，调出快捷菜单，然后将光标移到快捷菜单上的"Properties..."(属性)命令上，单击鼠标左键也能调出对象属性对话框。

2.5.3　同时编辑多个对象

1. 对象的标记及解除

对多个操作对象进行移动(平移)、旋转(包括对称)、删除、重新排列等操作之前，均需要标记参与操作的对象，以确定哪些对象将要参与相应的操作。标记操作对象的方法很多，如：

方法一：单击主工具栏的"标记"工具(与执行菜单命令"Edit/Select/Inside Area"的效

果相同)，然后将鼠标移到待标记区域的左上角，单击鼠标左键，移动鼠标即可看到矩形框的右下角随鼠标的移动而移动，如图 2-53 所示。当矩形框覆盖了所有待标记的对象后，单击鼠标左键，固定矩形框右下角，矩形框内的对象即被选中，缺省状态下，被选中对象显示为黄色，如图 2-54 所示。

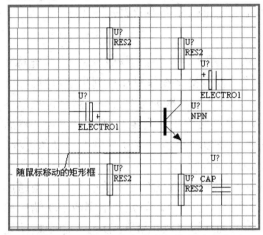

图 2-53　矩形框的大小随鼠标的移动而移动　　　　图 2-54　被选中的对象显示为黄色

方法二：将鼠标移到待标记区域的左上角，按住鼠标左键不放，移动鼠标，同样会出现一个大小随鼠标移动而变化的矩形框，当矩形框覆盖了所有待标记的对象后，松开左键，也可以迅速标记矩形框内的操作对象。

方法三：执行"Edit/Toggle Selection"命令，使 SCH 编辑器处于选择命令状态，将光标移到待标记的对象上，单击鼠标左键选定(一个对象被选定后，再单击时将取消选定)，然后再移动光标到下一对象上，单击鼠标左键。如此下去，直到选择了所有需要标记的对象。该方法比较灵活，可以有选择地标记彼此不相邻的对象(即无法用矩形框标记的对象)。

方法四：当需要选定矩形框外的操作对象时，可执行"Edit/Select/Outside Area"命令，然后将光标移到矩形框的左上角，并单击鼠标左键，再移动光标到矩形框的右下角，再单击鼠标左键，结果将发现矩形框外的对象全部被选中。

解除被选在一起的对象(即取消标记)的方法：单击主工具栏内的"解除"标记工具(与"Edit"菜单下的"DeSelect\All"命令等效)。如果仅需解除部分对象的选定状态，可执行"Edit/Toggle Selection"命令，然后将鼠标移到需要解除选定状态的对象上，单击鼠标左键即可(此时仍处于命令状态，可继续选定或解除其他对象，然后单击鼠标右键退出命令状态)。

2. 删除多个对象

标记后，执行"Edit"菜单下的"Clear"命令即可一次性地删除已标记的多个对象。

3. 移动/拖动多个对象

标记后，单击主工具栏内的"移动选定对象"工具(与"Edit"菜单下的"Move\Move Selection"命令等效)，然后将鼠标移到标记块内，单击鼠标左键，标记块即处于激活状态，之后就可以进行以下操作：

- 通过移动光标使标记块平移，然后单击鼠标左键固定。
- 按空格键使标记块旋转，按 X、Y 键使标记块关于左右、上下对称翻转。

　　与移动/拖动单个对象类似，连线后，最好使用"Edit\Move\Drag Selection"命令拖动包含元件或 I/O 端口的标记块，使连接在元件引脚端点的导线也一起移动，从而保证在拖动标记块操作过程中不改变电路图中元件的电气连接关系。

4. 元件及图件自动对齐

　　在放置元件或其他图形的操作过程中，依靠手工调整元件位置，使元件或图形排列整齐不是一件容易的事，可使用"Edit"菜单下的"Align"命令迅速、准确地调整元件或图形的位置，使元件靠左或右、上或下对齐。

　　Edit\Align 子菜单下包含了如下图件排列命令：

　　Align Left：靠下左齐，可重新排列沿垂直方向分布的元件或图件。

　　Align Right：靠右对齐，可重新排列沿垂直方向分布的元件或图件。

　　Center Horizontal：沿一条竖线排列，可重新排列沿垂直方向分布的元件或图件。

　　Distribute Horizontally：沿水平方向均匀分布，可重新排列沿水平方向分布的元件或图件。

　　Align Top：靠上对齐，可重新排列沿水平方向分布的元件或图件。

　　Align Bottom：靠下对齐，可重新排列沿水平方向分布的元件或图件。

　　Center Vertical：沿一条水平线排列，可重新排列沿水平方向分布的元件或图件。

　　Distribute Vertically：沿垂直方向均匀分布，可重新排列沿垂直方向分布的元件或图件。

　　Align…：使图件沿水平和垂直方向重新排列(但需要在"Align Objects"对话框内指定排列方式)。

　　1) 靠左对齐

　　如果元件或图形沿垂直方向排列，但左右不对齐，如图 2-55(a)所示，可执行"Edit"菜单下的"Align\Align Left"命令，使所有元件靠左对齐(以最靠左侧元件为基准)，操作过程如下：

　　(1) 选定 R1～R8，如图 2-55(b)所示。

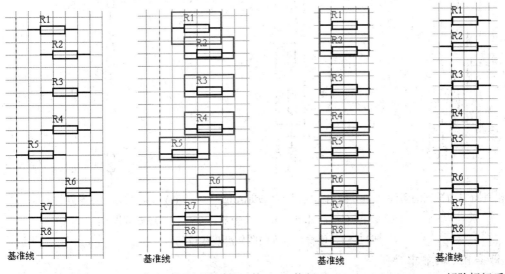

　　(a) 处理前　　　　(b) 标记要重新排列的元件　　(c) 执行"Edit\Align\Align　　(d) 解除标记后看
　　　　　　　　　　　　　　　　　　　　　　　　　　Left"命令后的结果　　　　到的最终结果

图 2-55　使图件靠左重新排列的操作过程和结果

(2) 执行"Edit\Align\Align Left"命令，使标记块内的元件靠左重新排列，结果如图 2-55(c) 所示。

(3) 单击主工具栏内的"解除标记块"工具，将观察到如图 2-55(d)所示的结果。

2) 靠右对齐

靠右对齐的操作过程和结果与靠左对齐相同，只是执行了"Edit\Align\Align Right"命令后，标记块内的元件靠右重新排列。

但必须注意：沿水平方向排列的图件，执行靠左、靠右对齐命令后，将重叠在一起，如图 2-56 所示。因此，靠左、右对齐命令不适合重排沿水平方向排列的元件或图件。

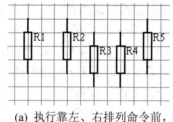
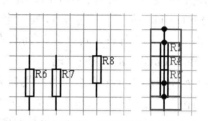

　　(a) 执行靠左、右排列命令前，　　　　　(b) 执行靠左、右排列命令后，
　　　　沿水平方向排列的图件　　　　　　　　　沿水平方向排列的图件重叠

图 2-56　对水平方向排列图件实施靠左、右排列结果

3) 沿水平方向靠中排列

元件或图形沿垂直方向排列，但各图件垂直中心线不重合时，标记后，执行"Edit"菜单下的"Align\Center Horizontal"命令，可使标记块内的图件垂直中心线重合，最终使图件沿一条竖线分布，如图 2-57 所示。

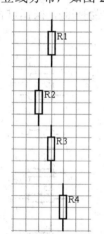

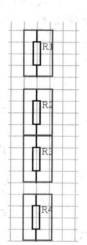

　　(a) 沿垂直方向排列的图件　　(b) 标记并执行了"Edit\Align\　　(c) 解除块标记后看到的
　　　　　　　　　　　　　　　　　　Center Horizontal"命令后　　　　　最后效果

图 2-57　使垂直排列的图件沿竖线排列

4) 沿垂直方向靠中排列

元件或图形沿水平方向排列，但各图件水平中心线不重合，标记后，执行"Edit"菜单下的"Align\Center Vertical"命令，可使标记块内的图件水平中心线重合，最终使图件沿一条水平线分布，如图 2-58 所示。

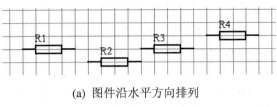

(a) 图件沿水平方向排列

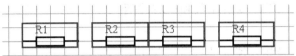

(b) 标记并执行了"Edit\Align\Center Vertical"命令，使图件沿水平中心线重合

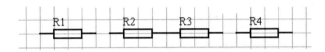

(c) 解除块标记后看到的结果

图 2-58　使水平分布的图件垂直中心线重合

5) 沿垂直方向均匀排列

元件或图形沿垂直方向排列，但各图件在垂直方向上的分布不均匀，如图 2-59(a)所示，可执行"Edit"菜单下的"Align\Distribute Vertically"命令，使标记块内的图件以上、下两图件为上、下边界沿垂直方向重新排列，操作过程如图 2-59 所示。

(1) 调整并固定最上和最下两电阻的位置，以确定图件重新排列的间距，因为垂直均匀分布操作的结果在不改变最上和最下两个元件位置的情况下，仅重新调整位于这两者之间的元件或图件位置。

(2) 标记待重新排列的图件，如图 2-59(b)所示。

(3) 执行"Edit\Align\Distribute Vertically"命令，使标记块内的元件沿垂直方向均匀排列，操作结果如图 2-59(c)所示。

(4) 单击主工具栏内的"解除标记块"工具，即可观察到如图 2-59(d)所示的最终结果。

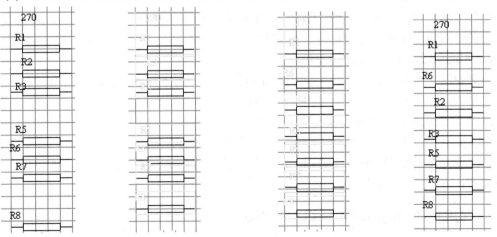

(a) 重新排列前　(b) 标记需重新排列的对象　(c) 执行"Edit\Align\Distribute　(d) 解除块标记后的结果
　　　　　　　　　　　　　　　　　　　　Vertically"命令后

图 2-59　使图件沿垂直方向均匀排列

6) 沿水平方向均匀排列

元件或图形沿水平方向排列，但各图件在水平方向的分布不均匀，如图 2-60(a)所示，可通过"Edit"菜单下的"Align\Distribute Horizontally"命令，使标记块内的图件以左、右两图件为左、右边界沿水平方向重新排列，操作过程如图 2-60 所示。

(1) 调整并固定最左边和最右边两电阻的位置，以确定图件重新排列的间距，因为水平均匀分布操作的结果也不改变最左边和最右边两元件的位置，仅重新调整位于这两者之间的元件或图件位置。

(2) 标记待重新排列的图件，如图 2-60(b)所示。

(3) 执行"Edit\Align\Distribute Horizontally"命令，使标记块内的元件沿水平方向均匀排列，操作结果如图 2-60(c)所示。

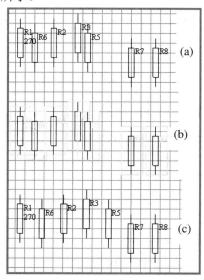

图 2-60　使图件沿水平方向均匀排列

7) 靠上或靠下重新排列沿水平分布的图件

元件或图形沿水平方向排列，但上、下不对齐，如图 2-60(a)所示，标记后，执行"Edit"菜单下的"Align\Align Top"命令使标记块内的图件靠上对齐，或执行"Edit"菜单下的"Align\Align Bottom"命令使标记块内的图件靠下对齐。

但必须注意：沿垂直方向排列的图件在执行靠上、靠下对齐命令后，将重叠在一起。因此，靠上、靠下对齐命令不适合重排沿垂直方向排列的元件或图件。

8) 使图件同时沿水平和垂直方向重新排列

为了提高操作效率，可执行"Edit"菜单下的"Align\Align…"命令，在弹出的对话框内，选定图件在水平方向和垂直方向上的排列方式，然后单击"OK"按钮，即可使图件沿水平和垂直方向重新排列。

2.5.4　利用拖动功能迅速画一组平行导线

在图 2-61 所示电路中，当集成电路芯片 IC1、IC2 之间需要通过一组平行导线连接时，可直接将 IC2 左移(或执行"Edit"菜单下的"Move\Drag"、"Move\Move"命令)，使两芯片需要连接的引脚端点重叠，如图 2-62 所示。然后执行"Edit"菜单下的"Move\Drag"命令

(但这时不能直接移动或执行"Edit"菜单下的"Move\Move"命令),将 IC2 平行右移,将发现原来重叠的引脚端点间出现了连线,如图 2-63 所示。

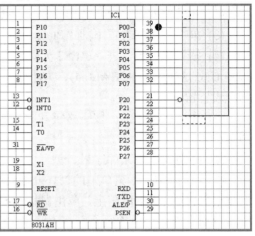

图 2-61　IC1 的 P00~P07 引脚与 IC2 的 D0~D7　　　　图 2-62　IC2 左移使 IC1 与 IC2 引脚端点相连
引脚需要通过一组平行导线相连

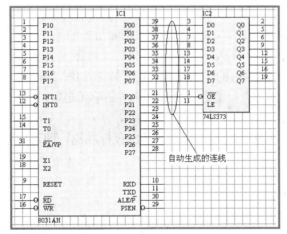

图 2-63　执行"Edit"菜单下的"Move\Drag"命令并将 IC2 右移

当 IC2 移到指定位置后,单击鼠标左键固定并单击鼠标右键退出命令状态,然后再删除多余的连线,即可获得所需的电气连接关系。

2.5.5　"画图"工具内"阵列粘贴"工具的特殊用途

利用 Protel 99 SE 原理图编辑器的元件连续放置功能和图件重排命令,可以较快地放置一组水平排列或垂直排列的元件,但利用"画图"工具内的"Setup Array Placement(阵列粘贴)"工具放置一组平行导线或一组沿水平或垂直方向排列的元件时,效率似乎更高。

1. 放置一组元件

下面以放置图 2-64 中的电阻 R201~R206 为例,介绍通过"画图"工具内的"阵列粘贴"工具放置一组元件的操作过程。

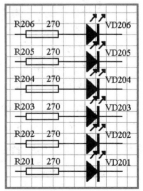

图 2-64　阵列粘贴结果

(1) 在元件库(.Lib)列表窗内，找出并单击电阻元件"RES2"所在电气符号图形库文件"Miscellaneous Device.Lib"。

(2) 在元件列表窗内，找出并单击"RES2"。

(3) 单击元件列表窗下的"Place"按钮，将电阻移到绘图区。

(4) 按下 Tab 键，进入 RES2 元件属性选项设置窗，设置好元件序号(这里设为 R201)、封装形式(这里设为 AXIAL0.4)、大小(这里为 270 Ω)后，单击"OK"按钮，关闭元件属性选项设置窗。

(5) 通过移动鼠标，按空格键和 X、Y 键，将 R201 电阻放到编辑区内的适当位置，如图 2-65 所示。

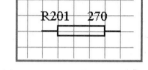

图 2-65　设置并调整好第一个电阻 R201

(6) 分别调整好元件序号、型号字符串位置和大小。

(7) 执行"Edit"菜单下的"Toggle Selection"命令，然后将鼠标移到 R201 电阻上，单击鼠标左键，选择 R201，再单击鼠标右键，退出连续选择命令状态。

(8) 执行"Edit"菜单下的"Copy"(复制)命令，然后将鼠标移到被选中的 R201 电阻框内，单击鼠标左键，确定复制操作的参考点。

(9) 执行"Edit"菜单内的"Clear"命令，删除组内的第一个元件。一定要删除组内的第一个元件，否则执行"阵列粘贴"后，粘贴来的元件序号会与第一个元件序号重复。

(10) 执行"画图"工具栏内的"粘贴阵列"工具，在如图 2-66 所示的"Setup Paste Array"(阵列粘贴)属性选项框内，输入需要的数目、各粘贴单元之间的水平与垂直距离等参数后，单击"OK"按钮确认。

(11) 将鼠标移到绘图区内的适当位置，单击鼠标左键，即可观察到如图 2-67 所示的粘贴结果。

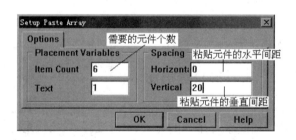

图 2-66　"Setup Paste Array"属性选项框

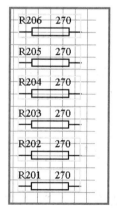

图 2-67　粘贴结果

(12) 执行移动操作，将粘贴来的图件阵列移到指定位置后，单击主工具栏内的"解除选中"工具，即可获得排列整齐的一组元件。

2. 放置组合元件

下面以放置图 2-64 中的电阻 R201～R206 及发光二极管 VD201～VD206 为例，介绍通过"画图"工具内的"阵列粘贴"工具放置组合元件的操作过程。

(1) 在元件列表窗内，找出并单击"RES2"。

(2) 单击元件列表窗下的"Place"按钮，将电阻元件移到绘图区内。

(3) 按下 Tab 键，进入 RES2 元件属性选项设置窗，设置好电阻元件序号(这里设为R201)、封装形式(这里设为 AXIAL0.4)、大小(这里为 270 Ω)后，单击"OK"按钮，关闭元件属性选项设置窗。

(4) 通过移动鼠标，按空格键和 X、Y 键旋转操作，将 R201 电阻放到编辑区内的适当位置，如图 2-65 所示。

(5) 在元件列表窗内，找出并单击"LED"。

(6) 单击元件列表窗下的"Place"按钮，将 LED 移到绘图区内。

(7) 按下 Tab 键，进入 LED 元件属性选项对话窗，设置好发光二极管 LED 的序号(这里设为 VD201)、封装形式(这里设为 LED0.1)、型号(空白)后，单击"OK"按钮，关闭元件属性选项设置窗。

(8) 通过移动鼠标，按空格键和 X、Y 键旋转，将 VD201 发光二极管放到编辑区内的适当位置。

(9) 用"画线"工具内的"导线"将电阻 R201 和发光二极管 VD201 连接在一起，如图 2-68 所示。

(10) 分别调整好元件序号、型号字符串位置和大小。

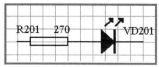

图 2-68　设置并调整好第一个电阻 R201和第一个 LED VD201

(11) 利用主工具栏内的"块标记"工具，使电阻 R201、导线段及 VD201 处于选中状态。或执行"Edit"菜单下的"Toggle Selection"命令，依次移到电阻 R201、导线段、发光二极管 VD201上单击，使 R201、导线段和 VD201 处于选中状态，然后单击鼠标右键，退出连续选择命令状态。

(12) 执行"Edit"菜单下的"Copy"(复制)命令，然后将光标移到被选中的元件框内，单击鼠标左键，确定复制操作的参考点。

(13) 执行"Edit"菜单内的"Clear"命令，删除选中的部分。

(14) 执行"画图"工具栏内的"粘贴阵列"工具，在如图 2-66 所示的"Setup Paste Array"属性选项框内，输入粘贴数目、各粘贴单元之间的水平与垂直距离等参数后，单击"OK"按钮。

(15) 将光标移到绘图区内的适当位置，单击鼠标左键，即可观察到如图 2-69 所示的粘贴结果。

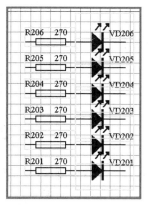

图 2-69　粘贴结果

(16) 执行移动操作，将粘贴的阵列图件移到指定位置，单击主工具栏内的"解除选中"工具后，即可获得排列整齐的一排元件，如图 2-64 所示。

可见，通过"阵列粘贴"功能可迅速画出一组元件。

3. 迅速画出一组平行导线

当需要画出如图 2-63 所示的一组平行导线时，除了可通过手工方式逐一绘制外，还可以通过"阵列粘贴"工具迅速绘出，效率也很高。下面以连接图 2-63 中 IC1 与 IC2 之间的一组平行导线为例，说明利用"阵列粘贴"工具迅速绘制一组导线的操作过程。

(1) 在绘图区内，先画出如图 2-70 所示的第一条导线。

(2) 执行"Edit"菜单下的"Toggle Selection"命令，然后将光标移到第一条导线上，单击鼠标左键，使导线处于选中状态，再单击鼠标右键，退出连续选择命令状态。

(3) 执行"Edit"菜单下的"Copy"(复制)命令，再将光标移到被选中的导线上，单击鼠标左键，确定复制操作的参考点。

(4) 执行"Edit"菜单内的"Clear"命令，删除第一条导线。

(5) 执行"画图"工具栏内的"粘贴阵列"工具，在如图 2-66 所示的"Setup Paste Array"属性选项框内，输入粘贴数目(8 条)、各粘贴单元之间的水平距离(0)与垂直距离(10，即栅格线间距)等参数后，单击"OK"按钮。

(6) 将光标移到绘图区适当位置，单击鼠标左键，即可观察到自动生成的一组导线段。

(7) 执行移动操作，将粘贴的导线组移到指定位置，单击主工具栏内的"解除选中"工具后，即可获得如图 2-71 所示的结果。

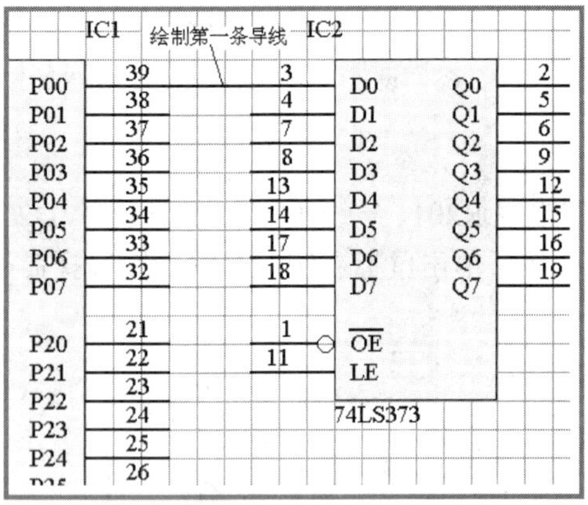

图 2-70　绘制第一条导线

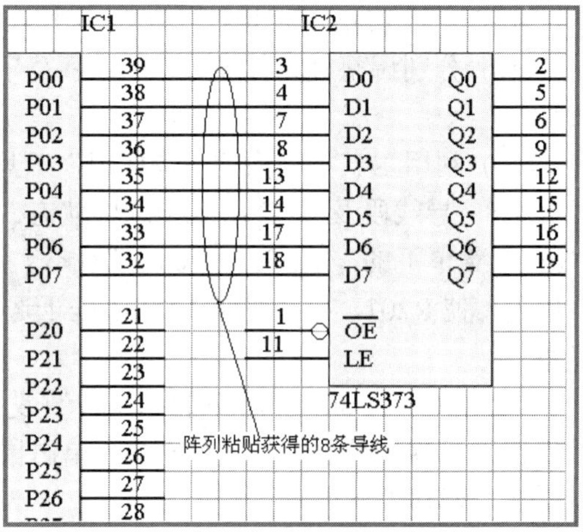

图 2-71　粘贴结果

2.6　元件自动编号

在放置元件操作过程中，如果没有在元件属性设置窗口内指定元件序号，Protel 99 SE 将使用元件序号的缺省设置，如用"U?"作为集成电路芯片的元件序号，用"R?"作为电阻元件序号，用"C?"作为电容元件序号，用"L?"作为电感元件序号，用"D?"作为二极管类元件序号，用"Q?"作为三极管类元件序号。对于没有缺省序号的元件，将使用前一元件的序号作为当前元件的序号。前面已经介绍了手工输入、修改元件序号的操作方法，如在元件属性设置窗内输入元件序号，或直接双击"元件序号"，然后在序号属性窗口内修改等。但当电路图中包含的元件数目较多时，手工编号可能出现重号(两个或两个以上元件序号相同)或跳号(同类元件的序号不连续)。而采用自动编号时，除了可以避免重号和跳号外，还提高了元件编号的效率，因此采用自动编号时，在放置元件操作过程中，无须更改元件序号。

下面以图 2-10 所示电路为例，介绍元件重新编号的操作过程。

(1) 执行"Tools"菜单下的"Annotate…"命令，在如图 2-72 所示的元件自动编号设置窗口内，指定元件重新编号的范围及条件，其中：

● 单击"Annotate Options"(重新编号范围)下拉按钮，选择参与重新编号的元件，其中：

➢ All Parts：对所有元件重新编号。

➢ ? Parts：仅对序号为"U?"、"C?"、"R?"等元件重新编号。

➢ Reset Designators：将所有元件的序号还原为"U?"、"C?"、"R?"形式。

● 必要时，单击"Group Parts Together If Match By"(满足下列条件的元件组)选择框内相应的选项，将满足特定条件的元件组视为同一元件。例如，当选择"Part Type"选项时，则集成电路芯片中的各单元电路被视为同一器件，并用 Un:A、Un:B、Un:C 等作为这类器件的编号。

(2) 设置好自动编号条件后，单击"OK"按钮，启动元件自动编号进程。

在自动编号过程中将建立一个报告文件(.REP)，记录编号前后元件序号的对应关系。因此，编号结束后可自动进行文本编辑状态，显示元件自动编号报告，如图 2-73 所示。

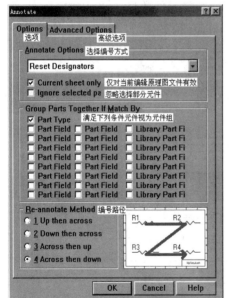

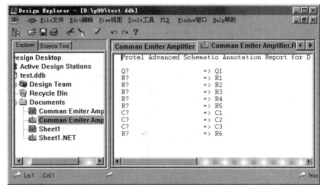

图 2-72　元件自动编号设置　　　　　　　图 2-73　元件自动编号报告

(3) 在"设计文件管理器"窗口内单击原理图文件或直接单击编辑区窗口中的原理图文件名，返回原理图编辑状态，即可看到图中元件序号已更换，如图 2-74 所示。

可见，重新编号时 Protel 99 SE 原理图编辑器只保留元件序号中最后一个"?"前的字符串，然后从 1 开始对不同类型的元件顺序编号。在编号时既不能输入元件的起始编号，也不检查元件类型(例如某电阻元件原序号为 L?，则重新编号后该电阻元件序号的第一个字母依然为 L，而不是 R)，必须经过特殊处理才能得到元件的习惯编号格式。

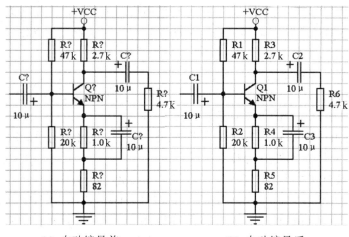

(a) 自动编号前   (b) 自动编号后

图 2-74　元件自动编号前后

2.6.1　单一模块电路元件自动编号

这里所说的"单一模块电路"是指没有子电路系统的简单电路，且绘制在同一原理图内。这类电路中的元件序号信息仅包含元件类型和顺序号。当同类元件数目在 9 以内时，元件序号形式为 C1、R1、U2，重新编号操作最简单；当同类元件数目在 99 以内时，元件序号形式为 C01、R01、U02、R56，即序号在 1～9 之间时，需要在顺序前加 0，使元件序号形式一致；当同类元件数目在 999 以内时，元件序号形式为 C001、R203、U021，即序号在 1～99 之间时，需要在顺序前加 1 或 2 个 0，使元件序号形式一致。

下面以图 2-75 所示电源电路为例，介绍元件数在 1～99 之间的单一模块电路元件重新编号的操作过程。

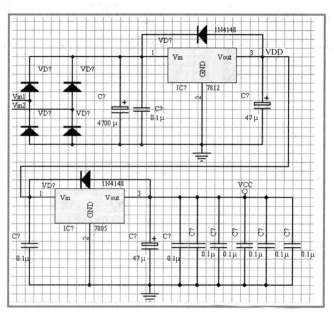

图 2-75　元件自动编号前

(1) 必要时，执行"Tools"菜单下的"Annotate…"命令，在如图 2-73 所示自动编号设置窗内，将"Annotate Options"选项设为"Reset Designators"，使所有元件序号还原为缺省状态，如图 2-75 所示。

(2) 执行"Tools"菜单下的"Annotate…"命令，在图 2-72 所示编号设置窗内，将"Annotate Options"选项设为"All Part"，对所有元件序号重新编号。

(3) 在顺序号为 1～9 之间的元件序号前加入前导 0。在原理图编辑状态下，双击编号在 1～9 之间的任一电容(如 C1)，进入电容属性设置窗，并单击"Global>>"(全局选项)按钮，在如图 2-76 所示的窗口内修改电容全局选项。单击"OK"按钮，将图中序号在 C1～C9 之间的电容序号改为"C0?"(元件类型 + 0 + ?)形式。

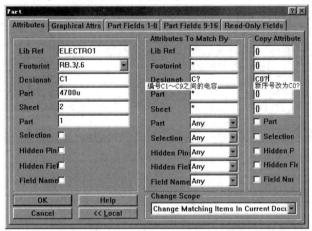

图 2-76　元件全局属性窗口

按同样的方法依次将图中顺序号在 1～9 之间的每一类元件改为"元件类型 + 0 + ?"的形式。

(4) 执行"Tools"菜单下的"Annotate…"命令，将"Annotate Options"选项设为"? Part"，对含有"?"的元件重新编号。

2.6.2　子电路元件自动编号

子电路中的元件序号应包含元件类型(如电阻为 R，电容为 C)、元件所属子电路号以及元件在子电路中的顺序号等信息，即重新编号后的元件序号应为 R101、R102、IC102 等形式，使人一目了然。

1. 层次电路中子电路元件的自动编号

在层次电路中，各子电路分别绘制在不同的原理图中，假设图 2-75 所示电源电路是某设计项目的 3 号子电路，按如下步骤重新编号即可得到 R301、R302、C302 形式的元件序号。

(1) 执行"Tools"菜单下的"Annotate…"命令，在图 2-72 所示自动编号设置窗内，将"Annotate Options"选项设为"Reset Designators"，使所有元件序号还原为缺省状态，如图 2-75 所示。

(2) 双击图中任一电容(如容量为 4700 μF 的电容)，进入电容属性设置窗，并单击"Global>>"(全局选项)按钮，在图 2-77 所示窗口内修改电容的全局选项。

设置了修改条件后，单击"OK"按钮，即可将所有电容的序号改为"C3?"(元件类型 + 子电路编号 + ？)的形式。

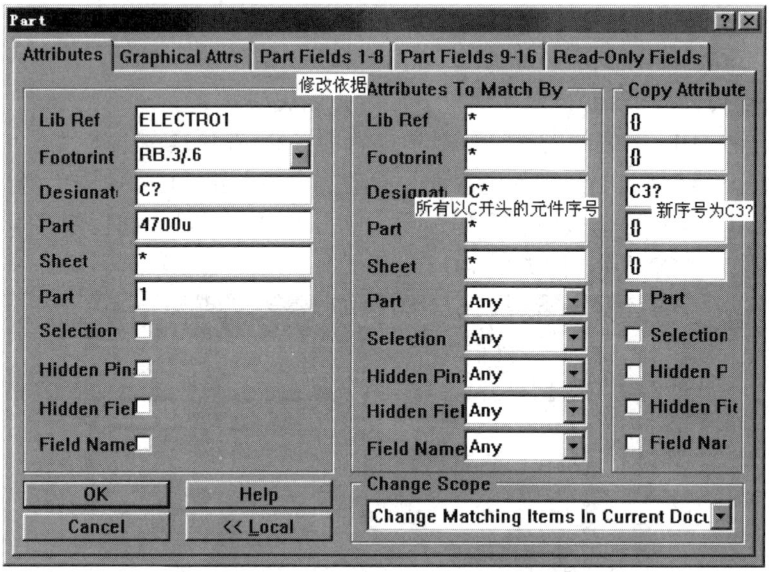

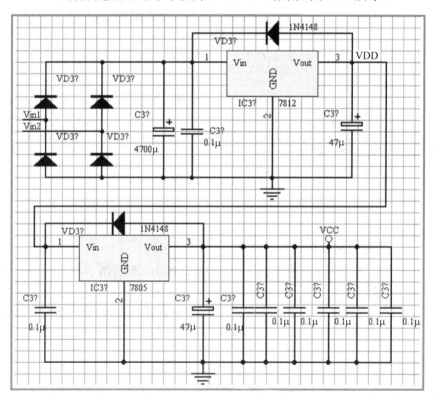

图 2-77　元件全局属性窗口

按同样的方法依次将图中每一类元件序号改为"元件类型 + 3 + ？"的形式，如二极管序号设为"VD3?"，集成电路芯片序号设为"IC3?"，结果如图 2-78 所示。

图 2-78　元件序号形式为"元件类型 + 子电路编号 + ？"

(3) 执行"Tools"菜单下的"Annotate…"命令,在图 2-72 所示的元件自动编号设置窗口内,对含有"?"的元件序号重新编号,结果如图 2-79 所示。

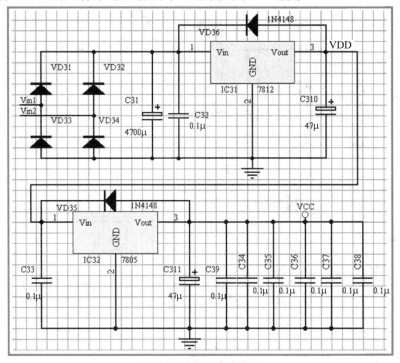

图 2-79 自动编号结果

(4) 双击图中编号为 1～9 之间的任一电容(如 C31),进入电容属性设置窗,并单击"Global>>"(全局选项)按钮,在图 2-80 所示窗口内修改电容全局选项。单击"OK"按钮后,将图中序号在 C31～C39 之间的电容改为"C30?"(元件类型 + 子电路编号 + 0 + ?)的形式。

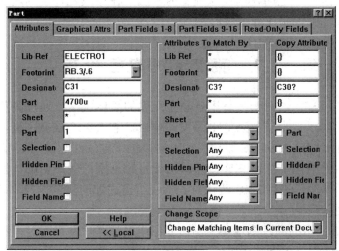

图 2-80 元件全局属性窗口

按同样的方法依次将图中序号为 1～9 之间的每一类元件的序号改为"元件类型 + 3 + 0 + ?"的形式,如"VD30?"、"IC30?"等。

(5) 再执行"Tools"菜单下的"Annotate…"命令，对含有"？"的元件序号重新编号，结果如图 2-81 所示。

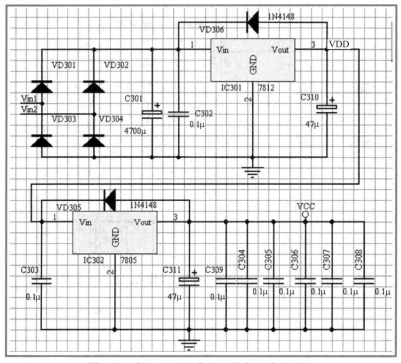

图 2-81　加入子电路序号后的自动编号结果

2. 非层次电路中子电路元件的自动编号

对于包含多个子电路系统的设计项目来说，如果元件数目不多，整个电路绘制在同一原理图内，这样的电路称为非层次电路。自动编号方法与层次电路中子电路元件自动编号方式类似，但由于所有子电路在同一原理图内，因此在修改元件全局属性前，需对子电路进行标记，将修改范围限制在标记块内。

2.7　原理图的电气检查

在编辑原理图过程中，对于只有少量分立元件的简单电路，通过浏览就可能看出电路中存在的问题，但对于一个较复杂的电路设计项目，靠人工查找电路编辑过程中的错误就没那么容易了。因此，Protel 99 SE 原理图编辑器提供了电气法测试(ERC)功能，以便迅速找出电路编辑过程中的缺陷，如没有连接的网络标号、悬空的输入引脚、没有连接的电源及地线、输出引脚短路等。进行 ERC 测试时，不仅给出详细的测试报告，而且还在原理图上做标记，非常直观。

下面以图 2-82 所示的原理图电路为例，介绍电气法测试的操作过程和结果。

(1) 执行"Tools"菜单下的"ERC…"命令。

(2) 在图 2-83 所示的对话框内，单击测试项目列表框内各选项前的复选框，允许或禁止相应的检测项，选择要测试的项目。

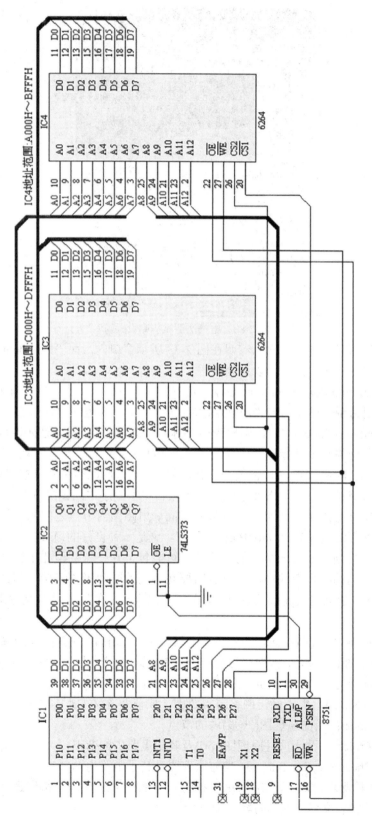

图2-82 电气法测试实验电路

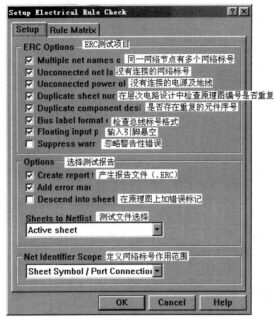

图 2-83　电气法测试规则设置窗

　　其中各测试项目及选项含义已注明在图 2-83 所示窗口内，而"Net Identifier Scope"用于定义网络标号的作用范围，可以选择：

　　● Net Labels and Port Global：网络标号及 I/O 端口在整个设计项目内有效。对于一个较复杂的设计项目来说，可能由多张原理图(参阅第 3 章"层次电路设计"部分)组成，当选择"Net Labels and Port Global"时，则检查网络标号、I/O 端口在整个设计项目内是否存在逻辑矛盾，如同一网络有多个标号、孤立的网络及 I/O 端口号等。

　　● Only Port Global：I/O 端口在整个设计项目内有效，而网络标号只在子电路图内有效。如果在原理图编辑过程中，严格遵守同一设计项目中不同子电路图之间只通过 I/O 端口相连，不通过网络标号连接，即网络标号只表示同一电路图内节点之间的连接关系时，就可将网络标号的作用范围设为"Only Port Global"。这是一种良好的习惯，建议在编辑原理图过程中遵守这一规则。因为一个大的设计项目可能包含几张，甚至几十张子电路图，各子电路图可能由不同的操作者编辑，或至少需要在不同的时间段内编辑，因此当不同电路图之间仅靠 I/O 端口建立电气连接关系时，只关心每张电路图的输入信号及输出信号，则不容易出现混乱。

　　● Sheet Symbol/Port Connections：在整个设计项目(.prj)中，只用方块电路 I/O 端口表示上下层电路之间的连接关系，即网络标号及 I/O 端口只在同一电路图内，而不是整个设计项目内有效，它同样适合于只有一张电路图的设计项目。

　　● Sheets to Netlist：用于确定网络节点范围，取值及含义如下：

　　➢ Active Sheet：当前原理图(一张)内的节点。

　　➢ Active Project：设计项目原理图(.prj)及其子电路中的节点。

　　➢ Active Sheet Plus Sub Sheets：当前原理图及其子电路内的节点。

　　(3) 设置了检测项目后，单击"OK"按钮，Protel 99 SE 原理图编辑器还会启动文本编辑器，显示检测报告文件(.ERC)内容，如下所示：

Error Report For : D:\Protel 99 SE\tu\chap2\tu2-70.ERC　　　　19-Sep-1999　10:03:16

#1 Warning　　Unconnected Input Pin On Net N00001　　　；警告性错误，即输入引脚悬空
　　tu2-70.sch(IC1-31 @164,395)　　　　　　　　　　　　　　；位置在 IC1 的 31 引脚

#3 Error　　　Floating Input Pins On Net N00001
Pin tu2-70.sch(IC1-31 @164,395)

#4 Warning　　Unconnected Input Pin On Net N00002
　　tu2-70.sch(IC1-19 @164,375)

#6 Error　　　Floating Input Pins On Net N00002
Pin tu2-70.sch(IC1-19 @164,375)

#7 Warning　　Unconnected Input Pin On Net N00003
　　tu2-70.sch(IC1-18 @164,365)

#9 Error　　　Floating Input Pins On Net N00003
Pin tu2-70.sch(IC1-18 @164,365)

#10 Warning　　Unconnected Input Pin On Net N00004
　　tu2-70.sch(IC1-9 @164,345)

#12 Error　　　Floating Input Pins On Net N00004
Pin tu2-70.sch(IC1-9 @164,345)

End Report

　　在电气法测试结果中可能包含两类错误，其中"Warning"是警告性错误，提醒操作者注意；而"Error"是致命性错误，必须认真分析，根据出错原因对原理图进行相应的修改。
　　在设计文件管理器窗口内，单击相应的原理图文件，将发现有问题的位置均放置了一个红色的错误标志，如图 2-84 所示。
　　在原理图窗口内，分析每一错误出现的原因，并根据错误性质，决定是否需要修改；更正后随手删除测试时打上的"错误标志"(将鼠标移到"错误标志"上，单击鼠标左键，按下 Del 键即可删除)；然后再进行 ERC 测试，直到所有问题解决为止。
　　使用各种编辑方法即可修改原理图中存在的问题，这里就不再详细介绍，例如引脚连线不正确时，可删除原连线后，重新连线；修改其中一个元件的序号可避免元件序号重复问题；将网络标号电气节点移到导线或引脚端点上，可解决网络标号悬空问题等。
　　在进行 ERC 检查时，有时会发现无论怎样修改，ERC 检查均报告两元件引脚没有连接，

其实两元件引脚连接并没有问题，这可能是 Protel 99 ERC 程序设计上的缺陷，这时不妨生成网络表文件，再从网络表文件证实元件的连接关系。

(4) 必要时，可在图 2-83 所示的电气法测试规则设置窗内，单击“Rule Matrix”标签，如图 2-85 所示，对检查规则进行更细致的设置。不过，一般并不需要用户重新设置这些检查规则，因此这里不作详细介绍。

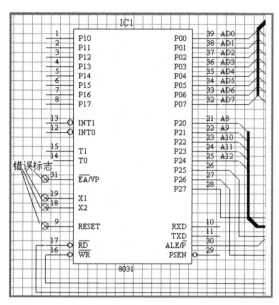

图 2-84　电气法测试发现错误时加入的错误标志

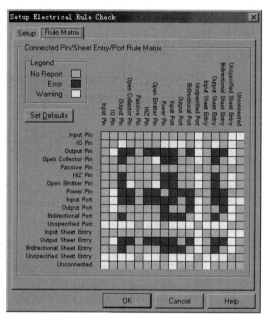

图 2-85　修改电气法测试规则

2.8　存盘及文件管理

在原理图编辑过程中或结束后，均可单击主工具栏内的“保存”工具(或执行“File”文件菜单下的“Save”、“Save Copy as”命令)保存正在编辑的原理图，防止意外掉电。

在 Protel 99 SE 中，文件管理命令位于“File”菜单下，其中：

- New…：生成一个新的设计文件。
- New Design…：生成一个新的设计数据库。
- Close：关闭文件。文件关闭后，在设计文件管理器窗口内，直接将文件拖到设计数据库内的“回收站”内即可删除不需要的设计文件；将鼠标移到文件名，单击鼠标右键，即可调出文件快捷菜单，指向并单击相应命令即可对文件进行改名、删除、复制等操作。
- Close Design：关闭设计数据库。
- Open…：打开设计数据或文件。
- Save：保存当前文件。
- Save all：保存所有设计文件。
- Save Copy as：另存为。

在 Protel 99 SE 状态下，保存、打开文件的操作与在 Windows 应用程序下保存、打开文件的操作过程完全相同，因此这里不再详细介绍。

2.9　原理图的打印

原理图编辑结束后，可通过打印机或绘图仪输出，以便保存。Protel 99 SE 是 Windows 应用程序之一，支持的打印机、绘图仪种类与 Protel 99 SE 应用程序无关，只要在 Windows 下安装了相应打印机的驱动程序，即可使用。

2.9.1　打印前的设置

在打印原理图前，根据需要，单击"Design"菜单下的"Options…"(选择)命令，并在文档选项设置窗口内，单击"Sheet Options"(图纸选择)标签，在图 2-5 所示的"Document Options"(文档选项)设置窗内，重新设置图纸边框、参考边框、标题栏的状态，以及图纸底色(打印时，最好将图纸底色设为白色，以便获得没有背景的打印件)；然后再单击"File"菜单下的"Setup Printer"命令对打印机进行设置，以便获得满意的打印效果。

打印机设置过程如下：

(1) 单击"File"菜单下的"Setup Printer"命令。

(2) 在图 2-86 所示的打印机设置窗内选择打印机类型、颜色、打印纸大小、边框大小等参数。

图 2-86 中各选项含义介绍如下：

● Select Printer：选择打印机。如果在 Windows 下安装了一种以上打印机驱动程序，当前使用的打印机将是 Windows 默认的打印机，当需要使用默认打印机外的打印机打印时，需在"选择打印机"列表窗内选择相应的打印机类型。如果系统中只安装了一种打印机的驱动程序，则无需更改。

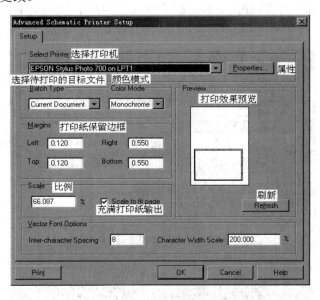

图 2-86　打印机设置窗

● Batch Type：确定打印的目标文件，当选择"Current Document"时，仅打印当前正在编辑的文件；当选择"All Documents"时，将打印设计项目内的所有文件。

对于只有一张电路图的设计项目来说，选择"Current Document"和"All Documents"没有区别；对于具有多张电路图的设计项目来说，一般选择"Current Document"，逐一打印，这样能根据电路图的实际大小，选择不同的缩放率，灵活性大。

● Color Mode：打印颜色模式，可以选择如下方式：

➢ Color：彩色方式。当打印机具有彩色打印功能(如彩色喷墨打印机或彩色激光打印机)时，可以选择彩色打印方式。

➢ Monochrome：单色方式。当选择单色方式时，将原理图中的色彩转化为黑白两种颜色。一般选择单色方式，除非有特殊要求，原因是彩色打印成本高，且彩色墨水稳定性差，不利于图纸的长期保存。

● Margins：设置空白边框大小。上(Top)、下(Bottom)、左(Left)、右(Right)空白边框宽度是打印纸边缘到图纸边框的距离，缺省时为 1 英寸，一般不需要修改，但当打印放大倍数太小时，可适当减小上、下、左、右空白边框宽度。

● Scale：缩放比例，以百分比表示。根据需要设置缩放比例，以便获得大小适中的打印效果。不过当"Scale to Fit Page"(充满整页)选项处于选中状态时，缩放比例由编辑区内原理图的大小、位置以及打印纸尺寸决定，不能修改。为了获得最大放大倍数以及不使原理图被分割，一般均选用"Scale to Fit Page"打印方式。

当选择"Scale to Fit Page"打印方式时，SCH 编辑器将根据纸张类型以及原理图大小，自动调整打印缩放比例，使原理图充满纸面。

然后，在"打印预览"窗口内观察打印效果。当原理图方向与打印纸方向不一致时，将缩小打印(经验表明：采用 A4 打印纸打印 A4 图幅的原理图时，缩放倍数不能小于 80%，否则打印后很难阅读，尤其是使用低分辨率的喷墨打印机或针式打印机时，小比例打印效果更差)或原理图被分割为多幅时(如图 2-87 所示)，可单击"Properties"(属性)按钮，对打印机属性进行设置，打印属性设置项与打印机类型有关。

图 2-87　原理图被分割

(3) 对打印机属性进行设置。下面以 EPSON Stylus Photo 700 喷墨打印机为例，介绍打印机属性设置的操作过程。

设置打印机属性时，可直接单击图 2-86 中的"Properties"按钮，启动打印机属性设置对话框。当然也可以在 Windows 98/2000 操作系统的"控制面板"窗口内单击"打印机"图标或在"我的电脑"窗口内双击"打印机"图标，启动打印机属性设置对话框，如图 2-88 所示。

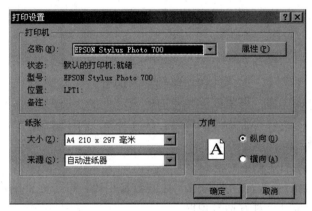

图 2-88　EPSON Stylus Photo 700 喷墨打印机属性设置

从图 2-86 所示的"打印效果预览"窗口中可以看出，原理图方向与打印纸方向不一致，放大倍数小，只有 67%。因此，必须在图 2-88 中"方向"框内选择"横向"。

必要时，再单击图 2-88 中的"属性"按钮，对打印机选项做进一步设置，如打印分辨率、色彩模式等。

(4) 设置打印机属性后，单击"确定"按钮，返回图 2-86 所示窗口，这时将发现打印比例明显提高，本例为"95.826%"，接近 1∶1。

2.9.2　打印

设置了打印机属性和打印参数后，即可按如下步骤打印原理图：

(1) 如果打印机电源没有打开，则先打开打印机电源，装上打印纸，等待片刻。

(2) 当打印机准备就绪后，即可单击图 2-87 中的"Print"按钮，启动打印过程；或单击"OK"按钮返回编辑原理图状态，需要打印时直接单击主工具栏内的"打印"工具(或执行"File"菜单内的"Print"命令)启动打印过程。

2.10　报表建立与输出

2.10.1　生成网络表文件

编辑原理图的最终目的是为了制作印制电路板，在 Protel 98 及更低版本的电子线路 CAD 软件中，网络表文件(.net)是原理图编辑器 SCH 与印制板编辑器 PCB 之间连接的纽带。

尽管 Protel 99 SE 原理图编辑器 SCH 与印制电路板编辑器 PCB 之间可不必通过网络表

文件建立元件之间的连接关系，原因是在 Protel 99 SE 原理图编辑状态下，执行"Design"菜单下的"Update PCB…"(更新 PCB)命令即可将原理图中的元件编号、连接关系、封装形式等信息传到 PCB 文件中，但为了保持兼容，Protel 99 SE 同样提供了网络表生成功能。

另外，网络表文件是文本文件，它记录了原理图中元件类型、序号、封装形式以及各元器件之间的连接关系等信息。因此，借助网络表文件描述的元件连接关系即可验证原理图编辑过程中连线的正确性。

1. 网络表文件格式

网络表文件格式如下：

[　　　　　元件描述开始标志。

R201 　　　元件序号，即元件在电路图中的编号。

AXIAL0.4 　封装形式。当原理图中没有给出元件的封装形式时，该行不存在。

270 　　　　元件型号或大小等注释信息。在原理图中没有给出元件的型号(或大小)时，该行也不存在。

] 　　　　　元件描述结束标志。

注："[]"(方括号)的对数与原理图中元件的数目相等，每一元件的序号、封装形式、型号或大小等基本情况均用一对方括号说明。

(　　　　　网络描述开始标志。

N001 　　　网络名称，即节点编号。

R201-1 　　与节点相连的元件引脚，例如 R201-1 表示元件序号为 R201 的电阻的第 1引脚与该节点相连。

R202-2 　　电阻 R202 的 2 脚与该节点相连。

…… 　　　　其他元件引脚(如果还有其他元件引脚连接到该节点上的话)。

) 　　　　　网络描述结束标志。

由此可见，网络表文件由两大部分组成，其中第一部分记录了原理图中元件的序号(如 IC1、R2、Q201 等)、封装形式(如 AXIAL0.4、TO-92A、DIP14、PLCC44 等)、注释信息(元件型号或大小)等元器件的基本信息，每一元件的基本信息以"["开始，以"]"结束。第二部分描述了原理图中各元器件的连接关系，每一节点以"("开始，以")"结束。

2. 网络表文件的产生

在完成了原理图的编辑、检查后，就可以通过执行"Design"菜单下的"Create Netlist…"命令从原理图中抽取网络表文件(.net)，这是获得网络表文件最基本的方法。此外，完成印制电路板编辑后，在 Protel 99 SE PCB 印制板编辑器窗口内，执行该编辑器"Design"菜单下的"Create Netlist…"命令，也可以产生网络表文件，常将 SCH 编辑器产生的网络表文件与 PCB 编辑器产生的网络表文件作比较，以检验 PCB 印制板连线操作的正确性。当然，用户也可以根据网络表文件格式和原理图中元件类型以及彼此的连接关系，在文本编辑器下逐行输入，即用手工方式创建网络表文件。

下面以图 2-82 所示电路为例，介绍从电原理图中抽取网络表文件的操作过程：

(1) 执行"Design"菜单下的"Create Netlist…"命令。

(2) 在图 2-89 所示的"Netlist Creation"设置框内，指定网络表文件的输出格式、网络标号作用范围等选项后，单击"OK"按钮即可。

图 2-89 中各选项含义介绍如下：

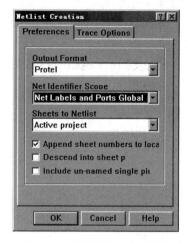

● Output Format：产生的网络表文件格式，Protel 99 SE 原理图编辑器可以输出 Protel(缺省)、Protel 2、Eesof、PCAD、OrCAD、SPICE 等多种电子 CAD 软件的网络表文件格式。在 Protel 99 SE PCB 印制板编辑器中自动布局、布线时，网络表文件格式必须选"Protel"文件格式。

● Net Indentifier Scope：网络识别器作用范围，可以选择如下选项：

➤ Net Labels and Port Global：网络标号及 I/O 端口在整个设计项目内有效。对于一个较复杂的电路系统来说，可能含有多张模块电路的原理图(可参阅第 3 章"层次电路原理图编辑"部分)，当选择"Net Labels and Port Global"时，则同一设计项目中的不同模块电路原理图内具有相同网络标号、I/O 端口号的网络被认为彼此连接在一起。

图 2-89 创建网络文件对话框

➤ Only Port Global：只有 I/O 端口在整个设计项目内有效，而网络标号只在模块电路的原理图内有效。如果在原理图编辑过程中，严格遵守同一设计项目中不同电路模块之间只通过 I/O 端口建立电气连接关系，而网络标号只表示同一模块电路原理图内节点之间的连接关系(即网络标号只在同一电路图内有效)时，就可在网络识别器作用范围选项中选择"Only Port Global"。这是一种良好的习惯，建议在原理图编辑过程中遵守这一规则。因为一个复杂的电路系统，可能包含几张，甚至几十张模块电路图，各模块电路图可能由不同操作者编辑，或至少需要在不同的时间段内编辑，因此当不同电路之间仅靠 I/O 端口建立电气连接关系时，仅需关心每张电路图的输入/输出信号，则不容易出现混乱。

➤ Sheet Symbol /Port Connections：在整个设计项目中，只用方块电路 I/O 端口表示上下层电路之间的连接关系，即网络标号及 I/O 端口只在本电路图内，而不是整个电路系统内有效。对于层次电路来说，根据编辑模块电路前约定的规则，选择其中之一；对于只有一张电路图的设计项目来说，选择其中任何一种设置均可。

● Sheets to Netlist：用于确定网络节点范围，取值及含义如下：

➤ Active sheet：当前原理图内的节点。

➤ Active project：项目设计内原理图及其子电路中的节点。

➤ Active sheet plus sub sheets：当前原理图及其子电路内的节点。

● Append sheet numbers to local name：将原理图编号附加到网络名称上，当一个设计项目内存在多张模块电路图时，为了便于阅读，可以选择该项，这样在生成的网络表文件中的每一节点上均附加模块电路图编号，一目了然。缺省时，该选项框内没有"√"，表示不在网络表文件节点上加原理图编号。

● Descend into sheet parts：遇到电路图类器件时，将该器件内部元件连接关系转化为网络表格式，并记录到网络表文件中。

● Include un-named single pin No.：网络表文件中包含没有信号名的引脚，该选项一般处于非选中状态。

网络表文件的扩展名为 .net，而文件名与原理图文件相同，存放在原理图文件所在的文件夹内。

图 2-82 所示电路的网络表文件内容如下：

```
[                       N00019                  A2_0
IC1                     IC1-26                  IC4-8
DIP40                   IC3-20                  IC3-8
8751                    )                       IC2-6
                        (                       )
]                       N00020                  (
[                       IC1-27                  A3_0
IC2                     IC4-20                  IC4-7
DIP20                   )                       IC3-7
74LS373                 (                       IC2-9
                        N00021                  )
]                       IC1-28                  (
[                       IC3-26                  A4_0
IC3                     IC4-26                  IC4-6
DIP28                   )                       IC3-6
6264                    (                       IC2-12
                        N00023                  )
]                       IC1-30                  (
[                       IC2-11                  A5_0
IC4                     )                       IC4-5
DIP28                   (                       IC3-5
6264                    GND                     IC2-15
                        IC2-1                   )
]                       IC1-20                  (
(                       IC2-10                  A6_0
N00005                  IC3-14                  IC4-4
IC1-17                  IC4-14                  IC3-4
IC3-22                  )                       IC2-16
IC4-22                  (                       )
)                       A0_0                    (
(                       IC4-10                  A7_0
N00006                  IC3-10                  IC4-3
IC1-16                  IC2-2                   IC3-3
IC3-27                  )                       IC3-9
```

IC4-27	(	IC2-5
)	A1_0	)
(	IC4-9	(
IC2-19	(	IC2-13
)	D0_0	IC1-35
(	IC4-11	)
A8_0	IC3-11	(
IC4-25	IC2-3	D5_0
IC3-25	IC1-39	IC4-17
IC1-21	)	IC3-17
)	(	IC2-14
(	D1_0	IC1-34
A9_0	IC4-12	)
IC4-24	IC3-12	(
IC3-24	IC2-4	D6_0
IC1-22	IC1-38	IC4-18
)	)	IC3-18
(	(	IC2-17
A10_0	D2_0	IC1-33
IC4-21	IC4-13	)
IC3-21	IC3-13	(
IC1-23	IC2-7	D7_0
)	IC1-37	IC4-19
(	)	IC3-19
A11_0	(	IC2-18
IC4-23	D3_0	IC1-32
IC3-23	IC4-15	)
IC1-24	IC3-15	(
)	IC2-8	VCC
(	IC1-36	IC1-40
A12_0	)	IC2-20
IC4-2	(	IC3-28
IC3-2	D4_0	IC4-28
IC1-25	IC4-16	)
)	IC3-16	

2.10.2　生成元件清单报表

　　生成元件清单文件(.XLS)的目的是为了迅速获得一个设计项目或一张电路图所包含

的元件类型、封装形式、数目等，以便采购或进行成本预算。获取元件清单的操作过程如下：

(1) 执行"Reports"菜单下的"Bill of Material"命令，在图 2-90 所示的元件清单向导窗口内单击"Next"按钮。

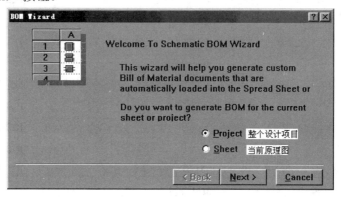

图 2-90   生成元件清单向导

(2) 在图 2-91 所示的窗口内，选择报表内容，单击相应选项前的复选框，即可选择或取消相应的选项(处于选中状态时，复选框内存在"√"号)。

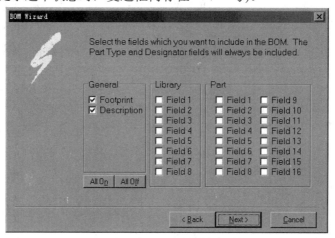

图 2-91   设置报表内容

元件清单一般要包含"Footprint"(封装形式)、"Description"(该选项包含元件标号、型号等)内容，而其他选项可根据需要选择。

选定了报表内容后，再单击"Next"按钮。

(3) 在图 2-92 所示的窗口内，输入选项的表头信息，如将"Footprint"定义为"元件封装形式"、"Part Type"定义为"元件型号"等，即用其他字符串，包括汉字取代图 2-91 所示选项的字符串，然后再单击"Next"按钮。

在选择过程中，如果想改变前一对话框的内容，可单击"Back"按钮，返回上一对话框，重

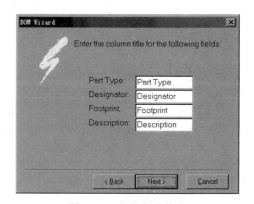

图 2-92   定义表头信息

新设置。

(4) 在图 2-93 所示的窗口内，选择元件清单报表文件格式。Protel 99 SE 支持三种报表格式，可以选择：

● Protel Format：Protel 格式。

● CSV Format：电子表格，如 Excel 软件可以编辑调用的文件格式。

● Client Spreadsheet：Protel 99 SE 表格编辑器采用的文件格式，在 Protel 99 SE 中建议采用这一文件格式。

(5) 在图 2-93 所示的窗口内，选择了"Client Spreadsheet"文件格式后，单击"Next"按钮，即可弹出如图 2-94 所示的窗口，如果不需要修改以上窗口内的选项，则单击"Finish"按钮，Protel 99 SE 会自动启动表格编辑器，列出当前电路的元件清单内容，如图 2-95 所示。

图 2-93　选择报表格式

图 2-94　确认

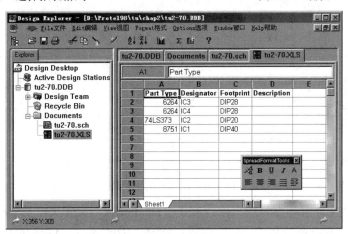

图 2-95　"Client Spreadsheet"报表格式

2.11　电路编辑举例

下面以绘制图 2-96 所示电路为例，介绍实用电路图的编辑操作过程。

(1) 单击"File"菜单下的"New Design…"命令，创建一个新设计数据库文件(文件名为 MCU.ddb，存放在 D:\p99 文件夹内)。

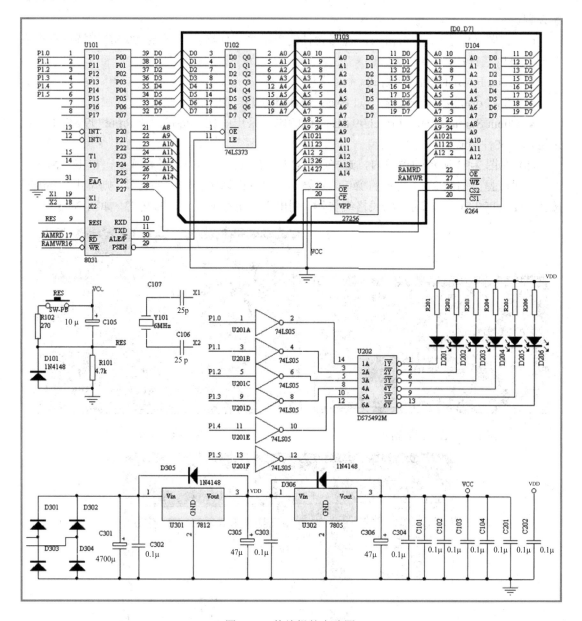

图 2-96　待编辑的电路图

(2) 在"设计文件管理器"窗口内，双击"Document"文件夹，然后执行"File"菜单下的"New…"命令，在新文档选择窗口内，选择"Schematic Document"(原理图文档)文件图标，生成一个新的原理图文件。

(3) 进行图纸类型、尺寸、底色、标题栏等环境参数的选择。

单击"Design"菜单下的"Options…"(选择)命令，在弹出的对话框内单击"Sheet Options"(纸张选项)标签，在"Document Options"文档设置窗内选择图纸类型、尺寸(根据打印机输出幅面及电路复杂性，选择 A4 幅面图纸)、底色等有关选项。

(4) 单击"Tools"菜单下的"Preferences…"(优化)命令，设置 Protel 99 SE 原理图编辑

器的工作参数。

(5) 单击主工具栏内的放大、缩小工具，适当放大编辑区。

(6) 放置核心元件 8031。

在放置元件时，先放置原理图中的核心元件 8031 芯片，操作过程如下：

① 根据元件型号，将元件所在电气图形符号库文件包(.ddb)装入在元件电气图形符号文件库(.Lib)列表窗内，找出并单击相应元件电气图形库文件(.Lib)。

假设核心元件 U1 使用 Intel 公司 8031CPU，则先将 Design Explorer 99 SE\Liarbry\Sch\Intel Databooks.ddb 电气图形符号库文件包装入内存，在元件电气图形符号文件库(.Lib)列表窗内找出并单击 Intel Embedded I(1992).Lib 元件图形库文件。

当然，如果不能确定元件电气图形符号的存放位置，就只能通过元件列表窗口内的"Find"(查找)按钮，在已安装(或所有)的电气图形符号库文件内寻找 8031 芯片所在的元件库。

② 在元件列表窗内，查找并单击"8031AK"元件，然后单击"Place"按钮，将 8031 芯片拖到编辑区内。

③ 按下 Tab 键，进入元件属性选项设置窗，指定元件序号、封装形式、型号等选项后，再单击"OK"按钮关闭。

由于整个电路绘制在一张原理图内，元件序号必须包含元件类型、子电路号及元件在子电路中的顺序号等信息。输入时，可以只给出元件类型及子电路号(即将元件序号设为"U1?"的形式)，或采用缺省元件序号形式(如"U?")，待输入了所有元件后，通过"Tools"菜单下的"Annotate…"命令对元件自动编号。

当然也可以直接给出元件序号，尤其是电路中的关键元件，如 U101、U102、U103 等集成电路芯片。

④ 在编辑区内，将 8031 芯片移到指定位置后，必要时按下空格键和 X、Y 键旋转元件位置，然后单击鼠标左键，固定 8031 芯片，再单击鼠标右键，退出元件放置状态。

(7) 执行类似步骤(6)的操作，继续放置 U102(74LS373)、U103(27256)、U104(6264)、U201(74LS05)、UC202(DS75492M)等集成电路芯片。

(8) 使用"画线"(原理图编辑)工具内的"导线"、"总线"、"总线分支"、"网络标号"等工具，将有关芯片连接在一起。

在放置导线操作过程中，可以使用"阵列粘贴"功能，迅速放置一组平行导线、总线分支等。

(9) 单击元件列表窗口内的"Add/Remove"按钮，将\Design Explorer 99 SE\Library\Sch\Miscellaneous.ddb 分立元件电气图形库文件包装入内存；在元件电气图形符号库文件列表窗内，找出并单击 Miscellaneous .Lib 库文件。

(10) 在元件列表窗内，找出并单击 RES2，然后再单击元件列表窗下的"Place"按钮，移动光标，将电阻 R101 拖到编辑区内。

按下 Tab 按钮，进入 RES2 元件属性选项设置窗，指定元件序号、封装形式、型号等选项后，再单击"OK"按钮关闭。

(11) 在编辑区内，将电阻 R101 移到指定位置后，必要时按下空格键和 X、Y 键旋转元件位置，然后单击鼠标左键，固定电阻 R101。

(12) 移动、旋转后，再单击鼠标左键放置电阻 R102，然后再单击鼠标右键，退出元件放置状态。

(13) 双击电阻 R102 的大小，修改电阻 R102 的阻值。

(14) 重复操作步骤(10)~(13)，在元件列表窗内，分别找出并单击 Diode、Electro1、CAP、XTAL 等元件，继续放置二极管 D101、电容、晶体振荡器、复位按钮等元件。

(15) 调整元件位置，并使用"画线"工具进行连接。

(16) 检查电源和地线引脚名称。分别双击图中所有的集成电路芯片，在元件属性选项设置窗内单击"Pin Hidden"复选框，使"Pin Hidden"复选项处于选中状态，然后再单击"OK"按钮退出，以确定集成电路芯片电源、地线的引脚名称。

(17) 执行 ERC 检查，找出并纠正电路图中可能存在的缺陷。

(18) 执行"Design"菜单下的"Update PCB…"命令，直接创建 PCB 文件(或先执行该菜单下的"Create Netlists …"命令，生成网络表文件)。

2.12 元件电气图形符号编辑与创建

在原理图编辑过程中，由于下列原因，可能需要修改已有元件的电气图形符号或创建新元件的电气图形符号：

(1) Protel 99 SE 元件电气图形符号库文件没有收录所需元器件的电气图形符号，如某些特殊元器件(包括新元器件)。

(2) 元件图形符号不符合要求，例如分立元件电气图形库 Miscellaneous .Lib 中二极管、三极管的电气图形符号与 GB 4728—85 标准不一致。

(3) 元件电气图形符号库内引脚编号与 PCB 封装库内元件引脚编号不一致。

(4) 元件电气图形符号尺寸偏大，如引脚太长，则占用图纸面积多。

2.12.1 启动元件图形符号编辑器

1. 启动

在 Protel 99/99 SE 状态下，可采用如下三种方式之一启动元件电气图形符号编辑器 SchLib：

(1) 在原理图编辑状态下，在元件列表窗内找出并单击需要修改的元件后，再单击元件列表窗口下的"Edit"按钮，即可启动元件电气图形符号编辑器并直接进入该元件电气图形符号的编辑状态，如图 2-96 所示。

(2) 执行"File"菜单下的"Open…"命令，在"Open Design Database"窗口内，打开元件电气图形符号库文件包(缺省时，Protel 99 SE 元件电气图形符号库文件存放在 Design Explorer 99 SE\Library\Sch 文件夹内)。

(3) 执行"File"菜单下的"New"命令，在新文档选择窗口内，双击"SchLib"编辑器图标，也可以启动元件电气图形符号编辑器。这种方法用于创建新的元件电气图形符号库文件(.ddb)。

2. 操作界面

元件电气图形符号编辑器的界面如图 2-97 所示。

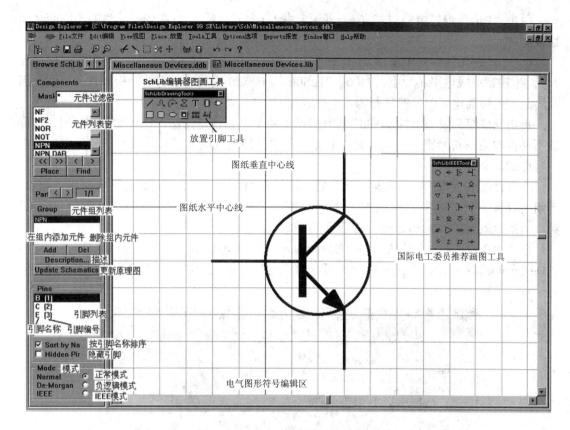

图 2-97　元件图形符号编辑器窗口

可见，元件电气图形符号编辑器的操作界面与 SCH 编辑器相似，各菜单命令也基本相同或相似，窗口各部分的名称如图 2-97 所示，其中：

(1) Component(元件列表窗)内的"Mask"(元件过滤器)文本盒含义、作用与原理图编辑器中的"Filter"相同，元件列表窗内显示的元件名称由 Mask 决定，当该文本盒内容为"*"时，将显示元件库内的所有元件。为了提高操作效率，可在图 2-97 所示的"Mask"(元件过滤)文本盒中输入"NPN*"字符串并回车，这样元件列表窗内仅显示元件名称前含有"NPN"字符串的元件。

单击元件列表窗下的">"按钮，将列表窗内的下一个元件作为当前编辑元件。

单击元件列表窗下的"<"按钮，将列表窗内的上一个元件作为当前编辑元件。

单击元件列表窗下的">>"按钮，将列表窗最后一个元件作为当前编辑元件。

单击元件列表窗下的"<<"按钮，将列表窗第一个元件作为当前编辑元件。

"Find"(查找)按钮的作用与原理图窗口内同名按钮相同。

单击"Place"按钮，可将当前正在编辑的元件电气图形符号放到原理图编辑窗口内。

有些元件同一封装管座内含有多套电路，如 74LS00 芯片内就含有四套 2 输入与非门电路；又如 7406 芯片内，含有六套集电极开路的非门电路。"Part"窗口内"n/m"表示式的分母是当前编辑元件同一封装管座内含有几套电路，而分子就是当前正在编辑的套号，如"1/4"表示当前编辑的电气图形符号是第一套电路，而该元件同一封装管座内含有四套电路。当同一封装管座内仅含有一套电路时，显示为"1/1"。

单击"Part"窗口内的">"(下一套)或"<"(上一套)，即可在同一元件的不同套之间切换。

(2) Group(元件组列表窗)内显示了与该元件具有相同电气图形符号的元件名称，例如在 74 系列 TTL 集成电路芯片中，7400、74LS00、74HC00 等芯片的功能、引脚排列相同，因此将这些元件的电气图形符号归为一组。

单击元件组列表窗下的"Add"按钮，即可将另一元件电气图形符号加入到组内，这样就不必创建图形符号完全相同而元件名称不同的元件电气图形符号，减少了元件电气图形符号库的冗余。

在元件组列表窗内，单击某一元件后，再单击"Del"按钮，即可将该元件从组中删除。当组内仅有一个元件时，删除组内元件，也就删除了该元件，即这时"Del"按钮等同于"Tools"菜单内的"Remove Component"(删除元件)命令。

单击"Description"按钮，在"Component Text Fields"(元件参数文本)窗口内，单击"Designator"标签，即可进入图 2-98 所示的描述对话框，在其中可以输入元件序号、型号、封装形式的缺省值。

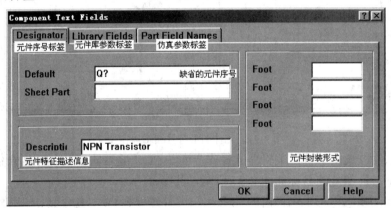

图 2-98　元件属性描述对话框

其中"Foot"是元件的四种封装形式。一些元器件，尤其是集成电路芯片具有多种封装形式。

对元件图形修改后，单击"Update Schematics"，将自动更新原理图中相应元件的电气图形符号。

(3) "Pins"列表窗内显示了元件引脚名称及编号。

3. 工作参数设置

必要时，也可以执行"Options"(选择)菜单下的"Preferences…"命令，对工作参数进行设置，如光标形状、大小、可视格点形状等。

也可单击"Options"菜单下的"Document Options"(文档选择)命令，在弹出的"Document Options"设置窗口中选择绘图纸底色、格点锁定距离、可视格点大小、工作区刷新方式等。

2.12.2　修改元件图形符号

下面以修改 Miscellaneous Device .ddb 元件电气图形库文件包内 Miscellaneous .Lib 中

NPN 三极管电气图形符号为例，介绍元件电气图形符号的修改过程。

Miscellaneous Device .ddb(存放在 Design Explorer 99 SE\Library\Sch 文件夹内)文件包内 Miscellaneous .Lib NPN 三极管的电气图形符号与 GB 4728—85 标准不符；且元件引脚标号为 E(发射极)、B(基极)、C(集电极)，与 Advpcb.Lib 元件封装图形库中小功率三极管封装图 (如 TO−92A 等)引脚编号不一致(在 Advpcb.Lib 中引脚编号分别为 1、2、3)，导致在 PCB 编辑器中装入从原理图生成的网络表文件时，三极管引脚不能连接，因此需要修改三极管的图形符号和引脚编号，操作过程如下：

(1) 在 SchLib 编辑器窗口内，单击主工具栏内的"打开"工具，或执行"File"菜单下的"Open"命令，打开 Design Explorer 99 SE\Library\Sch\Miscellaneous Device .ddb 文件包，然后再单击"文件管理器"窗口内的"Browse SchLib"(浏览电气图形符号库)标签，进入 SchLib 编辑状态，如图 2-99 所示。

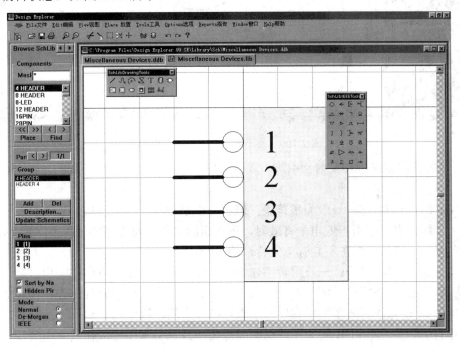

图 2-99　装入 Miscellaneous Device .Lib 元件电气图形库后的 SchLib 窗口

滚动元件列表窗右侧的上下滚动按钮，在元件列表窗内找出并单击 NPN 元件，绘图区内即刻显示出 NPN 三极管电气图形符号，如图 2-97 所示。

此外，在 SCH 编辑状态下，将 Miscellaneous Device .Lib 元件电气图形库文件作为当前库文件，滚动元件列表窗右侧的上下滚动按钮，在元件列表窗内找出并单击 NPN 元件，然后单击"Edit"按钮，启动 SchLib 编辑器，也可以显示出图 2-97 所示的元件图形编辑窗口。

(2) 单击放大、缩小按钮，适当放大图形符号编辑窗口内的元件图形符号。

利用与 SCH 编辑器类似的操作方法，对图形符号组件，如图形、线段、文字、引脚等进行选择、删除、移动、旋转等操作，删除三极管外形的圆圈。

由于元件引脚只有一端具有电气特性，因此在放置、移动元件引脚过程中，需通过"空格键"旋转或"Y 键"对称，确保元件引脚的电气特性一端向外，以便连线，如图 2-100 所示。

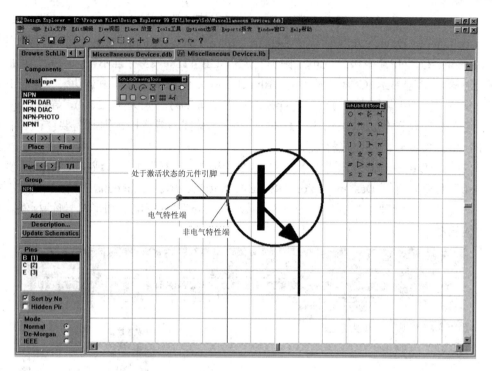

图 2-100　处于激活状态的元件引脚

(3) 将鼠标移到三极管发射极引脚,双击鼠标左键,调出发射极引脚的属性对话窗,如图 2-101 所示,其中:

● Name:引脚名称。一般为字符串,但也可以是数字,甚至空白。当需要在引脚名称上放置上划线,表示该引脚低电平有效时,可在引脚名称字符之间插入"\",如"W\R\"、"R\D\"等。引脚名称放在不具有电气特性的一端。

● Number:引脚序号。一般用数字作为引脚序号,也可用字符串作为引脚序号,如图 2-101 所示。在此,将字符"E"用数字"1"代替。原理图文件中元件的连接关系就是通过引脚序号与 PCB 元件封装图的引脚序号建立连接关系的,因此引脚序号不能缺省,且电气图形符号的引脚序号与 PCB 封装图的引脚编号要一致。引脚序号放在具有电气特性一端的上下或左右侧。

● Show Name:引脚名称显示/隐藏控制选项,缺省时处于隐藏状态。当该选项处于选中状态时,引脚名称处于显示状态。除三极管、可控硅外,分立元件中的引脚名称一般处于隐藏状态,但集成电路芯片引脚名称一般处于显示状态,这样从引脚名称即可了解引脚的功能。

● Show Number:引脚序号显示/隐藏控制选项,当该选项处于选中状态时,引脚序号处于显示状态。除分立元件引脚序号外,其他元件序号一般处于显示状态。

● Color:引脚颜色。

● Dot Symbol:负逻辑标志。当该选项处于选中状态时,在引脚非电气端将出现一个小圆圈,如图 2-102 中的 1、3、5、7 引脚。

● Clock Symbol:时钟引脚标志。当该选项处于选中状态时,在引脚非电气端将出现一

个时钟符号 ">"，如图 2-102 中的 4 引脚。

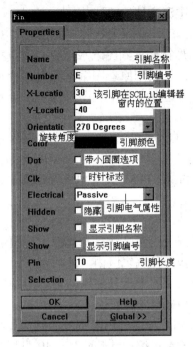

图 2-101 引脚属性设置窗

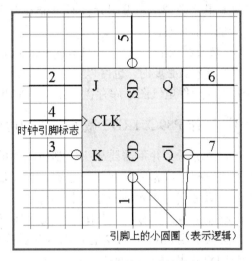

图 2-102 负逻辑及时钟引脚

● Electrical Type：引脚电气属性，主要包括：

➢ I/O——输入/输出引脚，双向。

➢ Input——输入引脚。

➢ Output——输出引脚。

➢ Open Collector——集电极开路输出。

➢ Open Emitter——发射极开路输出。

➢ Passive——被动引脚，当引脚的输入/输出特性无法确定时，可定义为被动特性，如电阻、电容、电感、三极管等分立元件的引脚。

➢ Hiz——三态，输出。

➢ Power——电源引脚。

● Hidden：隐含。当 Hidden 选项处于选中状态时，该引脚将处于隐藏状态，即在元件电气图形符号上不显示该引脚。集成电路芯片的电源(VCC)引脚、地线(GND)引脚常处于隐藏状态。

● Pin：引脚长度，缺省时为 30 个单位，一般取 5 或 10 的整数倍，如 5、10、15、20、25、30 等，以保证连线对准，原因是 SCH 编辑器格点锁定距离一般取 5 或 10。

● Selection：选中选项。当该项处于选中状态时，引脚处于选中状态，显示为黄色。

设置了引脚属性选项后，单击 "OK" 按钮退出即可。

重复以上操作，继续修改基极、集电极引脚属性。

在修改引脚属性时，除了在 SchLib 绘图区内直接双击引脚，激活相应引脚属性设置窗外，也可以在 SchLib 编辑器左下角的 "Pins" (引脚列表)窗口内，找出待修改的引脚，然后双击鼠标左键，进入图 2-101 所示的引脚属性设置窗。在"Pins"(引脚列表)窗口内，找出并双击鼠标左键激活引脚属性设置窗是修改隐藏引脚(如电源、地线)属性的惟一方式。

在 SchLib 编辑器中，修改、创建元件电气图形符号结束后，必须通过标记(或执行"Edit"菜单下的"Select/All"命令)、移动操作，将元件电气图形符号移到图纸水平中心线与垂直中心线的交叉点附近，然后才能保存或将元件电气图形符号放到原理图编辑区内，否则在原理图编辑器中调用、编辑元件时可能会发现元件基准点远离元件电气图形符号，给元件定位、编辑带来不便。

(4) 修改结束后，可单击"Update Schematic"按钮，自动更新原理图中 NPN 三极管的电气图形符号。必要时，也可以单击主工具栏内的"保存"工具，将修改后的 Miscellaneous Device .Lib 元件电气图形库存盘(注意，这时我们修改了 Protel 99 SE 元件电气图形库文件)。

2.12.3　制作 P89C51RD2 微处理器的电气图形符号

一般情况下，并不需要从头绘制新元件的电气图形符号，而是从已有元件电气图形符号库中找出相近或相似元件，经选定、复制后，粘贴到新元件编辑区内，然后再经过适当修改后，即可获得新元件的电气图形符号。因此，启动元件图形符号编辑器最常用的方法是：在原理图编辑状态下，直接单击元件列表窗口下的"Edit"按钮。

下面以生成 P89C51RD2 芯片电气图形符号为例，介绍元件电气图形符号的制作过程。P89C51RD2 芯片引脚与 Intel 80C31 兼容，只是增加了 PCA 可编程计数阵列，40 引脚 DIP 封装方式的 P89C51RD2 芯片引脚排列如图 2-103 所示。因此，将 Intel 80C31 芯片的电气图形符号复制、修改后，即可获得 P89C51RD2 芯片的电气图形符号。

(1) 单击主工具栏上的"打开"工具，或执行"File"菜单下的"Open"命令，在"Open Design Database"窗口下，找出并打开\Design Explorer 99 SE\Library\Sch 文件夹下的 Intel Databooks.ddb 元件电气图形符号库文件包(由于新元件引脚与 Intel 80C31 CPU 具有许多相似之处)，如图 2-104 所示。

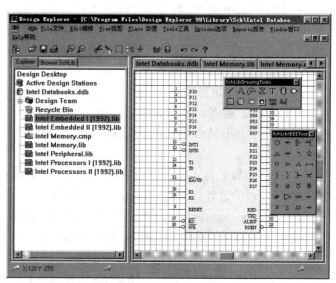

图 2-103　P89C51RD2 引脚排列(DIP 封装)　　　图 2-104　打开"Intel Databooks.ddb"文件包

　　由于 Intel 80C31 系列 CPU 存放在 Intel Databooks.ddb 文件包的 Intel Embedded I(1992).lib 库文件内，因此在图 2-104 的文件管理器窗口内找出并单击 Intel Embedded I(1992).lib 库文件，然后再单击"Browse SchLib"按钮，进入电气图形符号编辑界面，如图 2-105 所示。

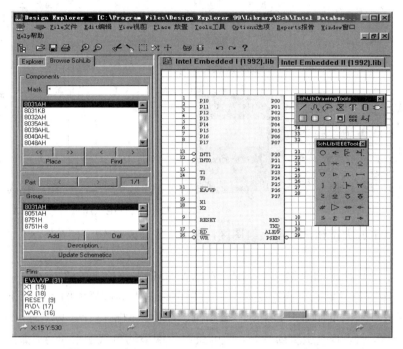

图 2-105　打开"Intel Embedded I(1992).lib"库文件

　　(2) 在元件列表窗口内，找出并单击 8031 系列芯片，如 8031AH 元件，绘图区内即显示出 8031AH 芯片的电气图形符号，如图 2-105 所示。

　　此外，在原理图编辑状态下，通过"Add/Remove"按钮，装入 Intel Databooks.ddb 文件包，在元件库文件列表窗内找出并单击 Intel Embedded I(1992).lib 文件，并在元件列表窗内找出并单击 8031、8051 元件，然后单击"Edit"按钮，启动元件电气图形符号编辑器，也可以进入图 2-105 所示的电气图形符号编辑窗口。

　　(3) 单击 SchLib 编辑器窗口主工具栏内的"标记"工具，对 8031 电气图形符号进行标记(或执行"Edit\Select\All"命令，全选)。

　　(4) 单击"Edit"菜单下的"Copy"命令，将光标移到标记图形某一位置，单击鼠标左键，确定复制中心。

　　如果不希望修改系统元件库，可单击"File"菜单下的"New Design…"命令，创建一个新文件包；双击"Documents"文件夹，再执行"File"菜单下的"New…"命令，选择"SchLib"图标，生成新元件的电气图形符号库文件(缺省文件名为 SchLib-1.Lib)，进入第一个新元件 COMPONENT_1 电气图形符号编辑区。这样就可以将元件电气图形符号保存到用户元件库文件(.ddb)中。

　　(5) 单击"Tools"菜单内下的"New Component"(生成新元件)命令，在图 2-106 所示窗口内输入元件名，如 P89C51RD2 后，单击"OK"按钮，即可获得一个新的绘图区，如

图 2-107 所示。

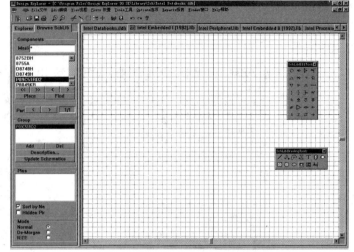

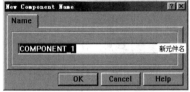

图 2-106　元件重命名对话窗　　　　　　　图 2-107　元件电气图形符号绘制区

（6）不断单击放大按钮适当放大绘图区，滚动左右上下按钮，使绘图区中心出现在屏幕中央。

（7）单击主工具栏内的"粘贴"工具(或执行"Edit"菜单下的"Paste"命令)，将复制到剪贴板内的图形符号粘贴到新绘图区内，然后再单击主菜单栏内的"解除标记"工具。

（8）对图形符号编辑加工，如删除多余引脚、图件，调整位置，必要时可利用绘图工具加入新的图形、引脚，修改引脚属性等，即可获得所期望的电气图形符号，如图 2-108 所示。

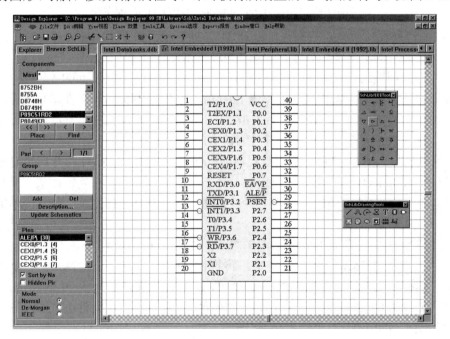

图 2-108　修改结果

（9）单击"Description…"按钮，在图 2-98 所示的元件属性描述窗口内设置元件缺省序号(U?)、型号及封装形式(DIP40、PLCC44)等。

(10) 必要时，执行"Report"菜单下的"Component Rule Check"(元件规则检查)命令，在图 2-109 所示的窗口内设置检查项目，然后单击"OK"按钮，启动元件规则检查过程，在图 2-110 所示的检查报告窗口内，即可了解到元件图形库的正确性。

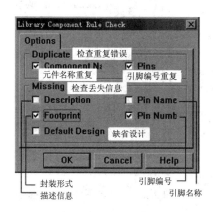
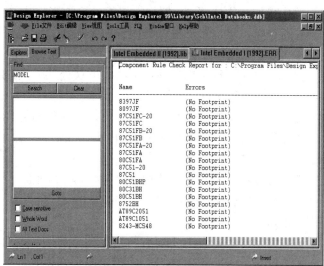

图 2-109　元件设计规则检查项目选择窗　　　　图 2-110　元件设计规则检查报告

常见错误主要有：Duplicate Pin Number(引脚编号重复)、No Footprint(没有封装形式)、Missing Pin Number(丢失引脚编号)等，应根据错误原因修改元件图形符号。

(11) 单击主工具栏内的"保存"命令，将修改后的 Intel Embedded I(1992).lib 元件图形库文件存盘。或单击"File"菜单下的"Save Copy As…"命令，将修改后的文件保存到另一文件中。

2.12.4　制作 LED 数码显示器

由于 LED 数码显示器没有收录在元件电气图形库中，在元件电气图形库中也没有相似的元件，因此需要用户从头绘制。

下面以在 Miscellaneous Device.ddb 元件库文件包中增加 LED 数码显示器为例，介绍从头制作一个元件电气图形符号的操作过程。

(1) 单击主工具栏内的"打开"工具，或执行"File"菜单下的"Open"命令，将\Design Explorer 99 SE\Library\Sch\Miscellaneous Device.ddb 文件作为当前编辑的元件库文件。

也可在原理图编辑状态下，将 Miscellaneous Device.ddb 库文件包内的 Miscellaneous Device.Lib 作为当前库文件，然后单击"Edit"按钮，启动元件电气图形符号编辑器。

(2) 单击"Tools"菜单下的"New Component"(生成新元件)命令，即可获得一个新的绘图窗。

(3) 不断单击放大按钮适当放大绘图区，滚动左右上下按钮，使绘图区中心出现在屏幕中央。

(4) 单击"绘图"工具栏内的"矩形"工具，将光标移到绘图区水平和垂直中心线的交点附近后，单击鼠标左键，固定外矩形框的左上角；移动光标即可看到矩形框右下角随光标的移动而移动，单击鼠标左键固定矩形框的右下角，即画出了 LED 的外框。

　　在固定矩形框前，按下 Tab 键，激活矩形图件属性设置窗(如图 2-111 所示)，设置矩形边框宽度、边框线条颜色、填充色等。

　　在 SchLib 编辑器中，修改图件属性的操作方法与 SCH 编辑器中操作的方法相同，例如将鼠标移到矩形框内，双击鼠标左键也可以调出矩形框属性设置窗；又如，将鼠标移到矩形框内，单击鼠标左键，即可使矩形框处于选中状态，然后将鼠标移到矩形框边框或顶点上的小方块处，按下鼠标左键不放，移动鼠标即可调整矩形的大小；将鼠标移到矩形框内，按下鼠标左键不放，移动鼠标即可调整矩形的位置。

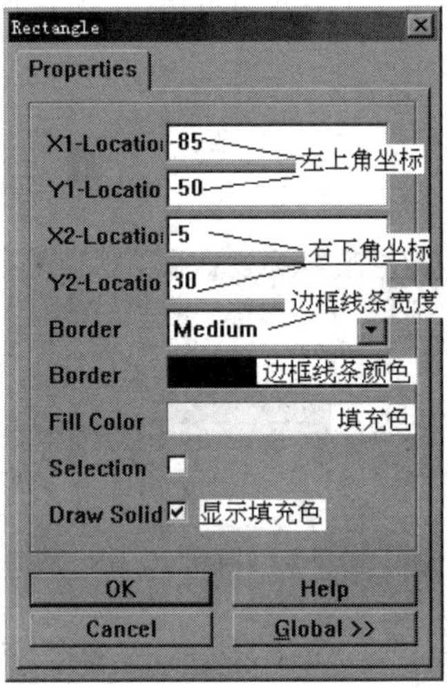

　　利用同样方法，再画出 LED 的内框，然后将内框移到外框里，如图 2-112 所示。

　　改变重叠在一起的图件的相对位置时，除了前面介绍的操作方法外，常使用"Edit"菜单下的"Move"命令系列调整图件的层次，如：

図 2-111　矩形图件属性设置窗

- Edit\Move\Bring To Front：将指定图形切换到最上层。
- Edit\Move\Send To Back：将指定图形切换到最下层。
- Edit\Move\Bring To Front Of：将指定图形切换到上一层。
- Edit\Move\Send To Back Of：将指定图形切换到下一层。

　　(5) 单击"绘图"工具窗内的"画线"工具，画出 LED 的笔段；利用"画圆"工具绘制小数点笔段。操作结果如图 2-113 所示。

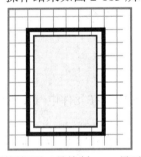

图 2-112　利用矩形工具绘制 LED 显示器的内外框

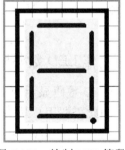

图 2-113　绘制 LED 笔段

　　(6) 单击"绘图"工具窗内的"引脚"工具，并按下 Tab 键，进入引脚属性设置窗。在引脚名称文本盒内输入"e"，在引脚序号文本盒内输入"1"，将引脚电气特性定义为"Passive"，引脚长度设为 20，然后单击"OK"按钮退出，即可看到一根引脚随光标的移动而移动，再通过移动、旋转等操作，将引脚移到 LED 外框适当位置后，单击鼠标左键固定，如图 2-114 所示。

　　按下 Tab 键，设置引脚 2(对应笔段 d)的属性，放置引脚 2，重复引脚放置操作，直到放置了所有引脚(注意，3、8 引脚是公共端，可隐藏引脚名称)。

　　(7) 单击"绘图"工具窗内的"文字"工具，再按下 Tab 键，放置各笔段名称。必要时，也可以激活文字属性对话框，设置字体大小等，即可获得如图 2-115 所示的 LED 数码显示器。

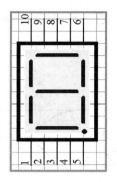 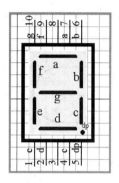

图 2-114 放置引脚   图 2-115 最后完成的 LED 数码显示器

(8) 单击"Description"按钮，在元件描述窗内，输入缺省元件序号、型号、封装形式等参数。

为方便在原理图中连线，在创建元件电气图形符号时，可能需要仔细安排引脚排列顺序。例如，将图 2-115 所示的 LED 引脚排列改为图 2-116 所示的形式，连线可能更方便。

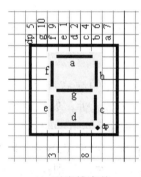 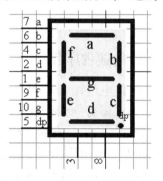

(a) 引脚排序前   (b) 引脚重新排序后

图 2-116 连线方便的 LED 显示器电气图形符号

(9) 单击主工具栏内的"保存"命令，将修改后的 Miscellaneous Device.Lib 元件图形库存盘。

2.12.5 创建数字集成电路芯片元件负逻辑/IEEE 电气图形符号

在 SchLib 编辑器窗口内，允许同时绘制元件三种形式的电气图形符号，即 Normal(正常模式)、De-Morgan(狄摩根模式，即负逻辑模式)以及 IEEE(国际电工委员推荐模式)。因此，Protel 99 SE 元件电气图形符号也有三种形式，即 Normal、De-Morgan 以及 IEEE 三种模式。不过，一般情况下，只显示正常模式下的电气图形符号，但如果元件电气图形符号库的某一元件中包含了正常模式外的其他两种模式的电气图形符号，如 Texas Instruments 公司的数字集成电路芯片均提供了以上三种形式的电气图形符号，就可以在元件属性的"Graphical Attrs"标签设置窗内，选择相应的模式，使原理图中的元件以负逻辑或 IEEE 模式显示出来，如图 2-117 所示。

如果元件电气图形符号库中某一元件只有正常模式的图形符号，没有提供负逻辑、IEEE 模式电气图形符号时，可在 SchLib 编辑器窗口内，单击"Mode"(模式)选择框内相应模式后，使用"绘图"工具在绘图区内绘制该元件的负逻辑模式电气图形符号，如图 2-118 所示；

使用"绘图"工具和"IEEE"工具在绘图区内绘制该元件 IEEE 模式的电气图形符号，如图 2-119 所示。

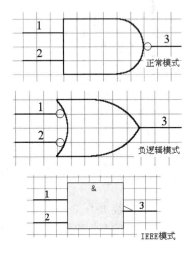

图 2-117　元件的三种电气图形符号

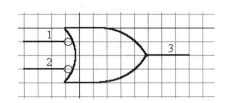

图 2-118　二输入与非门的负逻辑模式图形符号

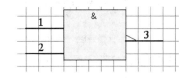

图 2-119　二输入与非门 IEEE 模式图形符号

2.12.6　设置元件的缺省序号

在原理图用元件电气图形符号库中，集成电路芯片的缺省序号一般为"U?"，但 Miscellaneous Device.Lib 分立元件电气图形符号库中的多数元件，如常用的电阻、电容、电感、二极管、三极管等如果没有给出缺省序号，在原理图元件自动编号操作过程中会显得不方便。为此，可在 SchLib 编辑器中，调出"\Design Explorer 99 SE\Library\Sch\ Miscellaneous Device.ddb"文件包的 Miscellaneous Device.Lib 元件库文件，分别找出以上元件，并单击 SchLib 编辑器窗口内的"Description"按钮，在图 2-98 所示窗口内的"Default"文本盒中输入"C?"(对电容类元件，如 CAP、Elector1 等)、"R?"(对电阻类元件，如 RES1、RES2 等)、"L?"(对电感类元件，如 Inductor、Inductor IRON1 等)、"T?"或"Q?"(对三极管类元件，如 NPN、PNP、各类 MOS 场效应管等)、"VD?"(对二极管类元件，如 Diode、LED 等)，然后在 SchLib 编辑器窗口内单击主工具栏内的"保存"工具，将修改后的元件库保存。

2.13　创建自己的图纸文件

Protel 99 SE 原理图编辑提供了多个底图模板文件，存放在 Design Explorer 99 SE\System 文件夹下的 Templates.ddb 文件包内。在 Templates.ddb 文件包中含有多个底图模板文件，扩展名为 .doc，第一次启动原理图编辑器时，将 Templates.ddb 文件包内的 B.doc(B 号图纸幅面)作为缺省的底图模板，但由于目前多数打印机最大打印幅面为 A4，一般均需要将底图幅面改为 A4(A4 幅面打印纸)。且系统提供的底图模板的标题栏也只有标准和 ANSI 两种形式，感到不方便，为此需要创建符合 GB 4728—85 标准的底图模板文件。创建底图模板文件的操作过程如下：

(1) 执行"File"菜单下的"New Design…"命令，创建一个新的设计文件包(.ddb)。新设计文件名及存放目录路径没有限制，不过最好将新设计文件包存放在 Design Explorer 99

SE\System\Templates 文件夹下，文件名取为 MyDocument.ddb。

(2) 在"文件管理器"窗口内，双击新设计文件包内的"Documents"文件夹，然后执行"File"菜单下的"New…"命令，在"New Document"窗口内，选择"Schematic Document"(原理图)文件类型，即可在原理图编辑器窗口内绘制图纸模板。

(3) 在原理图编辑状态下，执行"Design"菜单下的"Options…"(选择)命令，在图 2-5 所示的文档选择窗口内，选择底图大小(如 A4)。

(4) 在图 2-5 所示的窗口内，分别单击"Title Block"、"Show Reference 2"、"Show Bar"、"Show Template Graphics"选项前的复选框，去掉其中的"√"，禁止显示图纸边框、参考边框、标题栏、图纸底色、栅格线形式及颜色等。

(5) 不断单击"放大"、"缩小"按钮，以便操作。使用"图画"工具，如直线、图形、文本盒等工具在空白的图纸上绘制图纸边框、标题栏等，必要时还可以使用"画图"工具中的"放置照片"工具，在图纸上放置点位图信息，如公司徽标或设计者照片等。

(6) 当底图绘制结束后，单击主工具栏内的"Save"命令保存。

(7) 在"文件管理器"窗口内，将鼠标移到新生成的图纸模板文件名上，单击鼠标右键，指向并单击其中的"Close"命令，关闭新生成的图纸模板文件。将鼠标移到图纸模板文件名上，单击鼠标右键，指向并单击其中的"Rename"命令，再将底图模板文件扩展名改为.dot，保存并关闭新图纸文件包。

然后，在图 2-9 所示窗口内，单击"Browse…"按钮，在图 2-120 所示的图纸模板文件选择窗内，选择相应的图纸模板文件并确认，用户创建的模板文件即出现在图 2-9 所示的"Default Template File"文本盒内，然后单击"OK"按钮退出，即可完成模板文件的装入过程。重新打开一个新的原理图文件，即可看到创建的底图模板式样。如果不满意，可在原理图状态下，调出并修改模板文件。

图 2-120　图纸模板文件选择窗

2.14　原理图操作技巧

2.14.1　修改/恢复 Protel 各类编辑器操作对象的缺省属性

执行"Tools"菜单下的"Preferences…"命令，在弹出的特性设置框内，单击"Default Primitives"标签，即可显示出图 2-121 所示的设置窗口。

一般情况下，并不需要修改操作对象属性的缺省值，但在下列两种情况下，需要进入图 2-122 所示的缺省属性设置窗口内修改原理图操作对象的属性。

(1) 在原理图编辑器中，修改了某一操作对象的颜色后，需要恢复系统缺省设置时。下面以恢复"Bus"(总线)颜色缺省设置为例，介绍恢复操作对象缺省值的操作过程：

① 单击"Primitives Type"(参数类型)列表盒下拉按钮,选择"Wiring"。

② 在"Primitives"(参数)列表窗内,找出并单击"Bus"(总线)操作对象。

③ 单击"Primitives"(参数)列表窗下的"Reset"(复位)按钮,即可使"总线"属性选项框内所有选项恢复为缺省状态。

(2) 感到原理图编辑器某一操作对象属性选项框内某个选项缺省值不尽合理,需要修改,以便每次调用该操作对象时,自动采用用户设定值。下面以修改"Bus"(总线)颜色为例,介绍修改某一操作对象属性选项的操作过程:

① 单击"Primitives Type"(参数类型)列表盒下拉按钮,选择"Wiring"。

② 在"Primitives"(参数)列表窗内,找出并单击"Bus"(总线)操作对象。

③ 单击"Primitives"(参数)列表窗下的"Edit Values"(编辑参数)按钮,即可调出图 2-122 所示的"Bus"(总线)属性选项设置窗,单击其中的"Color"(颜色)显示盒,选择所需颜色后,单击"OK"按钮退出即可。

单击图 2-121 中的"Reset All"按钮,可使所有操作对象属性设置窗内的所有选项恢复为缺省状态。

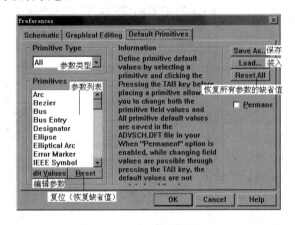

图 2-121   设置缺省属性   图 2-122   设置"Bus"的属性

单击图 2-121 中的"Save As"按钮,可将当前系统操作对象属性缺省设置保存到磁盘上,文件扩展名为 .dft。

需要说明的是,修改对象属性选项缺省值,并不能改变绘图区内已放置对象的属性。例如,修改"总线"颜色缺省值后,编辑区内已绘制的"总线"的颜色不变,当需要改变已放置对象的属性时,只能在原理图编辑状态下,逐一修改或通过全局选项批量修改。

2.14.2   一次修改同类操作对象的属性选项

当希望改变编辑区内某一操作对象,如导线、总线、总线分支、某类元件、文本(字体及颜色)、某类图形的属性,例如将电路图中所有"总线"的颜色由原来的"深蓝色"改为"黑色",以便其他图形处理软件将编辑区内的原理图转化为只有黑白两种颜色的图形文件时;或将原理图中具有某一相同特征的电阻(如阻值相同)的封装形式改为另一封装形式时,可采用如下方法之一。

下面以修改图 2-96 中所有"导线"的颜色为例,介绍不同操作方法的操作过程和优缺点。

1. 逐一修改

在编辑区内逐一双击待修改的"导线"段(或单击选中后，再单击鼠标左键，将操作对象激活，然后按 Tab 键)，进入图 2-123 所示的导线属性选项设置窗，并修改其中有关选项后，单击"OK"按钮，退出该"导线"段的属性选项设置窗。显然，当原理图含有很多导线段时，逐一修改的工作量会很大，效率低，这一方式只适用于修改图中少量导线的颜色。

2. 一次修改所有同类对象的属性选项

在图 2-123 所示的导线属性选项窗内，"Global>>"(全局选项)按钮有效(这与放置导线操作过程中，按下 Tab 键进入导线属性选项设置窗时有所区别：在放置前激活的属性选项窗内，全局选项"Global>>"按钮无效)，可通过单击"Global>>"按钮进入全局选项设置窗，一次修改电路图中同类对象的属性，操作过程如下：

(1) 单击"Global>>"按钮，进入图 2-124 所示的全局选项设置窗。

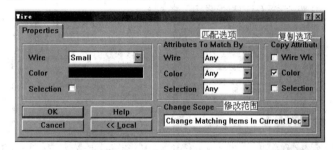

图 2-123　导线属性选项设置窗　　　　图 2-124　导线属性全局选项设置窗

图 2-124 中各选项含义介绍如下：

● "Attributes To Match By"(匹配选项)框内的各选项规定了整体修改的依据："Any"(任意)表示修改图中所有的同类对象；"Same"(相同)表示仅修改图中相应选项一致的同类对象；"Different"(不同)的含义与"Same"相反，仅修改图中相应选项不一致的同类对象。

● "Copy Attributes"(复制选项)框：当该选项框内的相应选项处于选中状态时，将修改原理图中满足特定条件对象的对应选项值。

● "Change Scope"(改变范围)：该选项有三种选择。

➢ "Change Matching Items In Current Document"：改变当前原理图中由"Attributes To Match By"定义的匹配选项。

➢ "Change Matching Items In All Documents"：改变所有原理图中由"Attributes To Match By"定义的匹配选项。

➢ "Change This Items Only"：仅改变当前原理图中一个对象的属性，即只修改一个对象的属性。

(2) 单击"Attributes To Match By"(匹配选项)框内的"Color"(颜色)下拉按钮，并设为"Any"。

(3) 单击"Properties"(属性)选项框内的"Color"颜色盒，选择所需颜色。

(4) 单击"Copy Attributes"(复制属性)选项框内的"Color"复选框，使该复选项处于选中状态。

(5) 在"Change Scope"(改变范围)选项框中选择的"Change Matching Items In Current Document",即仅修改当前原理图中的导线属性。

(6) 单击"OK"按钮,退出导线全局选项设置窗,即可观察到图 2-96 所示编辑区内所有导线的颜色已经改变。

显然这种修改方式效率高,因为不论原理图中含有多少条导线,只要修改一个,即可使所有导线的颜色同时改变。

3. 一次性修改元件属性选项应用之一

下面以修改图 2-96 所示电阻 R201~R206 的封装形式选项为例,介绍一次修改原理图中满足特定条件的元件属性的操作过程。

(1) 双击图 2-96 中电阻元件 R201~R206 中任一个(如标号为 R201),进入电阻属性选项设置窗,如图 2-125 所示。

(2) 单击图 2-125 中的"Global>>"按钮,进入图 2-126 所示的全局选项设置窗。

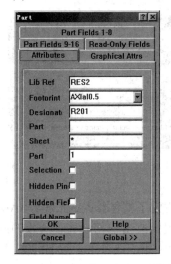

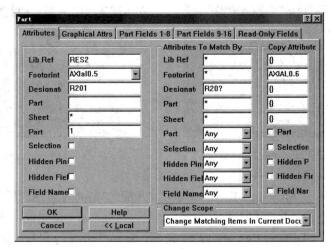

图 2-125　电阻属性选项设置窗　　　　　图 2-126　电阻属性全局选项设置窗

可见,在对象属性全局选项设置窗口内,当"Attributes To Match By"选项框的文本选项盒内出现"*"(通配符)时,表示该选项没有限制,可根据需要用实际字符串,如 RES2、R?(表示第一个字符为 R,第二个字符没有限制)、C*(第一字符为 C,后续字符没有限制)等代替。

当"Copy Attributes"选项框显示为"{}"时,表示不改变相应文本选项的内容,也可以根据需要用特定字符串,如 AXIAL0.6、RES1、R20?(其中的?已不具备通配符含义)等取代。

(3) 在"Attributes To Match By"(匹配属性)选项框内的"Designator"(标号)文本框内输入"R20?"(其中的"?"可表示任意字符),确定修改范围。

(4) 在"Copy Attributes"(复制)属性选项框内对应的"Footprint"(封装形式)文本框内输入"AXIAL0.6"。

(5) 在"Change Scope"(改变范围)选项框中选择"Change Matching Items In Current Document",即仅修改当前原理图中的指定电阻。

(6) 单击"OK"按钮，退出电阻全局选项设置窗，即可观察到图 2-97 所示编辑区内电阻 R201～R206 的封装形式已变为 AXIAL0.6。

4. 将原理图中的数字电路芯片转化为 IEEE 或负逻辑符号

将原理图中数字集成电路芯片的电气图形符号转化为负逻辑模式或 IEEE 模式的操作过程如下：

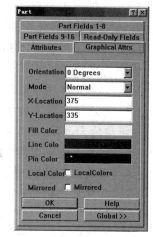

(1) 双击原理图中的数字电路芯片，如 74LS05 等，激活元件属性选项设置窗，并单击"Graphical Attrs"标签，如图 2-127 所示。

(2) 在图 2-127 所示窗口内，单击"Mode"(图形模式)列表框的下拉按钮，选择相应的电气图形符号模式，即 Normal(正常模式)、De-Morgan(狄摩根模式，即负逻辑模式)和 IEEE(国际电工委员推荐的模式)。

(3) 如果仅希望改变当前元件的电气图形模式，则单击"OK"按钮，退出元件属性设置窗。如果希望修改原理图中多个数字芯片的元件图形模式，可单击图 2-127 中的"Global>>"按钮，进入元件全局选项设置窗，设置修改范围后，再单击"OK"按钮退出即可。

图 2-127　74LS05 芯片属性设置

2.14.3　工具栏(窗)与当前正在进行的操作要匹配

在缺省状态下，原理图编辑器仅打开了"画线"工具和"画图"工具，可根据当前正在进行的操作，打开或关闭特定的工具栏(窗)，既可使编辑区内显示面积尽可能大，同时又方便操作。下面是一些典型的例子：

(1) 假设目前只绘制电原理图，如放置元件、连线等，且图中以数字电路为主，则不妨打开"Wiring Tools"(画线工具)、"Digital Objects"(数字电路编辑常用电气符号)，而关闭"绘图"工具、"电源符号"等其他工具。

(2) 假设原理图已画好，目前仅需要在原理图编辑区内绘制一些图形符号，如输入/输出波形、添加一些说明性文字等，则不妨只打开"Drawing Tools"(画图工具)，而关闭其他工具。

2.14.4　在原理图中增加同类元件的操作捷径

当需要在原理图中增加图中已出现过的某一元件时，可按下列步骤进行：

(1) 在元件列表窗内，单击"元件库"列表窗右侧的下拉按钮，在元件库列表中找出并单击将要放置的元件所在的元件库文件。

(2) 在原理图中，找出并单击已出现过的同类型元件，结果会发现元件列表窗内立即显示出该元件。

(3) 单击元件列表窗下的"Place"按钮，即可将同类元件拖到编辑区内。

(4) 按下 Tab 键，进入元件属性选项设置窗，设置元件序号、封装形式(如果需要修改的话)、型号(大小)后，单击"OK"按钮退出。

(5) 将处于活动状态的元件移到编辑区的适合位置，单击鼠标左键固定即可。

习　题

2-1　在 Protel 99 SE 中，元件电气图形符号存放在哪一文件夹下？其中分立元件，如电阻、电容、电感等存放在哪一库文件包内？74 系列数字电路芯片位于哪一元件库文件中？

2-2　某原理图使用了 Intel 8031 芯片，请确定 8031 芯片位于哪一元件库文件包内，并装入该库文件包。

2-3　如何选择图纸幅面规格？

2-4　电气节点锁定的含义是什么？如果在原理图中连线不直，如何重新设置电气节点及可视栅格的大小？

2-5　元件属性窗口内"Footprint"项的含义是什么？在什么情况下可以不输入？

2-6　画线工具内的"导线"与画图工具内的"直线"有何区别？

2-7　节点与节点之间可通过哪几种方式表示电气上相连？总线具有电气属性吗？请验证通过总线相连的两元件引脚电气上是否连在一起。

2-8　有些元件同一封装图内含有多套电路，如何通过元件属性选择所需的套号？

2-9　编辑图 2-96 所示的原理图，并生成网络表文件及元件清单。

2-10　请修改 Miscellaneous Devices.ddb 元件库内元件的电气图形符号,使它们符合 GB 4728 标准。

2-11　创建 P89LPC932 芯片电气图形符号(引脚排列如图 2-128 所示)，并将它保存到 Design Explorer 99 SE\Library\Sch\User.ddb 文件包内的 Philips Microprocessor.Lib 库文件中。

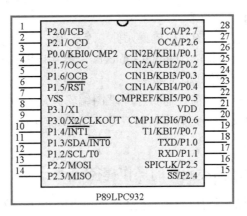

图 2-128　TSSOP28 引脚封装 P89LPC932 引脚排列

2-12　如何将原理图中所有导线的颜色改为黑色？

第 3 章　层次电路原理图编辑

3.1　层次电路设计概念

在层次电路设计思想出现以前，编辑电子设备，如电视机、计算机主板等原理图时，遇到的问题是电路元件很多，不能在特定幅面的图纸上绘制出整个电路系统的原理图，于是只好改用更大幅面的图纸，然而打印时又遇到了另一问题，即打印机的最大输出幅面有限，如多数喷墨打印机和激光打印机的最大输出幅面为 A4。为了能够在一张图纸上打印出整个电路系统的原理图，又只好缩小数倍打印，但却会因线条、字体太小致使阅读困难。此外，采用大幅面图纸打印输出的原理图也不便于存档保管。对于更复杂电路的原理图，如计算机主板电路，即使打印机、绘图机可以输出 A0 幅面图纸，恐怕也无济于事，因为我们总不能无限制扩大图纸幅面来绘制含有成千上万个电子元器件的电路图。

采用层次电路设计方法后，这一问题就迎刃而解了。所谓层次电路设计，就是把一个完整的电路系统按功能分成若干子系统，即子功能电路模块，需要的话，把子功能电路模块再分成若干个更小的子电路模块，然后用方块电路的输入/输出端口将各子功能电路连接起来，于是就可以在较小幅面的多张图纸上分别编辑、打印各模块电路的原理图。

在层次电路设计中，把整个电路系统视为一个设计项目，并以 .prj 而不是.sch 作为项目文件的扩展名。在项目原理图(即总电路图)中，各子功能模块电路用"方块电路"表示，且每一模块电路有惟一的模块名和文件名与之对应，其中模块文件名指出了相应模块电路原理图的存放位置。在原理图编辑窗口内，打开某一电路系统设计项目文件.prj 时，也就打开了设计项目内各模块电路的原理图文件。

Protel 99 SE 原理图编辑器支持层次电路设计、编辑功能，可以采用"自上而下"或"自下而上"的层次电路编辑方式。

在介绍层次电路编辑方法前，不妨先打开 Protel 99 SE 原理图编辑器提供的原理图编辑演示设计文件包 4 Port Serial Interface.ddb、Z80 Microprocessor.ddb、LCD Controller.ddb 或 Photoplotter.ddb 文件，这些文件存放在 C:\Program Files\Design Explorer 99 SE\Examples 目录下。在 Protel 99 SE 状态下，执行"File"(文件)菜单下的"Open…"命令，打开其中的一个设计文件包，如 Z80 Microprocessor.ddb，即可了解层次电路的组成以及文件管理、切换方法，操作过程如下：

(1) 单击主工具栏内的"打开"工具(或执行"File"菜单下的"Open…"命令)。

(2) 在图 3-1 所示的"Open Design Database"(打开设计数据文件包)窗口内，选择并打开 C:\Program Files\Design Explorer 99 SE\Examples 目录下的 Z80 Microprocessor .ddb 文件，在"文件管理器"窗口内，单击 Z80 Microprocessor .ddb 设计数据文件包及其子目录前的小方块，显示设计数据文件包内的文件目录结构，找出并双击文件名为"Z80 Processor.prj"

的原理图文件，如图 3-2 所示。可见 Z80 Processor 电路系统由存储器模块(Memory. sch)、CPU 时钟电路模块(CPU Clock.sch)、电源供电模块(Power Supply.sch)、串行接口电路模块(Serial Interface.sch)、可编程外设接口模块(Programmable Peripheral Interface.sch)以及 CPU 选择模块(CPU Section.sch)六个子电路模块电路组成，其中串行接口模块(Serial Interface.sch)下还有串行波特率发生器时钟模块(Serial Baud Clock.sch)。

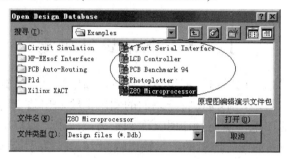

图 3-1　"打开设计数据文件包"窗口

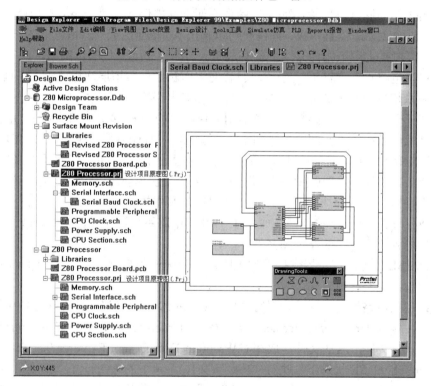

图 3-2　层次演示电路构成模块

可见项目文件(.prj)本质上还是原理图文件，只是扩展名为 .prj 而已；当模块电路原理图内含有更低层次的子电路时，该模块电路原理图文件的扩展名依然为 .sch。

需要注意的是，设计数据文件包内，同一目录下的原理图文件(.sch)彼此之间并不关联。

为了看清 Z80 Processor.prj 项目文件的细节，可不断单击主工具栏内的"放大"工具，适当放大 Z80 Processor.prj 文件编辑窗口工作区，即可看到图 3-3 所示的 Z80 Processor.prj 项目文件内容。

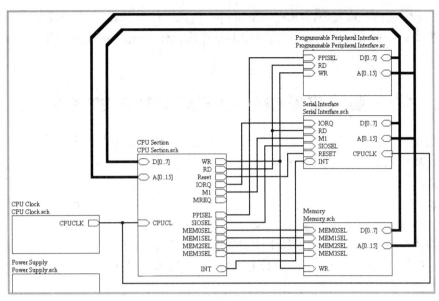

图 3-3　Z80 Processor.prj 设计项目文件内容

可见，在层次电路设计中，项目文件电路图非常简洁，只有表示各模块电路的方框(即方块电路)以及方块电路内的 I/O 端口、表示各模块电路之间连接关系的导线和总线。当然，项目文件电路图内也允许存在少量元器件和连线(即在 .prj 项目文件中也可以含有部分实际电路)。而方块电路的具体内容(包含什么元件以及各元器件的连接关系)在对应模块电路的原理图(以 .sch 作为文件扩展名)中给出，甚至模块电路原理图内还可以包含更低层次的方块电路，如图 3-2 中的串行模块电路原理图 Serial Interface.sch 内就含有 Serial Baud Clock.sch 模块。

在 Protel 99 SE 中，通过"设计文件管理器"进行文件切换非常方便。例如，在图 3-2 所示窗口中，单击"设计文件管理器"窗口内的"Serial Interface.sch"文件，即可迅速切换到串行接口电路模块原理图的编辑状态，单击主工具栏内的"放大"工具，适当放大窗口工作区，即可看清 Serial Interface.sch 模块电路原理图的细节，如图 3-4 所示。

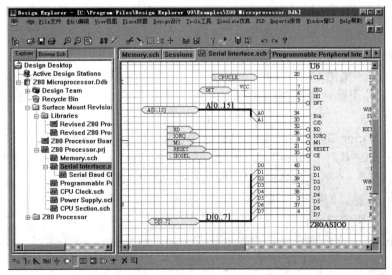

图 3-4　Serial Interface.sch 模块原理图

从图 3-4 中我们不难发现，Z80 Processor.prj 项目文件内 Scrial Interface 模块中的"方块电路 I/O 端口"与 Serial Interface 模块对应的原理图文件 Serial Interface.sch 的 I/O 端口一一对应。

3.2 层次电路设计中不同文件的切换方法

在层次电路中含有多张电路图，当需要从一张原理图切换到另一张原理图时，在"设计文件管理器"窗口内，将鼠标移动目标原理图文件名上，单击鼠标左键，即可迅速切换到相应原理图文件的编辑窗口。

在 Protel 99 SE 中，除了通过单击"设计文件管理器"窗口内目标文件名完成文件编辑状态之间的切换外，有时也会通过"Tools"菜单内的"Up/Down Hierarchy"命令或主工具栏的"⬇⬆"(层次电路切换)工具实现层次电路原理图窗口间的切换，操作过程如下：

(1) 单击主工具栏内的"层次电路切换"工具(或执行"Tools"菜单内的"Up/Down Hierarchy"命令)。

(2) 当由项目文件(.prj)窗口切换到其中某一模块电路窗口时，可将光标移到相应模块电路上，单击鼠标左键即可切换到相应模块电路的窗口内，然后再单击鼠标右键退出"层次电路切换"命令状态；而由某一模块电路窗口切换到另一模块电路窗口时，可将光标移到与目标模块电路相连的 I/O 端口上，单击鼠标左键即可迅速切换到与该 I/O 端口相连的上一层或下一层电路窗口内，如果不需再切换到其他电路窗口，可单击鼠标右键退出"层次电路切换"命令状态。

3.3 层次电路编辑方法

3.3.1 建立层次电路原理图

通过浏览原理图编辑演示文件 Z80 Microprocessor.ddb，使我们对层次电路的设计概念、文件结构等方面有了一个初步的认识，下面就具体介绍采用"自上而下"方式建立层次电路原理图的操作过程。

(1) 单击"File"菜单下的"New"命令，在图 1-6 所示窗口内，单击"Schematic Document"(原理图文档)文件图标，在原理图文件窗口内，即可用原理图编辑方法绘制项目文件方块电路。

(2) 单击"Wiring Tools"(画线)工具栏(窗)内的"▦"(SCH:Place Sheet Symbol，即放置方块电路)工具(或执行"Place"菜单内的"Sheet Symbol"命令)后，移动光标到原理图编辑区内，即可看到一个随光标移动而移动的方框，如图 3-5 所示。

(3) 按下 Tab 键，即可进入图 3-6 所示的方块电路属性设置窗，其中：

● Name：方块电路名。

● Filename：方块电路文件名(包括扩展名.sch)，即方块电路原理图文件名，如"Serial Interface.sch"。在输入方块电路文件名时只需给出文件名及扩展名，不用给出指定存放目录路径，原因是在 Protel 99 SE 中，所有设计文件均存放在设计数据文件包(.ddb)内。

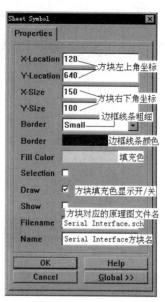

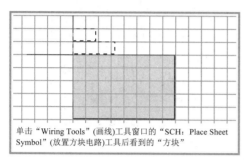

图 3-5　方块电路

图 3-6　方块电路属性设置窗

由于 Protel 99 SE 要求在支持长文件名的 Windows 95/98/2000 操作系统中安装、使用，因此在"Name(方块电路名)"及"Filename(文件名)"中可以使用长文件名。

● Border(上)：方块电路边框线条宽度，可以选择"Smallest"(最小)、"Small"(小)、"Medium"(中)、"Large"(大)。

● Border(下)：方块电路边框线条的颜色，缺省时为黑色。

● Fill Color：方块电路填充色，缺省时为浅蓝色。

● Draw：方块电路填充色显示开/关。当该项处于非选中状态时，不显示方块电路的填充色，只显示方块电路的边框。

(4) 移动光标将方块电路移到指定位置后，单击鼠标左键，固定方块电路的左上角；再移动光标，调整方块电路的大小，然后单击鼠标左键，固定方块电路的右下角，一个完整的方块电路就画出来了，如图 3-7 所示。

图 3-7　绘制结束后的方块电路

这时仍处于方块电路放置状态，重复(3)、(4)步，继续绘制项目文件原理图中其他方块电路，即可获得如图 3-8 所示的结果，然后单击鼠标右键，退出命令状态。

必要时，可重新调整方块电路名、方块电路文件名的位置，或重新设定其字体和大小，这些操作方法与元件序号、型号的编辑方法相同。

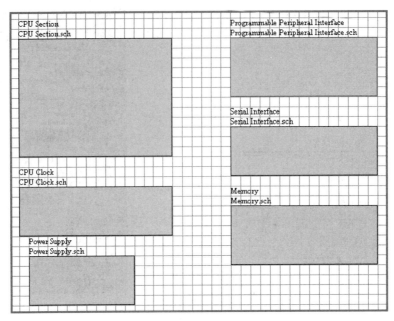

图 3-8　完成了方块电路绘制后的电路总图

(5) 单击"画线"工具栏(窗)内的"▣"(放置方块电路 I/O 端口)工具(或执行"Place"菜单内的"Add Sheet Entry"命令)，然后将光标移到需要放置 I/O 端口的方块内，单击鼠标左键，即可看到一个随光标移动而移动的方块电路 I/O 端口，如图 3-9 所示。

(6) 按下 Tab 键，即可进入图 3-10 所示的方块电路 I/O 端口属性设置窗口，其中：

● Name：方块电路 I/O 端口名。当需要在方块电路 I/O 端口名上放置上划线，以表示该端口 I/O 信号低电平有效时，可在方块电路 I/O 端口名字符间插入"\"，如"W\R\"、"R\D\"等；对于以总线方式连接的方块电路 I/O 端口名，用"端口名[n1..n2]"表示，例如"D[0..7]"(表示数据总线 D7～D0)、"A[8..15]"(表示地址总线 A15～A8)、"AD[0..7]"(表示数据/地址总线 AD7～AD0)。

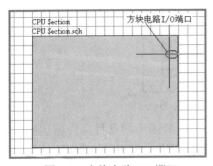

图 3-9　方块电路 I/O 端口

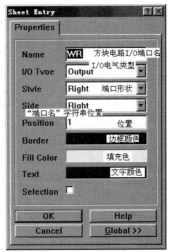

图 3-10　方块电路 I/O 端口属性设置窗

● Style：定义方块电路 I/O 端口的形状，共有四种选择：当选择"None"时，方块电

路 I/O 端口外观为长方形；选择"Left"时，方块电路 I/O 端口向左；选择"Right"时，I/O
端口向右；选择"Left & Right"时，I/O 端口为双向箭头，
如图 3-11 所示。

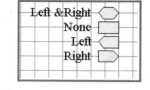

図 3-11　方块电路 I/O 端口形状

● I/O Type：设置方块电路 I/O 端口的电气特性类型，
其中：

➢ Unspecified：不指明方块电路 I/O 端口的电气特性。

➢ Output：输出口。

➢ Input：输入口。

➢ Bidirectional：双向口。例如 CPU 数据总线 D7～D0 就是双向口，这样的方块电路
I/O 端口的电气特性类型就可以设为双向。

在电气法检查(ERC)中，当发现两个电气类型为"输入"的方块电路 I/O 端口连在一起
时将给出提示信息。

● Side：方块电路 I/O 端口名在方块中的显示位置，即 Left(左侧)、Right(右侧)。方块
电路 I/O 端口只能放在方块的左右两边，不能放在方块的上下方，更不能放在方块外。

● Position：方块电路 I/O 端口与方块上边框之间的距离，单位是格点数。

根据需要还可以重新定义 I/O 端口边框、体内以及 I/O 端口名字符串的颜色等其他选项，
然后单击"OK"按钮退出。

当使用"方块电路 I/O 端口"表示项目文件原理图中各功能模块电路的连接关系时，方
块电路 I/O 端口的形状和 I/O 端口电气类型的合理搭配，将提供 I/O 端口的信号流向(输入、
输出还是双向)信息。

(7) 将光标移到方块内的适当位置后，单击鼠标左键，固定方块电路 I/O 端口，如图 3-12
所示。

这时仍处于放置方块电路 I/O 端口状态，重复(6)、(7)步，继续放置其他方块电路 I/O
端口，即可获得图 3-13 所示的结果，然后单击鼠标右键，退出命令状态。

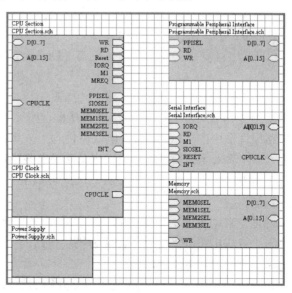

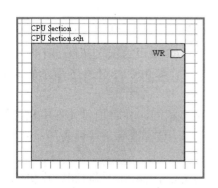

图 3-12　放置一个方块电路 I/O 端口　　　　　　　图 3-13　放置多个方块电路 I/O 端口

(8) 连线。分别使用导线将不同方块中端口名称相同的方块电路 I/O 端口连接在一起；使用总线将不同方块中端口名称相同且为总线形式的方块电路 I/O 端口连接在一起，就获得了一个设计项目的电路总图，如图 3-3 所示。

在输入方块电路 I/O 端口名称时，必须正确使用总线标号，否则无法在两个方块电路之间建立正确的电气连接关系。连线时，也只能使用"画线"工具栏内的"导线"、"总线"，不能使用"画图"工具栏内的"直线"或"曲线"等其他画图工具。

(9) 项目电路图编辑结束后，单击主工具栏内的"存盘"工具或执行"File"菜单下的"Save"命令保存。

(10) 如果文件扩展名不是 .prj，可在"设计文件管理器"窗口内，将鼠标移到刚编辑的项目原理图文件名上，单击鼠标右键，指向并单击其中的"Close"(关闭)命令；再单击鼠标右键，指向并单击其中的"Rename"(改名)命令，将文件扩展名改为为.prj(项目文件)。

3.3.2　编辑模块电路

建立了项目文件(.prj)原理图后，原则上就可以采用建立、编辑单张电路原理图的方法在同一文件夹内生成各模块电路的原理图，只要各模块电路原理图的文件名(.sch)与项目文件(.prj)中相应"方块电路"的文件名一致，即可在原理图编辑状态下，单击"设计文件管理器"窗口内相应的模块电路文件名，并执行"Tools"菜单内的"Complex To Simple"(复杂变简单)命令，Protel 99 SE 原理图编辑器就会自动在当前文件夹内搜索与之匹配的项目文件，并将该原理图文件(.sch)置于项目文件下，成为项目文件的模块电路，形成类似于图 3-2 所示的项目文件结构。

但为了保证各模块电路中 I/O 端口与相应项目文件方块中的"方块电路 I/O 端口"一一对应，最好使用"Design"菜单下的"Create Sheet From Symbol"(从方块电路产生原理图)命令创建各模块电路的原理图文件，这样不仅省去了在模块电路原理图中重新输入"I/O 端口"的操作，也保证了模块电路中的"I/O 端口"与项目文件中"方块电路 I/O 端口"一一对应，这就是所谓的"自上而下"的层次电路设计方法，操作过程如下：

(1) 建立项目设计文件(.prj)。

(2) 在项目设计文件窗口内，单击"Design"菜单下的"Create Sheet From Symbol"命令。

(3) 将光标移到相应方块电路上，如图 3-13 中的 CPU Section 模块，单击鼠标左键，即刻弹出图 3-14 所示的端口电气特性选择框，如果单击选择框内的"Yes"按钮，则生成的模块电路原理图中的"I/O 端口"电气特性与"方块电路 I/O 端口"电气特性相反，即输出变为输入，而输入变为输出。一般说来，模块电路原理图中的 I/O 端口与项目文件(.prj)内对应方块电路 I/O 端口特性应保持一致，因此可单击"No"按钮，即可获得图 3-15 所示的原理图编辑区。

可见，自动生成的模块电路原理图文件名与方块电路名相同，并将项目文件中相应模块内的"方块电路 I/O 端口"转换为模块电路的"I/O 端口"，这样既保证了两者的一致性，又避免了重新输入 I/O 端口名。

完成以上步骤后，就可以使用前面介绍的原理图编辑方法，输入、编辑相应模块电路的内容。

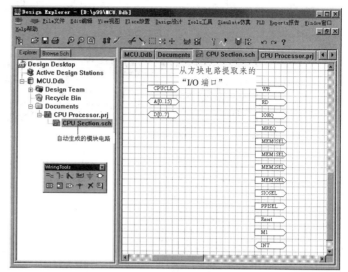

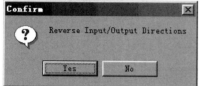

图 3-14　模块电路 I/O 端口电气特性选择　　　　　图 3-15　自动生成的模块原理图文件

3.3.3　自下而上编辑层次电路

Protel 99 SE 也支持"自下而上"的方式建立、编辑层次电路。所谓"自下而上"方式，就是先绘制各模块电路原理图文件(采用"自下而上"设计方式时，同一模块电路原理图中不要使用"I/O 端口"表示元件引脚之间的连接关系，即"I/O 端口"只用于表示不同模块电路之间信号的连接关系)，并创建一个新的空白的原理图文件，然后执行"Design"菜单下的"Create Symbol From Sheet"(从原理图生成方块电路)命令，即可将特定模块电路原理图文件中的"I/O 端口"转化为"方块电路 I/O 端口"并放置在自动生成的方块电路内。从模块电路原理图中生成方块电路的操作过程如下：

(1) 在设计数据文件包内的特定文件夹(如"Documents")内，分别建立、编辑各自模块电路原理图文件，如图 3-16 所示。

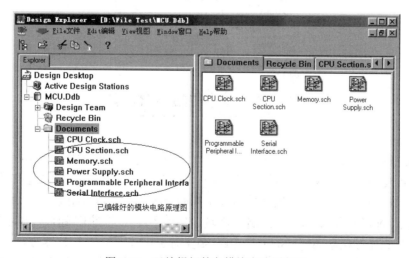

图 3-16　已编辑好的各模块电路原理图

(2) 执行"File"菜单下的"New…"命令，在文档选择窗口内选择"Schematic Document"

(原理图文档)，在同一文件夹内创建一个空白的项目文件(即空白的原理图文件)，如图 3-17
所示。

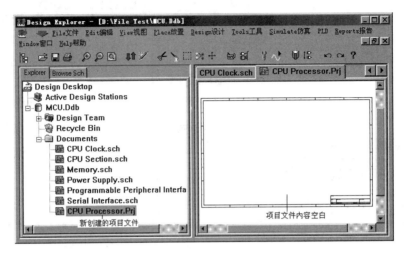

图 3-17　创建的项目文件(空白)

在创建空白原理图文件时，如果是项目文件，则扩展名为 .prj；如果是模块电路，则扩展名为 .sch。同一设计项目中，只能有一个项目文件，而当模块电路原理图中含有更低级别的子电路时，模块电路文件扩展名依然为 .sch。

(3) 在"设计文件管理器"窗口内，单击新生成的项目文件名 CPU Processor.Prj，切换到项目文件原理图编辑状态；将鼠标移到项目文件编辑窗口内，单击鼠标左键。

(4) 在空白的项目文件编辑窗口内，单击"Design"菜单下的"Create Symbol From Sheet"命令，在图 3-18 所示的模块电路原理图文件列表窗内，找出并单击待转换的模块电路原理图文件名，如"Memory.sch"。

图 3-18　找出并单击待转换的模块电路原理图文件

(5) 单击"OK"按钮，关闭图 3-18 所示的文件列表窗，即可弹出图 3-14 所示的方块电路 I/O 端口电气特性选择框，并根据需要单击"Yes"或"No"按钮(一般选择"No"，使转换后的"方块电路 I/O 端口"电气特性与模块电路原理图内"I/O 端口"电气特性一致)。

(6) 单击"No"(即不改变方块电路 I/O 端口的输入/输出特性)按钮后，在项目文件窗口内出现了一个随光标移动而移动的方块电路(必要时也可按下 Tab 键，修改方块电路的属性)，将光标移到适当位置后，单击鼠标左键固定，即可获得包含了方块电路 I/O 端口的方块电路，如图 3-19 所示。

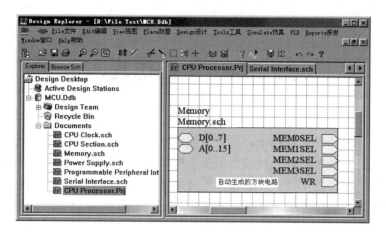

图 3-19　由 Memory.sch 模块电路原理图文件产生的方块电路

可见，通过"Create Symbol From Sheet"命令生成的方块电路 I/O 端口名与模块电路原理图中 I/O 端口名一致，且用模块电路原理图文件名作为"模块名"。

重复步骤(4)～(6)的操作过程，就可以把所有模块电路原理图转化为项目文件中的方块电路。

(7) 必要时，可调整方块电路位置以及方块电路内 I/O 端口位置，然后再使用导线、总线将各方块电路 I/O 端口连接在一起，即可获得项目文件原理图。

3.3.4　退耦电容的画法

退耦电容的画法对自动布局影响很大，一般说来，退耦电容单独放在一个子电路中，并按图 3-20 所示形式绘制。

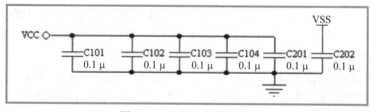

图 3-20　退耦电容表示法

其中，VCC、VSS 与层次电路中 IC 芯片电源引脚名称相同。如果系统中含有电源电路，也必须单独画在电源子电路内。

习　　题

3-1　在 Protel 99 SE 状态下，打开 C:\Program Files\Design Explorer 99 SE\Examples\Z80 Microprocessor.ddb 设计文件包，浏览该文件包内的文件结构，从中了解层次电路原理图的结构及切换方法。

3-2　按层次电路重新绘制图 2-96 所示原理图(要求电源电路及退耦电路分别绘制在不同的子电路中)。

第 4 章　电路仿真测试

在传统的电子线路设计过程中，当完成原理图构思后，必须使用实际元器件、导线按原理图中规定的连接关系在面包板或万能板上搭接实验电路，然后借助有关的电子仪器仪表，在特定环境下对电路功能、性能指标进行测试，以验证电路功能是否正常、各项性能指标是否达到设计要求，否则必须修改原理图或更换电路中的元器件。这种方法工作量大，研发周期长，且所需仪器仪表多，只有在设备齐全的专业实验室中才能完成，成本很高。

随着计算机技术的飞速发展，电子设计自动化(Electronic Design Automation，EDA)成为可能，目前绝大多数电子线路实验均可通过电路仿真测试方式进行验证。"电路仿真"以电路分析理论为基础，通过建立元器件的数学模型，借助数值计算方法，在计算机上对电路功能、性能指标进行分析计算，然后以文字、表格、图形等方式在屏幕上显示出电路性能指标。这样无须元器件、面包板和仪器设备，电路设计者就可以通过电路仿真软件对电路性能进行各种分析、校验。一个功能完备的电路仿真软件就相当于一个设备齐全的电子线路实验室，可以对电子系统及 VLSI(超大规模集成电路)的整个设计过程进行逼真的模拟，为电路设计者提供了一个创造性的工作环境，不仅提高了电子产品线路设计质量和可靠性，降低了开发费用，也减轻了线路设计工作者的劳动强度，缩短了开发周期。

目前电路仿真软件种类很多，如 Microsim 公司的 PSPICE，Interactive Image Technologies 公司的 Electronics Workbench 等。由于电路仿真测试是电子设计自动化(EDA)的重要环节之一，因此目前一些电子 CAD 软件也都内嵌了电路仿真测试功能，如在国内具有广泛用户的 Protel 99/99 SE 电子线路 CAD 软件包内就集成了与 PSPICE 仿真软件兼容的电路仿真功能(尽管 Protel 98 也内嵌了电路仿真分析功能，但错误多，操作不方便，几乎没有使用价值)。与 Protel 99 电路仿真功能相比，Protel 99 SE 版电路仿真功能更强，操作也更方便、直观，任何不正确的设置或操作都会及时给出提示信息，它不仅是电子线路设计工程师的好帮手，也是电子线路初学者的好工具，借助 Protel 99/99 SE 电路仿真功能可加深理解有关电子线路的工作原理，对学好"电工基础"、"模拟电子线路"、"数字脉冲电路"等课程大有帮助。

Protel 99/99 SE 电路仿真程序具有如下特点：

(1) 与原理图编辑(Schematic Edit)融为一体，即只要原理图中所有元器件的电气图形符号取自 C:\Program Files\Design Explorer 99 SE\Library\sch\Sim.ddb 电路仿真测试用元件电气图形符号库文件包内，在完成原理图编辑后即可启动仿真操作，无须再次输入仿真电路，避免了重复劳动。这是内嵌仿真功能电路 CAD 软件的优点。

(2) 提供了数十种仿真激励源、5800 多种工业标准仿真元件，可以对模拟电路、数字电路及数字/模拟混合电路进行仿真分析。

(3) Protel 99 SE 还允许用户使用数学运算符，创建仿真波形函数(无须像 Protel 99 那样将数学函数插入原理图中)，以便能直接观察到更复杂的电路参数。

(4) 提供了工作点分析、瞬态特性分析(即时域分析，在瞬态特性分析时，允许使用傅立叶分析，从而获得复杂信号的频谱)、交流小信号分析(即频域分析，包括幅频、相频特性)、阻抗分析(通过交流小信号分析获得)、直流扫描分析、温度扫描分析、参数扫描分析、噪声分析、蒙特卡罗统计分析等多种仿真分析方式。可以只执行其中的一种分析方式，也可以同时进行多种分析方式。

(5) 以图形方式输出仿真结果，直观性强；仿真波形管理方便，能以多种方式从不同角度观察分析结果，例如在交流小信号分析过程中，可同时获得幅频特性、相频特性曲线。

4.1　电路仿真操作步骤

在 Protel 99 SE 中进行电路仿真分析的操作过程可概括为如下几个步骤。

1. 编辑原理图

利用原理图编辑器(Schematic Edit)编辑仿真测试原理图。在编辑原理图过程中，除了导线、电源符号、接地符号外，原理图中所有元器件的电气图形符号均要取自电路仿真测试专用电气图形符号数据库文件包 Sim.ddb 内相应的元件电气图形符号库文件(.Lib)中，否则仿真时因找不到元件模型参数(如三极管的放大倍数、C-E 结反向漏电流)而给出错误提示并终止仿真过程。

在放置元件操作过程中，元件未固定前，一般要按下 Tab 键进入元件属性设置窗口(元件固定后，双击元件也同样会进入元件属性设置窗)，再分别单击"Attributes"、"Part Fields"等属性标签，指定元器件仿真参数。

2. 放置仿真激励源(包括直流电压源)

在仿真测试电路中，必须包含至少一个仿真激励源。仿真激励源被视为一个特殊的元件，放置、属性设置、位置调整等操作方法与一般元件，如电阻、电容等完全相同。仿真激励源电气图形符号位于仿真测试用元件电气图形文件包 Sim.ddb 内的 Simulation Symbols.Lib 图形库文件中。其中常用的直流激励源、脉冲信号激励源、正弦波信号激励源等还以"工具"形式存放在"Simulation Sources(激励源)"工具窗(栏)内，单击"激励源"工具窗内相应的激励源后，即可迅速将相应的激励源移到原理图编辑区内(通过"View"菜单下的"Tool Bar/Simulation Sources"命令可迅速打开或关闭激励源工具窗)。

3. 放置节点网络标号

在需要观察电压波形的节点上，放置网络标号，以便观察指定节点的电压波形，否则 Protel 99/99 SE 仿真软件自动用"net-xx"作为节点的网络标号，不直观。

4. 选择仿真方式并设置仿真参数

在原理图编辑窗口内，单击"Simulate"菜单下的"Setup…"命令(或直接单击主工具栏内的"仿真设置"工具)进入"Analyses Setup"仿真设置窗口，根据被测电路特征和实际需要，选择仿真方式及仿真参数。当"傅立叶分析"被选中时，在"收集数据类型"列表框内，一般可选择不包含器件功率的数据类型，如"节点电压、支路电流、器件电流及功率"外的数据类型，否则可能报告出错，并终止仿真过程。

5. 执行仿真操作

在原理图编辑窗口内，单击"Simulate"菜单下的"Run"命令(或直接单击主工具栏内的"执行仿真"工具)，启动仿真测试过程，等待一段时间后即可在屏幕上看到仿真测试结果。在仿真测试过程中，仿真程序自动在同一文件夹内创建.SDF 文件(仿真数据文件)，存放仿真测试数据。由于仿真操作需要进行大量、复杂的计算，所需时间长短不仅与计算机档次有关，而且与仿真方式、参数设置等有关。

在仿真计算过程中，操作者可随时单击主工具栏内的"停止仿真"工具，终止仿真计算过程，返回原理图编辑状态。

6. 观察、分析仿真测试数据

仿真操作结束后，自动启动波形编辑器并显示仿真数据文件(.SDF)内容(或在"设计文件管理器"窗口内，单击对应的.SDF 文件)。在波形编辑器窗口内，观察仿真结果，不满意可修改仿真参数或元件参数，再执行仿真操作。

7. 保存或打印仿真波形

仿真结果可保存在.SDF 文件中，也可通过打印机打印出来。

4.2　元器件参数设置

在 Protel 99 SE 中，每一仿真元件的电气特性由元件电气图形符号和元件模型参数描述。仿真测试原理图用元器件电气图形符号存放在 Design Explorer 99 SE\Library\Sch\Sim.ddb 仿真分析用元件电气图形符号库文件包内，共收录了 5800 多种元器件(多数为工业标准)，分类存放在如下的电气图形符号库(.Lib)文件中：

74XX.Lib	74 系列 TTL 数字集成电路
7SEGDISP.Lib	7 段数码显示器
BJT.Lib	工业标准双极型晶体管
BUFFER.Lib	工业标准缓冲器
CAMP.Lib	工业标准电流反馈高速运算放大器
CMOS.Lib	工业标准 CMOS 数字集成电路元器件
Comparator.Lib	工业标准比较器
Crystal.Lib	晶体振荡器
Diode.Lib	工业标准二极管
IGBT.Lib	工业标准绝缘栅双极型晶体管
JFET.Lib	工业标准结型场效应管
MATH.Lib	二端口数学转换函数
MESFET.Lib	MES 场效应管
Misc.Lib	杂合 IC 及其他元器件
MOSFET.Lib	工业标准 MOS 场效应管
OpAmp.Lib	工业标准通用运算放大器
OPTO.Lib	光电耦合器件(实际上该库文件仅含有 4N25 和通用光电耦合器件 OPTOISO 两个元件)
Regulator.Lib	电压变换器，如三端稳压器等

Relay.Lib　　　　　　　　　　继电器类

SRC.Lib　　　　　　　　　　工业标准可控硅

Simulation Symbols.Lib　　　仿真测试用符号库

Switch.Lib　　　　　　　　　开关元件

Timer.Lib　　　　　　　　　　555 及 556 定时器

Transformer.Lib　　　　　　　变压器

TransLine.Lib　　　　　　　　传输线

TRIAC.Lib　　　　　　　　　工业标准双向可控硅

TUBE.Lib　　　　　　　　　　工业标准电子管

UJT.Lib　　　　　　　　　　　工业标准单结管

元器件仿真模型参数存放在 Design Explorer 99 SE\Library\Sim 文件夹内的 Simulation Models.ddb 文件包中，需要指出的是元器件仿真模型参数数据库文件为文本文件，它记录了器件的仿真模型参数，由仿真程序调用，不可随意修改或删除。

在放置元件操作过程中，按 Tab 键进入元件属性窗口后，设置元件有关参数时，必须注意：一般仅需要指定必须参数，如序号、型号、大小(如果打算从电原理图获取自动布局所需的网络表文件时，还需给出元器件的封装形式)；而对于可选参数，一般用"*"代替(即采用缺省值)，除非绝对必要，否则不宜修改。

1. 物理量单位及数据格式

在设置元件仿真参数、仿真运行参数时，往往使用定点数形式输入，且不用输入参数的物理量单位，即电容容量默认为 F(法拉)、阻值为 Ω(欧姆)、电感为 H(亨)、电压为 V(伏特)、电流为 A(安培)、频率为 Hz(赫兹)、功率为 W(瓦)等，但可使用如下的比例因子(大小写含义相同)：

$m = 1E - 3$，即 10^{-3}；$\mu = 1E - 6$，即 10^{-6}；$n = 1E - 9$，即 10^{-9}；$p = 1E - 12$，即 10^{-12}；$f = 1E - 15$，即 10^{-15}。

$K = 1E + 3$，即 10^3；$Meg = 1E + 6$，即 10^6；$G = 1E + 9$，即 10^9；$T = 1E + 12$，即 10^{12}。

例如，"22 μ"对电容容量来说是 22 μF(微法)，对电感来说为 22 μH(毫亨)，对电压来说为 22 μV(微伏)，对电流来说为 22 μA(微安)等。

在仿真测试数据中，将使用定点数、浮点数两种形式表示，例如某节点电压为 1.22 mV 时，可能显示为 1.22 mV，也可能显示为 1.22E - 3。

2. 元件电气图形符号及参数

仿真测试原理图中所用分立元件的电气图形符号，如电阻、电容、电感等均取自 Simulation Symbols.Lib 元件库文件内，下面简要介绍其中几种常用分立元件有关参数的含义。

1) 电阻器

仿真元件库内提供了如下类型电阻器：

RES(fixed resistor)：固定电阻器。

RESSEMI(semiconductor resistor)：半导体电阻器，阻值由长(L)、宽(W)以及温度(Temp)参数决定。

RPOT(potentiometer)：电位器。

RVAR(variable resistor)：可变电阻器。

对于固定电阻来说，仅需在元件属性窗口内指定元件序号(Designator，如 R1、R2 等)及阻值(Part，如 10、5.1 k)；对可变电阻器、电位器，还需指定 SET 参数，取值范围在 0～1 之间，即 SET 等于电位器(或可变电阻器)第 1 引脚到触点处电阻与电位器总电阻之比。除半导体电阻器 RESSEMI 外，固定电阻器、可变电阻器、电位器等均视为理想元件，即电阻温度系数为 0，也没有寄生电感、寄生电容。

2) 电容器

仿真元件库内提供了如下类型电容器：

CAP (Fixed, Non-Polarized Capacitor)：无极性固定电容。

CAP2 (Fixed, Polarized Capacitor)：极性固定电容，如电解电容器。

CAPSEMI (Semiconductor Capacitor)：半导体电容器，容量由长(L)、宽(W)参数决定。

对于固定电容来说，仅需指定电容序号(Designator，如 C1、C2 等)及容量(Part，如 10 μ、22 μ)；对半导体电容器来说，还需要指定 L、W 参数。在瞬态特性分析及傅立叶分析(Transient/Fourie) 过程中，可能还需要指定零时刻电容两端的电压初值 IC(Initial Conditions，即初始条件)，缺省时电容两端的电压初值 IC 为 0 V。

以上电容器均视为理想电容器，即温度系数为 0，且不考虑寄生电阻(如漏电阻、引线电阻)及寄生电感。

3) 电感器

Simulation Symbols.Lib 元件库提供了电感器(Inductor)元件，在元件属性窗口内仅需指定电感序号(Designator，如 L1、L2 等)及电感量(Part，如 1 m、22 μ 等)。在瞬态特性分析及傅立叶分析(Transient/Fourie)过程中，可能还需指定零时刻电感中的电流初值 IC，缺省时电感中的电流初值 IC 为 0 A。

电感也被认为是理想元件，即温度系数为 0，忽略寄生电阻和寄生电容。

4) 二极管、三极管及结型场效应管

工业标准各类二极管(Diode)的电气图形符号存放在 Diode.Lib 元件库文件中；工业标准各类双极型晶体管电气图形符号存放在 BJT.Lib 元件库文件中；单结晶体管电气图形符号存放在 UJT.Lib 元件库文件中；各类结型场效应管(JEFT) 电气图形符号存放在 JEFT.Lib 元件库文件中，这四类元件仿真参数包括：

AREA：面积因子(可选)。

OFF：静态工作点分析时，管子的初始状态(缺省时为关闭状态，可选)。

IC：零时刻二极管端电压或流过三极管中的电流(可选)。

TEMP：环境温度(可选)，缺省时为 27℃。

对于这类元器件来说，一般仅需要在元件属性窗口内给出 Designator(元件序号，如用 D1、D2 等作为二极管序号，用 Q1、Q2 等作为三极管序号)。除非绝对必要，否则不要指定可选项参数(即一律设为"＊"，采用缺省值)。

此外，二极管及后面介绍的三极管、场效应管、可控硅以及各类集成电路芯片等元件的 Part(型号)属性项也不能随意更改，否则可能出现张冠李戴的现象，或因 Simulation Models.ddb 库文件内没有相应的元件模型参数，而终止仿真过程。

5) MOS 场效应管

各类 MOS 场效应管(MOSFET)电气图形符号存放在 MOSFET.Lib 元件库文件中，这类元件仿真参数包括：

L：沟道长度(可选)。

W：沟道宽度(可选)。

AD：漏极面积(可选)。

AS：源极面积(可选)。

PD：漏极 PN 结面积(可选)。

PS：源极 PN 结面积(可选)。

NRD：漏极扩散长度(可选)。

NRS：源极扩散长度(可选)。

OFF：导通电压(可选)。

IC：零时刻的漏极电流(可选)。

TEMP：环境温度(可选)，缺省时为 27℃。

对于这类元器件来说，一般只需要在元件属性窗口内给出 Designator(元件序号，如 Q1、Q2 等)。除非绝对必要，否则不改变可选参数(一律设为 "*"，采用缺省值)。

6) 保险丝

保险丝(Fuse)电气图形符号存放在 Design Explorer 99 SE\Library\Sch\Sim.ddb 文件包内的 Simulation Symbols.Lib 库文件中，在元件属性窗口内需要指定下列参数：

Designator：元件序号，如 F1、F2 等。

Current：电流容量，如 250 m、2.0 等。

Resistance：串联电阻(可选)。

7) 变压器

仿真用变压器类元件电气图形符号存放在 Design Explorer 99 SE\Library\Sch\Sim.ddb 文件包内的 Transformer.Lib 元件库文件中，在元件属性窗口内需要指定下列参数：

Designator：元件序号(如 TF1、TF2 等)。

Ratio：次级/初级线圈电压传输比，缺省时为 0.1，即初、次级电压传输比为 10∶1。

必要时，还可以指定下列可选参数：

RP：初级线圈直流电阻。

RS：次级线圈直流电阻。

LEAK：漏感。

MAG：互感。

8) 继电器

仿真用继电器类元件电气图形符号存放在 Design Explorer 99 SE\Library\Sch\Sim.ddb 文件包内的 Relay.Lib 元件库文件中，在元件属性窗口内需要指定下列参数：

Designator：元件序号，如 RLY1、RLY2 等。

Pullin：吸合电压(可选)。

Dropoff：释放电压(可选)。

Contact：接触电阻(可选)。

Resistance：线圈电阻(可选)。

Inductance：线圈电感(可选)。

9) 晶体振荡器

仿真用石英晶体振荡器元件电气图形符号存放在 Design Explorer 99 SE\Library\Sch\Sim.ddb 文件包内的 Crystal.Lib 元件库文件中，在元件属性窗口内需要指定下列参数：

Designator：元件序号。

Freq：振荡频率，缺省值为 2.5 Meg。

RS：串联电阻(可选)。

C：等效电容(可选)。

Q：品质因数(可选)。

10) 可控硅及双向可控硅

工业标准单向可控硅元件和双向可控硅元件的电气图形符号分别存放在 SCR.Lib 和 Triac.Lib 元件库内，在元件属性窗口内仅需要指定 Designator(元件序号)。

11) 运算放大器、比较器

工业标准通用运算放大器、比较器的电气图形符号分别存放在 OpAmp.Lib 和 Comparator.Lib 元件库文件中，对于这类元件只需在其属性窗口内指定元件序号(如 U1、U2 或 IC1、IC2 等)，无须给出其他仿真参数。

12) TTL 及 CMOS 数字集成电路

74 系列 TTL 集成电路芯片元件电气图形符号存放在 74xx.Lib 库文件内(Design Explorer 99 SE\Library\Sch\Sim.ddb)；4000 系列 CMOS 集成电路芯片的电气图形符号存放在 CMOS.Lib 库文件内(Design Explorer 99 SE\Library\Sch\Sim.ddb)。

在放置这两类数字集成电路元器件前，需按 Tab 键进入元件属性设置窗，指定下列仿真参数：

Designator：元件序号(如 U1、U2 或 IC1、IC2 等)，必选。

Propagation：延迟时间，可选，缺省时取典型值，可以设为 Min(最小值)、"*"或空白(典型值)、Max(最大值)。

Loading：输入特性参数，可选，缺省时取典型值。这一设置项影响所有输入参数的取值范围，如输入低电平电流 I_{IL}、输入高电平电流 I_{IH} 等，可以设为 Min(最小值)、"*"或空白(典型值)、Max(最大值)，一般取典型值即可。

Drive：输出特性参数，可选，缺省时取典型值。这一设置项影响所有输出参数的取值范围，如输出高电平电流 I_{OH}、输出低电平电流 I_{OL}、输出短路电流 I_{OS} 等，可以设为 Min(最小值)、"*"或空白(典型值)、Max(最大值)，一般取典型值即可。

Current：电源电流，可选，缺省时取典型值，可以设为 Min(最小值)、"*"或空白(典型值)、Max(最大值)。这一设置项影响 I_{CCL}(输出低电平时的电源电流)、I_{CCH}(输出高电平时的电源电流)，一般取典型值即可。

PWR Value：电源电压(不过在指定电源电压时，必须指定地电平)，可选(TTL 集成电路芯片为 +5 V，CMOS 集成电路芯片为 +15 V)。一般不用指定，即设为"*"。当需要改变电源电压时，可在图 4-14 所示的高级选项框内指定，或直接在仿真原理图中给出电源供电电路。

GND Value：地电平，可选，一般不用指定，设为"*"即可。当指定地电平时，必须指定电源电压。

VIL Value：输入低电平电压，可选，缺省时取典型值(一般不用修改，取缺省值即可，TTL 电路输入低电平最大值为 0.8 V；CMOS 电路输入低电平最大值为 0.2 VDD)。

VIH Value：输入高电平电压最小值，可选，缺省时取典型值(对于 TTL 电路约 1.4 V，对于 CMOS 电路来说，约为 0.7 VDD)。

VOL Value：输出低电平电压，可选，缺省时取典型值(对于 TTL 电路，不指定时为 0.2 V；对于 CMOS 电路，不指定时为 0.0 V)。

VOH Value：输出高电平电压，可选，缺省时取典型值(对于 TTL 电路，不指定时为 4.6 V；对于 CMOS 电路，不指定时，等于电源电压 VDD)。

WARN：警告信息，可选。

13) 节点电压初始值(.IC)

初始条件.IC 可视为一个特殊元件，存放在 Simulation Symbols.Lib 元件库内，用于定义瞬态分析过程中零时刻某节点的电压初值(如电容上的电压初值)，直接放置在指定节点上。在 .IC 元件属性窗口内仅需指定元件序号(Designator，如 IC1、IC2 等)及初值(Part，如 1、0.5 m 等)。

在原理图中，用 .IC 元件定义各节点电压初值后，进行瞬态分析时如果采用初始条件(即选中了瞬态分析参数设置窗内的"Use Initial Conditions"复选项)，将不再计算电路直流工作点，而采用 .IC 元件定义的节点电压初值以及器件仿真参数中的初值 IC(器件仿真参数中的 IC 优先于 .IC 元件定义的节点电位初值)作为瞬态分析的初始条件。

反之，如果瞬态分析时没有选择"Use Initial Conditions"复选项，则进行瞬态分析前依然要进行直流工作点分析，以便获得瞬态分析零时刻各节点电位的初值。但在计算直流工作点时，将使用 .IC 元件定义的电压值作为对应节点电压的初值，即 .IC 值同样会影响瞬态特性。

值得注意的是，.IC 元件不能影响直流工作点分析(Operating Point Analysis)结果。

初始条件.IC 属于单端元件，只能用于定义瞬态分析时节点电压的初值，不能用于定义零时刻的支路电流(例如当需要定义零时刻电感中的电流时，可直接在电感元件属性窗口内给出 IC 值)。

14) 节点电压设置(.NS)

.NS 也是一个特殊的元件，存放在 Simulation Symbols.Lib 元件库内。在分析双稳态或不稳定电路瞬态特性时，用于定义某些节点电位直流解的预收敛值，即先假设对应节点电位收敛于 .NS 指定的数值，然后进行计算，收敛后又去掉 .NS 约束继续迭代，直到真正收敛为止，也就是说，.NS 并没有影响到节点电压的最终计算值。

此外，尚有许多的其他元器件，这里就不一一列举了。在编辑原理图过程中，可通过如下方式了解器件各参数的含义：

单击"Help"菜单下的"Contents"命令，打开"Protel Help"窗口；指向并单击"仿真"帮助话题"Working with simulations"(仿真操作)：如果单击某一帮助话题后，提示没有相应帮助文件，建议访问 Protel 站点，原因是当前工作目录不是 Protel 安装目录，可单击"打开"命令，在"Open Design Database"窗口内，选择 Design Explorer 99 SE\Help 目录作为当前目录，在不选择任何文件的情况下，执行其中的"打开"命令即可。然后单击

"Simulation topics"(仿真话题)下的"Configuring a schematic for simulation"(仿真原理图设置),接着单击"Links"(关联)话题中的"Selecting simulation-ready schematic components"(原理图元件的选择),然后再单击相应的元件类型即可获得有关仿真参数的详细说明。

3. 仿真信号源及参数

在电路仿真过程中需要用到各种各样的激励源,这些激励源也取自 Sim.ddb 数据库文件包内的 Simulation Symbols.Lib 元件库中,包括直流电压源 VSRC(Voltage Source)与直流电流源 ISRC(Current Source)、正弦波电压信号源 VSIN(Voltage Source)与正弦波电流信号源 ISIN (Current Source)、周期性脉冲信号源 VPULSE(Voltage Source)与 IPULSE(Current Source)、分段线性激励源 VPWL(Voltage Source)与 IPWL(Current Source)以及各种受控源等。

由于所有激励源电气图形符号均作为元件存放在仿真符号图形库 Simulation Symbols.Lib 内,因此选择 Simulation Symbols.Lib 作为当前元件图形库后,在元件列表窗内找到相应的激励源,单击鼠标左键选中后,再单击"Place"按钮,即可将它拖到原理图编辑区内(与放置元件电气图形符号操作方法相同)。

对于常用的直流电压源 VSRC、正弦电压信号源 VSIN、脉冲电压信号源 VPLUS 来说,也可通过"Simulate"菜单下的"Source"命令选择。

值得注意的是,Protel 99/99 SE 内的仿真激励源均是理想信号源,即对于电压源来说,内阻为 0;对于电流源来说,内阻为无穷大;所有信号源的温度系数为 0。

1) 直流电压源 VSRC 与直流电流源 ISRC

这两种激励源作为仿真电路工作电源,在属性窗口内,只需指定序号(Designator,如 VDD、VSS 等)、型号(Part Type,即大小,如 5、12、5 m 等),如图 4-1 所示。

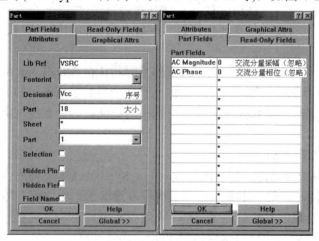

图 4-1　直流电源属性设置窗

2) 正弦波信号源(Sinusoid Waveform)

正弦波信号源在电路仿真分析中常作为瞬态分析、交流小信号分析的信号源,执行菜单命令"Simulate/Source",选择 Sine Wave 类型的激励源,就可以放置正弦波信号源,其参数设置对话框如图 4-2 所示。

对于正弦信号激励源以及后面介绍的脉冲信号激励源、分段线性激励源来说,一般只需给出序号,不宜修改 Part(型号)等参数。

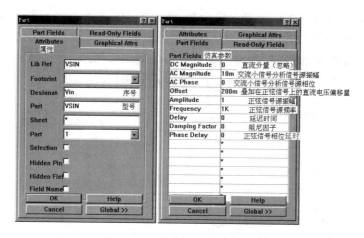

图 4-2　正弦信号源属性设置窗

各项仿真参数的含义如下：

DC Magnitude：对于正弦信号来说，忽略 DC 参数(保留缺省值"*"或设为 0)。

AC Magnitude：AC 小信号分析时的信号振幅，典型值为 1 V。不需要进行 AC 小信号分析时可设为"*"或 0；对于放大器来说，一般取小于 1 V，如 1 mV、10 mV 等。

AC Phase：AC 小信号分析时的信号相位。

Offset：叠加在交流信号上的直流电压偏移量。

Amplitude：正弦波信号的振幅。

Frequency：正弦波信号的频率。

Delay：延迟时间，在延迟期内信号大小等于直流电压偏移量。

Damping Factor：阻尼因子(0 或某一数值，当阻尼因子取缺省值"*"时，相位设置无效)。

Phase Delay：正弦信号相位延时，单位为度(阻尼因子需取缺省值"*"以外的值)。如该项设为 90，就变成余弦信号源。

由图 4-2 所示参数描述的正弦信号源的波形特征如图 4-3 所示，可见当直流偏压 Offset 大于 0 时相当于波形上移。

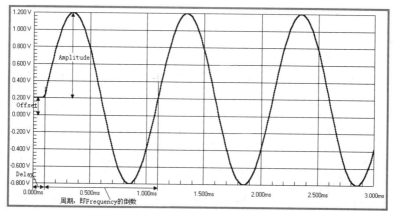

图 4-3　正弦信号源的波形信号

3) 脉冲激励源(Pulse)

脉冲激励源在瞬态分析中用得比较多，放置脉冲激励源的方法是：执行菜单命令

"Simulate\Source"，在弹出的子菜单内选择 Pulse 类型的激励源即可。双击脉冲激励源符号，将弹出如图 4-4 所示的属性设置窗。

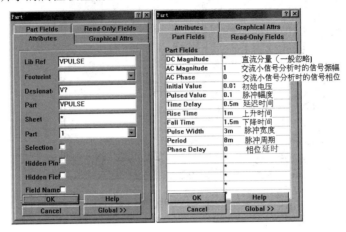

图 4-4　脉冲信号激励源属性设置窗

各项参数的含义如下：

DC Magnitude：忽略不用(0 或保留缺省值"＊")。

AC Magnitude：AC 小信号分析时的信号振幅，典型值为 1 V。

AC Phase：AC 小信号分析时的信号相位。

Initial Value：脉冲起始电压。

Pulsed Value：脉冲信号幅度。当脉冲信号幅度为负时，是负脉冲，上升沿将变为下降沿，而下降变为上升沿。

Time Delay：延迟时间，可以为 0。

Rise Time：上升时间(必须大于 0，当需要上升沿很陡的脉冲信号源时，可将上升沿设为 1 ns 或更小)。

Fall Time：下降时间(必须大于 0，当需要下降沿很陡的脉冲信号源时，可将下降沿设为 1 ns 或更小)。

Pulse Width：脉冲宽度。

Period：脉冲周期。

Phase Delay：脉冲相位延时。

上述参数描述的脉冲信号激励源波形特征如图 4-5 所示(其中 Pulsed Value = 100 mV，Period = 8 ms，脉冲宽度 Pulse Width = 3 ms)。

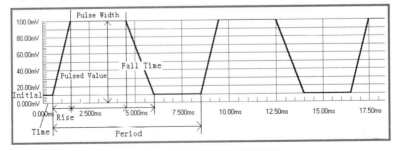

图 4-5　脉冲信号激励源波形图

4) 分段线性激励源 VPWL 与 IPWL

分段线性激励源的波形由几条直线段组成，是非周期信号激励源。为了描述这种激励源的波形特征，需给出线段各转折点时间——电压(或电流)坐标(对于 VPWL 信号源来说，转折点坐标由"时间/电压"构成；对于 IPWL 信号源来说，转折点坐标由"时间/电流"构成)，如图 4-6 所示。其中各项参数的含义如下：

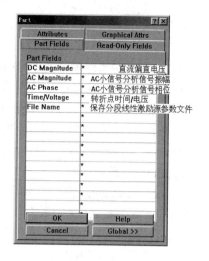

DC Magnitude：直流电压，一般可忽略。

AC Magnitude：交流小信号分析时的信号幅度。

AC Phase：交流小信号分析时的信号相位。

Time/Voltage：转折点时间/电压坐标序列，本例中坐标为：(0 μs，5 V)、(2.5 μs，5 V)、(5.0 μs，2 V)、(7.5 μs，5 V)、(10 μs，1 V)等。输入时，各数据之间用空格隔开。

图 4-6 分段线性激励源属性设置窗

上述参数描述的分段线性激励源的波形特征如图 4-7 所示。

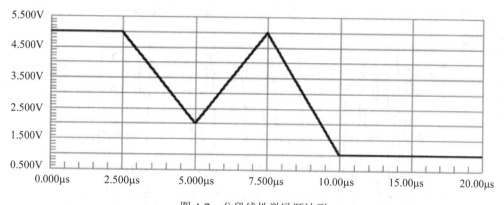

图 4-7 分段线性激励源波形

通过设置分段线性激励源 VPWL 的参数，就可以获得电路分析所需的几种常用信号源，如阶跃函数激励源(模拟上电波形或掉电波形)、冲击响应激励源(脉冲幅度大、持续时间短的单个脉冲激励源，该激励源常用于分析干扰信号对电路性能的影响)、单脉冲激励源(如复位脉冲信号、置位脉冲信号)以及阶梯信号源等。例如当 Time/Voltage 设为"0 0 V 0.001 μ 5.0 V"时就是阶跃函数。在分段线性激励源中，电压或电流是时间的单值函数，或者说信号下降沿或上升沿时间不能设为 0。例如，当 Time/Voltage 设为"0 5.0 V 20 μ 5.0 V 20 μ 0"(含义是时间 t 为 0 时，电压为 5.0 V；在 0 μs～20 μs 期间，电压为 5.0 V；时间 t 大于 20 μs 后，电压为 0 V)，仿真时将给出错误提示，可改为"0 5.0 V 20 μ 5.0 V 20.001 μ 0"。

5) 调频波激励源——VSFFM(电压调频波)和 ISFFM(电流调频波)

调频波激励源也是高频电路仿真分析中常用到的激励源，调频波激励源位于 Sim.ddb 数据库文件包内的 Simulation Symbols.Lib 元件库文件中，放置调频波信号源的操作方法与放置电阻、电容等相同，调频波信号源属性如图 4-8 所示。

在调频波信号源属性设置窗内，需要指定下列参数：

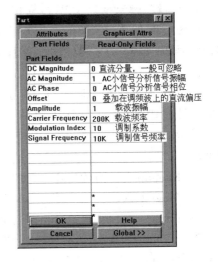

Designator：在原理图中的序号(如 INPUT 等)。

DC Magnitude：可以忽略的直流电压。

AC Magnitude：交流小信号分析时的信号振幅。

AC Phase：交流小信号分析时的信号相位。

Offset：叠加在调频波上的直流偏压。

Amplitude：载波振幅。

Carrier Frequency：载波频率。

Modulation Index：调制系数。

Signal Frequency：调制信号频率。

图 4-8 调频波信号源属性设置窗

由以上参数确定的调制波信号的数学表示式为

$$V(t) = VO + VA \times \sin(2 \times PI \times Fc \times t + MDI \times \sin(2 \times PI \times Fs \times t))$$

其中：VO = Offset；VA = Amplitude；Fc = Carrier；MDI = Modulation(也就是最大频偏与调制信号频率比)；Fs = Signal。

由图 4-8 属性设置窗所示参数定义的调频波激励源波形如图 4-9 所示，其频谱特性如图 4-10 所示。

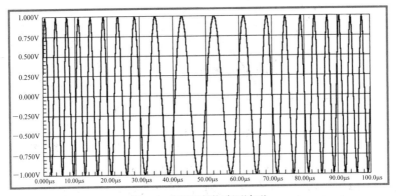

图 4-9 调频波激励源波形

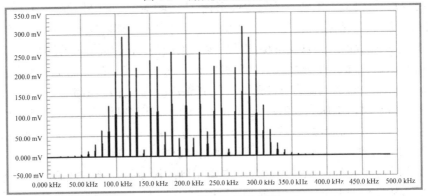

图 4-10 调频波信号频谱

此外，Simulation Symbols.Lib 元件库内尚有其他激励源，如受控激励源、指数函数、频率控制的电压源等，这里就不一一列举了，可根据需要从该元件库文件中获取。如果实在无法确定某一激励源或元件参数如何设置时，除了从"帮助"菜单中获得有关信息外，还可以从 Protel 99 SE 的仿真实例中受到启发。Design Explorer 99 SE\Example\Circuit Simulation 文件夹内含有数十个典型仿真实例，打开这些实例，即可了解元件、仿真激励源的参数设置方法。

4.3　电路仿真操作初步

在介绍了电路仿真操作步骤、元件及激励源属性设置方法后，下面以图 4-11 所示的分压式偏置放大电路为例，说明 Protel 99 SE 的仿真操作过程。

注：图 4-11 中元件电气图形符号均取自 Sim.ddb 仿真测试用电气图形库文件包内，但为了与 GB 4728—85 标准保持一致，部分元件，如电阻、电容、激励源等电气图形符号已用 SchLib 编辑器修改过。

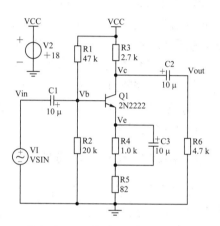

图 4-11　分压式偏置放大电路

4.3.1　编辑电原理图

在仿真操作前，先建立原理图文件。原理图编辑方法在第 2 章已介绍过，这里不再重复。在编辑原理图过程中需注意：电路图中所有元件的电气图形符号一律取自"Design Explorer 99 SE\ Library\ Sch"文件夹下的 Sim.ddb 仿真测试用元件电气图形符号数据库文件包内相应的元件库文件(.Lib)中；在元件未固定前必须按下 Tab 键，在元件属性窗口内，设置元件的属性选项(Designate、Part 及 Part Fields)，然后放置相应的仿真激励源，接着在需要观察电位信号的节点上放置网络标号。

此外，电路图中不允许存在没有闭合的回路，必要时可通过高阻值电阻，使回路闭合；也不允许存放电位差不确定的节点，例如必须在变压器、光耦等输入/输出回路之间加接地符号。

具体操作过程如下：

(1) 在"Design Explorer"(设计文件管理器)窗口内，单击"File"菜单下的"New…"命令，创建一个新的设计文件，输入新设计文件名，并指定存放路径。

(2) 单击"设计文件管理器"前的"+"，显示设计数据文件包结构，并单击其中的"Documents"文件夹。

(3) 单击"File"菜单下的"New …"命令，在弹出的文档类型选择框内，双击"Schematic Document"(原理图文件)，即可在"Documents"文件夹窗口内建立文件名为"Sheet x"的原理图文件，输入文件名并回车(如果不输入文件，直接回车将使用 Sheet1、Sheet2 作为原理图的文件名)。

(4) 单击原理图文件图标，进入原理图编辑状态。

(5) 单击"Design Explorer"(设计文件管理器)窗口的"Browse Sch"标签，并选择"Library"作为浏览对象。

(6) 单击“Add/Remove…”按钮，选择“Design Explorer 99 SE\Library\Sch”文件夹下的 Sim.ddb 仿真测试元件电气图形符号库文件包作为当前库文件包，然后即可选择 Sim.ddb 数据文件包内相应的元件电气图形库文件，如 Simulation Symbols.Lib 图形库文件作为当前使用的元件库文件。

(7) 在元件列表窗内找出并单击特定的元件名称后，再单击“Place”按钮，将选定的元件拖到原理图编辑区内。

(8) 在元件未固定前，按下 Tab 键进入元件属性设置窗。在属性窗口内，单击“Attributes”标签，设置元件序号、大小；再单击“Part Fields”(仿真参数)标签，输入元件仿真参数。在设置元件参数域 Part Fields 时，对于可选参数，一般用缺省值(即保留系统缺省值“∗”)，除非对元件属性 Part Fields 各项含义非常熟悉，并认为确有必要修改(对于 Part Fields 未定义项也设为“∗”，否则仿真过程中可能出错)。

设置了元件有关属性选项后，单击“OK”按钮关闭元件属性窗口，返回编辑状态。移动鼠标将元件移到工作区内适当位置后，单击鼠标左键固定即可。

(9) 放置仿真激励源，并设置其参数。

(10) 放置网络标号。

4.3.2 选择仿真方式并设置仿真参数

在完成原理图编辑后，下一步就是根据电路性质及具体测试要求，选择仿真方式和设置仿真参数：在原理图编辑窗口内，指向并单击“Simulate”菜单下的“Setup…”命令(或直接单击主工具栏内的“仿真设置”工具)进入图 4-12 所示的“Analyses Setup”仿真设置窗口，选择仿真方式及仿真参数。

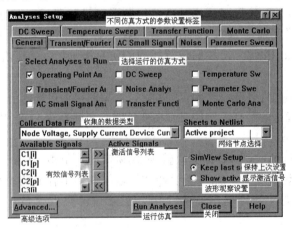

图 4-12   仿真方式设置窗

Protel 99/99 SE 提供了如下 11 种仿真方式：

Operating Point Analyses：工作点分析(即计算电路静态工作点 Q)。

Transient Analyses：瞬态特性分析。

Fourier Analyses：傅立叶分析。

AC Small Signal Analyses：交流小信号分析，常用于获取电路幅频、相频特性曲线。

DC Sweep Analyses：直流扫描分析(也称为直流传输特性分析)。

Monte Carlo Analyses：蒙特卡罗统计分析。

Parameter Sweep Analyses：参数扫描分析。

Temperature Sweep Analyses：温度扫描分析。

Transfer Function Analyses：传递函数分析。

Noise Analyses：噪声分析。

Impedance Plot Analyses：阻抗分析(不单独列出，通过 AC 小信号分析获得)。

在"有效信号"列表窗口内，除了显示已定义的网络标号，如 Vin、Vout 等信号名外，还列出了元器件电流——带后缀"(i)"、功率——带后缀"(p)"以及激励源阻抗——带后缀"(z)"等参量，其中激励源阻抗定义为激励源电压瞬时值与流过激励源电流瞬时值之比，即激励源阻抗等于被分析电路的输入阻抗 Zi 等，例如：

C1(i)：表示电容 C1 的电流，当器件电流从第 1 引脚流向第 2 引脚时为正，反之为负。

C1(p)：表示电容 C1 消耗的功率。

vcc#branch：表示流过 VCC 支路的电流，流入正极时为正，流出正极时为负。

net r1-2：表示电阻 R1 第 2 引脚节点电压。对于没有定义的节点电压，Protel 仿真程序用"net 元件名-元件引脚编号"形式表示对应节点的电压。

1. 选择仿真分析方式

在"General"标签窗口，单击相应仿真方式前的选项框，允许或禁止相应的仿真方式。本例仅选择"Operating Point Analyses"(工作点分析)和"Transient/Fourier Analyses"(瞬态特性/傅立叶分析)。

可以只选择其中的一种仿真分析方式。但为了获得更多电路参数，往往需要根据被测电路特征、性质同时执行多种仿真分析方式，例如当被测电路为模拟放大电路时，可组合使用 Operating Point Analyses、Transient Analyses、Parameter Sweep Analyses、AC Small Signal Analyses、Temperature Sweep Analyses 等仿真分析方式。

2. 选择计算和立即观察的信号

1) 选择仿真过程需要计算的信号类型

在仿真过程中仅计算"有效信号"列表窗内的信号，设置过程如下：

在图 4-12 所示窗口内，单击"Collect Data For"(收集数据类型)下拉按钮，选择仿真过程中需要计算的数据类型，可选择的数据类型包括：

● Node Voltage and Supply Current：计算所有节点电压和激励源提供的电流信号(这时"有效信号"列表窗内，仅列出各节点电压和激励源电流信号)。

● Node Voltage，Supply and Device Current：计算节点电压、激励源及器件电流(这时"有效信号"列表窗内，将列出各节点电压、激励源电流以及元器件中的电流信号)。

● Node Voltage，Supply Current，Device Current and Power：计算节点电压、激励源电流、器件电流和功率(这时"有效信号"列表窗内，将列出各节点电压、激励源电流、元器件电流以及每一器件消耗的功率，如 r2(p)表示电阻 R2 消耗的功率)。

● Node Voltage，Supply Current and Subcircuit：计算节点电压、激励源及子电路电流(这时"有效信号"列表窗内，将列出各节点电压、激励源电流以及子电路电流)。

● Active Signal：激活信号(包含元件电流、功率、阻抗、已定义节点电压信号等，但不包含没有定义的节点电压以及支路电流)。

计算参数越多，仿真运行时间就越长，因此选择的信号类型只要包括将要分析的信号即可。

2) 选择仿真后可立即观察的信号

仿真后，仿真波形窗口内仅显示"激活信号"窗口内的信号或最近允许显示的信号，由"SimView Setup"设置框的选项控制，其中：

● Keep last setup：选择该项时，显示最近处于显示状态的信号。

● Show active signal：选择该项时，仅显示"激活信号"列表窗内的信号。

激活信号编辑：在"有效信号"列表窗内，单击待观察的信号名后，再单击">"按钮，待观察信号即出现在"激活信号"列表窗口内。其中">>"的含义是将有效信号列表窗内的所有信号选到"激活信号"列表窗口内；而"<"按钮的作用与">"按钮相反，在"激活信号"列表窗内，单击某一信号后，再单击"<"按钮，即可将指定信号从"激活信号"列表窗内移到"有效信号"列表窗内；"<<"按钮的作用与">>"按钮也相反，单击"<<"按钮后，"激活信号"列表窗内的全部信号将移到"有效信号"列表窗内。

当然，也可以不选择激活信号，原因是在仿真过程中自动计算并保存了全部有效信号数据，在波形观察窗口内可随时关闭或显示任一有效信号的波形。

3. 设置仿真参数并执行仿真操作

除了"Operating Point Analyses"仿真方式不需要设置仿真参数外，选择了其他某一仿真方式后，尚需要设置仿真参数。

在本例中，单击"Transient/Fourier Analyses"标签，在图 4-13 所示的"Transient/Fourier Analyses"(瞬态特性/傅立叶分析)参数设置窗口内，设置相应的参数。

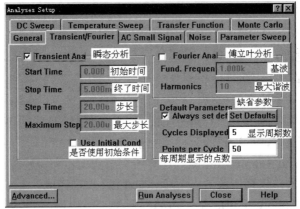

图 4-13   "Transient/Fourier Analyses"(瞬态特性/傅立叶分析)参数设置窗口

由于激励源为正弦信号源，这里无须进行傅立叶分析。

4. 高级选项设置(可选)

必要时，在图 4-12 所示的"仿真方式设置"窗口内，单击"Advanced…"(高级选项)按钮，在图 4-14 所示的高级选项设置框内，选择仿真计算模型、数字集成电路电源引脚对地参考电压、瞬态分析参考点、缺省的仿真参数等，但必须注意，一般并不需要修改高级选项设置，尤其是不熟悉 Spice 电路分析软件定义的器件参数含义、取值范围以及仿真算法的初学者，更不要随意修改高级选项设置，否则将引起不良后果。

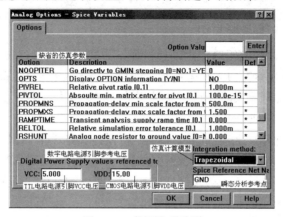

图 4-14 高级选项设置

5. 启动仿真计算过程

设置了仿真参数后，可立即单击"Run Analyses"按钮，启动仿真计算过程。当然，也可以单击"Close"按钮关闭仿真设置窗口，需要仿真时，再单击原理图编辑窗口内主工具栏中的"运行仿真"工具(或执行"Simulate"菜单下的"Run"命令)，启动仿真过程。

选定的仿真方式和仿真参数将保存在 .CFG (Configure)文件中，该文本文件记录了仿真方式以及不同仿真方式下的仿真参数，因此 .CFG 文件也称为仿真配置文件。运行仿真设置命令后将在同一文件夹内自动生成或更新 .CFG 文件。

运行仿真后，将按 .CFG 文件设定的仿真方式及参数，对电路进行一系列的仿真计算，以便获得指定的电路参数、曲线。仿真结果记录在 .SDF(Simulation Data File)文件内，该文件以文本(如工作点仿真分析)或图形方式(如瞬态特性、直流传输特性分析等)记录了仿真计算结果，如图 4-15 所示。

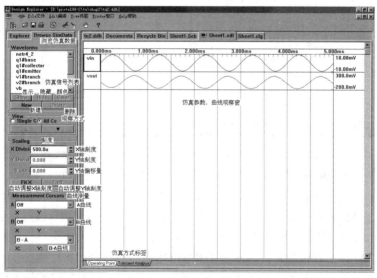

图 4-15 仿真波形观察窗口

在仿真计算过程中，当发现设定的仿真方式或参数不正确时，可随时单击仿真窗口内主工具栏中的"停止仿真"工具，中断仿真计算过程。

4.3.3　仿真结果观察及波形管理

在仿真数据文件(.SDF)编辑窗口内，通过如下方式观察仿真结果：

(1) 调整仿真波形观察窗口内信号的显示幅度。将鼠标移到仿真输出信号下方横线上，当鼠标箭头变为上下双向箭头时，按下左键不放，拖动鼠标，松手后即可发现横线上方的仿真输出信号幅度被拉伸或压缩。

(2) 调整仿真波形窗口内信号的显示位置。将鼠标移到波形窗口内相应的仿真输出信号名上，按下鼠标左键不放，拖动鼠标，即可发现一个虚线框(代表信号名)随鼠标的移动而移动。当虚线框移到另一信号显示单元格内时松手，即可发现两个信号波形出现在同一显示单元格内，如图 4-16 所示。

通过移动操作可将两个甚至多个信号显示在同一单元格内。

将信号波形移到窗口最下方，即可改变波形观察窗口内信号的显示位置。

(3) 改变显示刻度。在"Scaling"(刻度)选择框内，单击相应刻度(如 X 轴)文本框右侧上下(增加或减小)按钮，即可改变 X 轴、Y 轴或偏移量大小(当然也可以在文本框中直接输入相应的数值)。

改变显示刻度后，在 X、Y 方向上可能观察不到完整的波形，这时可执行"View"菜单下的"Fit Waveforms"(波形整理)命令，重新调节波形大小。

(4) 在仿真波形窗口内添加未显示的信号波形。在"Waveforms"(波形列表窗口)内找出并单击需要显示的信号，如 vb，然后再单击"Show"(显示)按钮，即可在仿真波形观察窗口内显示出指定的信号，如图 4-17 所示。

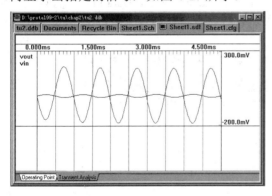

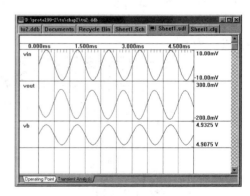

图 4-16　波形重叠显示　　　　　　　图 4-17　添加了 vb 信号后的仿真波形窗口

当需要将"Waveforms"窗口内多个相邻的信号波形同时加入到波形观察窗口内时，按如下步骤操作：将鼠标移到"Waveforms"窗口内第一个需要显示的信号上→单击左键→按下 Shift 键不放→再将鼠标移到最后一个需要显示的信号上单击左键，即可选择多个相邻的信号→释放 Shift 键，然后再单击"Show"按钮即可。

当需要将"Waveforms"窗口内多个不相邻的信号波形同时加入到波形观察窗口内时，按如下步骤操作：将鼠标移到"Waveforms"窗口内第一个需要显示的信号上→单击左键→按下 Ctrl 键不放→再将鼠标移到需要显示的信号上并单击左键，直到选中了所有需要显示的信号→释放 Ctrl 键，然后再单击"Show"按钮即可。

(5) 隐藏仿真波形观察窗口内的信号波形。将鼠标移到波形观察窗口内需要隐藏的信号名上，单击左键使目标信号处于选中状态(选中后信号波形线条变宽，同时信号名旁边出现一个小黑点，如图 4-18 中的 vb)，然后再单击"Hide"(隐藏)按钮，相应仿真信号即从波形观察窗口内消失。

(6) 波形测量。单击图 4-15 所示窗口内"Measurement Cursors"(测量曲线)框中"A"右侧下拉按钮选择被测量信号名(如 vout)后，"A"框下方即显示出被测信号点 X、Y 的值，同时波形窗口上方出现测量标尺，如图 4-19 所示。

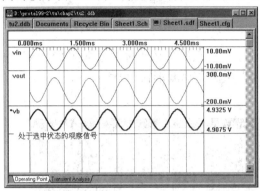

图 4-18　处于选中状态的观察信号

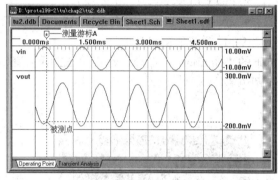

图 4-19　测量标尺

将鼠标移到测量标尺上，按下左键不放，移动鼠标即可从 X、Y 坐标上了解到波形任一点处的准确数值。

用户可同时测量两个信号，即在"A"框内选择某一测量信号后，还可在"B"窗口内选择另一信号，结果波形窗口上将同时出现 A、B 信号测量标尺，这样即可从"B-A"窗口内了解到当前 A、B 两信号点的差(同一信号两点之间的差或不同信号两点的差)、最小值(Minimum A..B)、最大值(Maximum A..B)、平均值(Average A..B)、均方值(RMS A..B)、频率差(Frequency A..B)等。

(7) 只观察一个单元格内的信号。将鼠标移到某一信号单元格内，单击左键，然后执行"View"选择框内的"Single Cells"选项(或将鼠标移到某一信号单元格内，单击右键调出快捷菜单，指向并单击"View Single Cell"命令)，即可显示该单元格内的信号，如图 4-20 所示。

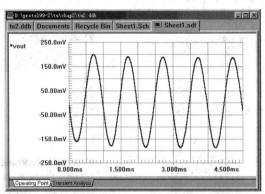

图 4-20　仅显示一个单元格内的信号

(8) 选择 X、Y 轴刻度单位及 Y 轴度量对象。根据观察信号的类型，必要时可执行"View"

菜单下的"Scaling…"命令,在图 4-21 所示窗口内,重新选择 X、Y 轴度量单位。

可供选择的 X 轴度量单位:Linear(线性)、Log(对数)。

可供选择的 Y 轴度量单位与被观察信号的类型有关,其中:

- Real:实数或复数信号形式中的实部。
- Imaginary:复数信号形式中的虚部。
- Magnitude:幅度(Uo/Ui)。
- Magnitude In Decibels:以分贝表示的幅度,即 Au = 20 log(Uo/Ui)。
- Phase In Degrees:相位(度)。
- Phase In Radians:相位(梯度)。

(9) 设置波形窗口其他选项——背景颜色、显示计算点等。必要时,可执行"View"菜单下的"Option…"命令,在图 4-22 所示窗口内,重新选择波形窗口背景、前景以及栅格线颜色等。

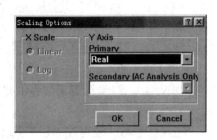

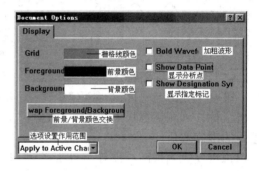

图 4-21　刻度选择　　　　　　　　　　　图 4-22　波形窗口选项设置

(10) 创建新的观察对象。Protel 99 SE 仿真功能做了较大的改进,可以使用"Waveforms"窗口内的"New"按钮创建更为复杂的观察对象。

下面以建立图 4-11 中 C–E 间瞬态电压 Vce 为例,介绍新波形的创建过程。

① 在图 4-15 中,单击"Waveforms"窗口内的"New"按钮,进入图 4-23 所示的"Create New Waveform"(创建新波形)设置窗口。

② 由于新创建波形 Vce = vc–ve,因此可在"信号列表"窗内找出并单击 vc 信号;接着在"函数列表"(即运算符)窗内找出并单击"–"(即减号运行符);再到"信号列表"窗内找出并单击 ve 信号,"Expression"文本盒内即出现"vc–ve"表示式,如图 4-24 所示。

图 4-23　创建新波形设置窗口　　　　　　图 4-24　创建了"vc–ve"表达式

③ 单击"Create"(创建)按钮，新建立波形 Vce = vc−ve 即出现在波形窗口内，如图 4-25 所示。

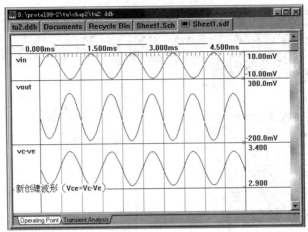

图 4-25　增加了新波形 vc−ve

这样就可以利用已有信号通过数学函数(即运算符)构造更复杂的观察对象了。

(11) 切换到另一仿真方式波形窗口。如果在仿真时，同时执行了多种仿真操作，例如在图 4-12 所示仿真方式设置窗口内，同时选择了"Operating Point"(静态工作点)和"Transient Analyses"(瞬态特性)，则仿真波形窗口下方将列出相应仿真结果波形标签，单击相应的仿真波形标签，即可观察到对应仿真方式的结果。

(12) 设置窗口的显示方式。当需要在屏幕上同时显示多个文件窗口时，如同时显示原理图文件窗口和仿真波形窗口，可将鼠标移到当前文件窗口的文件图标上(如图 4-19 中的"Sheet1.sdf")，单击右键，指向并单击如下命令之一，即可重新设定窗口的显示方式：

● Close：关闭当前文件窗口。

● Split Vertical：按垂直方式分割窗口。

● Split Horizontal：按水平方式分割窗口。

● Tile All：重叠所有窗口，即屏幕上只观察到当前文件窗口。

● Merge All：同时显示所有已打开的文件窗口，在这种方式下可同时观察到多个文件，如屏幕上同时显示原理图窗口和仿真波形窗口。

单击窗口上的"关闭"按钮(或执行"File"菜单下的"Close"命令)即可关闭当前窗口。

4.4　常用仿真方式及应用

4.4.1　工作点分析

在进行工作点分析(Operating Point Analyses)时，仿真程序将电路中的电感元件视为短路，将电容视为开路，然后计算出电路中各节点对地电压、各支路(每一元件)电流——这就是常说的静态工作点分析。

在图 4-12 所示的仿真方式设置窗口内，单击"Operating Point Analyses"选项前的复选框，选中"工作点分析"选项；执行仿真操作后，单击图 4-15 所示仿真波形观察窗口下方仿真结果列表栏内的"Operating Point"，即可在仿真波形窗口内观察到工作点计算结果，如图 4-26 所示。

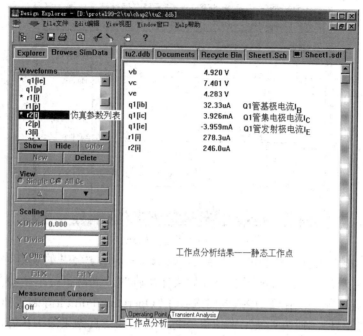

图 4-26　工作点分析结果

工作点分析是一种常用的仿真分析方式，例如在确定图 4-11 所示放大电路元件参数时，通过工作点分析，从三极管 Q1 集电极电位 Vc 与发射极电位 Ve 的差(即 Vce)就可直观地了解到放大电路中三极管的工作状态。

在进行瞬态特性分析、交流小信号分析时，仿真程序先执行工作点分析，以便确定电路中非线性元件(如二极管、三极管等有源器件)线性化参数的初值。在 Protel 99 SE 中，进行工作点分析时，无须设置分析参数。

4.4.2　瞬态特性分析与傅立叶分析

瞬态特性分析(Transient Analyses)属于时域分析，用于获得电路中各节点对地电压、支路电流或元件功率等信号的瞬时值，即被测信号随时间变化的瞬态关系，相当于在示波器上直接观察各节点电压(对地)信号的波形，因此瞬态特性分析是一种最基本、最常用的仿真分析方式。

对输出波形幅度进行测量即可获得输出信号的大小，从而计算出电路的增益，如 Uo/Ui 为电压放大倍数，Po(负载消耗功率)/Pi(信号源输入功率)即为功率增益。不过精确测量波形幅度有一定困难，因此从"AC 小信号分析"中获得的幅频特性曲线了解电路的增益更直观。

傅立叶分析(Fourier Analyses)属于频域分析，主要用于获取非正弦信号(包括激励源、节点电压波形)的频谱。进行傅立叶分析时，除了能直接在仿真波形窗口内显示信号各分量(即直流分量、基波、二次谐波…)的振幅(或相位)外，还自动生成.sim 文件，该文件记录了被测信号中直流、基波、二次谐波等各频率分量的振幅、初相等信息。

在设置 Fourier Analyses 参数时，对于周期信号来说，基波就是被测信号周期的倒数，分析的最大谐波与信号性质有关，对于方波来说，取 10 次谐波已足够；而对于调幅、调频波来说，为了获得正确结果，基波按下列关系选择：

$$基波 = \frac{载波频率}{调制信号频率}$$

例如，载波频率为 100 kHz，而调制信号频率为 1 kHz，则基波=100 kHz/1 kHz，即基波取 100 Hz，为了观察到载波左右两个边频，分析的最大谐波取基波频率的两倍，如本例可设为 200 次。

4.4.3 参数扫描分析

参数扫描分析(Parameter Sweep Analyses)用于研究电路中某一元器件参数变化时对电路性能的影响，常用于确定电路中某些关键元件参数的取值。在进行瞬态特性分析、交流小信号分析或直流传输特性分析时，同时启动"参数扫描"分析，即可非常迅速、直观地了解到电路中特定元件参数变化对电路性能的影响。

在图 4-12 所示的仿真参数设置窗口内，单击"Parameter Sweep"标签，即可获得图 4-27 所示的"Parameter Sweep"(参数扫描)设置窗口。

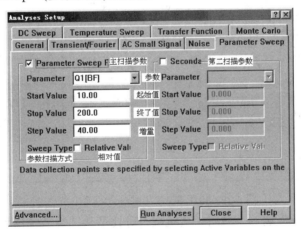

图 4-27 参数扫描设置窗口

参数扫描设置过程如下：

(1) 单击"Parameter Sweep First"(主扫描参数)选择框内"Parameter"下拉列表盒右侧的下拉按钮，选择参数变化的元件，如 R1、C1、Q1(BF)等，其中 Q1(BF)表示三极管 Q1 的电流放大倍数 β。

(2) 在"Start Value"文本盒内输入元件参数的初值；在"Stop Value"文本盒内输入元件参数的终值；在"Step Value"文本盒内输入参数变化增量。例如，图 4-27 中，三极管 Q1 共发射极电流放大倍数 β 的初值为 10，终值为 200，增量为 40，即分别计算 Q1 放大倍数 β 为 10、50、90、130、170、200 时电路的工作点及瞬态特性，结果如图 4-28 所示。

从图 4-28 中可以看出：在图 4-11 所示放大电路中，三极管 Q1 放大倍数 β 对电路性能指标的影响不大，当 β > 50 时，放大器输出信号 vout 基本重叠。

当选择 R5 作为主扫描参数时，即可获得交流负反馈电阻对放大器放大倍数的影响，例如 R5 从 10 Ω 增加到时 100 Ω(增量为 10)时，输出信号 vout 的振幅如图 4-29 所示。

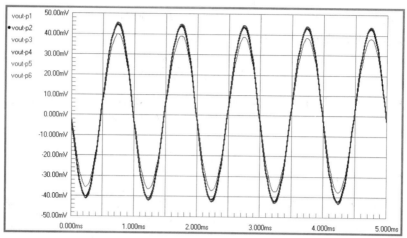

图 4-28　三极管 Q1 放大倍数 β 变化对应的输出信号

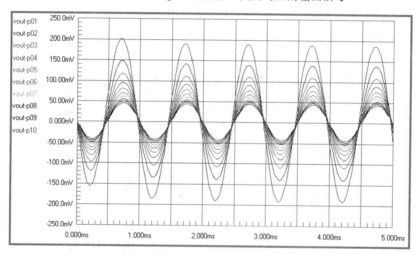

图 4-29　电阻 R5 变化时对应的输出信号

当"Relative Value"选项有效时,增量按百分比变化,反之增量为绝对值。

在参数扫描分析时,除了主扫描参数外,也可以选择第二扫描参数,但计算量将呈几何级数增加。当选择第二参数扫描时,分别计算主参数不同增量点处第二参数的变化。

在图 4-11 所示电路中,其他元件参数不变时,选择 R4 作为主扫描参数(如初值取 200 Ω,终值为 1.5 kΩ,增量取 100 Ω),在工作点分析中,从集电极电位 Vc 的值,即可容易确定电阻 R4 的最佳参数(为了获得最大的动态范围,集电极电压 Vc 近似为 VCC 的一半)。

4.4.4　交流小信号分析

1. AC 小信号分析的主要功能

AC 小信号分析(AC Small Signal Analyses)用于获得电路,如放大器、滤波器等的幅频特性、相频特性曲线。一般说来,电路中的器件参数,如三极管共发射极电流放大倍数 β 并不是常数,而是随着工作频率的升高而下降;另一方面,当输入信号频率较低时,耦合电容的影响就不能忽略,而当输入信号频率较高时,三极管极间寄生电容、引线电感同样不能忽略，因此在输入信号幅度保持不变的情况下，输出信号的幅度或相位总是随着输入信号频率的变化而变化。

AC 交流小信号分析属于线性频域分析，仿真程序首先计算电路的直流工作点，以确定电路中非线性器件的线性化模型参数。然后在设定的频率范围内，对已线性化的电路进行频率扫描分析，相当于用扫频仪观察电路的幅频特性。交流小信号分析能够计算出电路的幅频和相频特性，或频域传递函数。在进行 AC 小信号分析时，输入信号源中至少给出一个信号源的 AC 小信号分析幅度及相位，一般情况下，激励源中 AC 小信号分析幅度设为 1 个单位(例如对于电压源来说，AC 小信号分析电压幅度为 1 V)，相位为 0，这样输出量就是传递函数。但在分析放大器频率特性时，由于电压放大倍数往往大于 1，且电源电压有限，因此信号源中 AC 小信号分析电压幅度须小于 1 V，如取 1 mV、10 mV 等，以保证放大器不因输入信号幅度太大，使输出信号出现截止或饱和失真。

进行 AC 小信号分析时，保持激励源中 AC 小信号的振幅不变，而激励源的频率在指定范围内按线性或对数变化，计算出每一频率点对应的输出信号的振幅，这样即可获得频率-振幅曲线，从而获得电路的频谱特性(类似于通过信号源、毫伏表、频率计等仪器仪表，在保持输入信号幅度不变时，逐一测量不同频率点对应的输出信号幅度)，以便直观地了解电路的幅频特性、相频特性(且从幅频特性中还可获得电路的增益)。

2. AC 小信号分析参数设置

单击"Simulate"菜单，指向并单击"Setup"命令，在"Analyses Setup"对话框内，单击"AC Small Signal"标签，即可进入如图 4-30 所示的"AC Small Signal"设置框。其中各选项的含义如下：

- Start Frequency：扫描起始频率。
- Stop Frequency：扫描终了频率。
- Test Points：分析频率点的数目，当"Sweep Type"按线性变化时，Test Points 就是总的测试点数；当"Sweep Type"按级数(十倍频，即对数刻度)变化时，则 Test Points 为每十倍频内测试点的个数，总测试点个数是 Test Points × (Stop Frequency−Start Frequency)/10，如图 4-30 中，如果每十倍频测试点取 1000 个，则总测试点约为 4700 个。

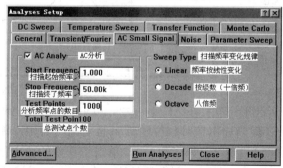

图 4-30 AC 小信号分析参数设置

扫描起始频率可从 1(即 1 Hz)开始，但不能为 0；终了频率大小与电路性质及输入信号可能包含的最大谐波分量有关；测试点个数必须合理，当测试点数太少时，分辨率低，甚至可能因此得出一个错误的结论；而测试点数太多时，计算量太大，需要等待很长时间才能获得结果。

图 4-31 给出了由 R1、C1 构成的低通滤波及其 AC 小信号分析结果(其中 AC 小信号分析参数为：Start Frequency = 10 Hz，Stop Frequency = 10 kHz，Test Points = 4000)。

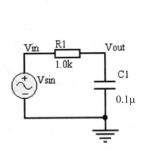

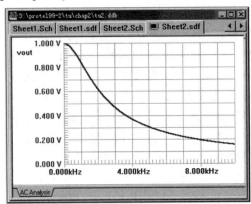

(a) 低通滤波器　　　　　　　　　　　　(b) 幅频特性曲线

图 4-31　低通滤波器及其幅频特性

由图 4-31(b)可看出：电容 C1 上的输出电压 Vout 有效值随输入信号频率升高而下降，截止频率约为 1.6 kHz。

利用 AC 小信号分析获取图 4-32 所示并联谐振电路的谐振曲线非常方便、直观，如图 4-33 所示(其中 AC 小信号分析参数为：Start Frequency=1 Hz，Stop Frequency=1 MHz，Test Points=1000)。

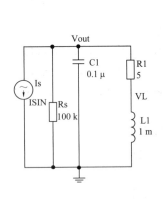

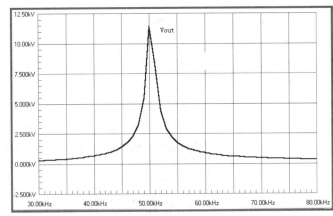

图 4-32　并联谐振电路　　　　　　　　　　图 4-33　谐振特性曲线

观察 AC 小信号分析波形可知：在 AC 小信号分析中，既可以直观地看到输出信号振幅随频率的变化，也可以观察到输出信号相位随频率的变化。例如，单击波形观察窗口下的"AC Analyses"按钮，将鼠标移到波形窗口内，单击待观察的输出信号，然后单击右键，指向并选择"View Single Signal"，观察单个信号，再单击右键，指向并单击"Scaling…"(刻度)，在"Scaling Setup"窗口内，将 Y 轴设为"Phase In Degrees"，即可观察到相频特性。

在 AC 小信号分析中，结合参数扫描分析，能非常直观地了解到电路中某一元件参数对电路幅频特性的影响。例如，在图 4-11 所示电路中，选择发射极交流旁路电容 C3 作为主扫描参数(初值取 0.1 µF，终值取 2 µF，增量为 0.3 µF)，并将 AC 小信号分析参数设为：Star

Frequency=1 Hz，Stop Frequency = 10 kHz，Test Points = 1000，即可迅速了解到电容 C3 对放大器低频特性的影响，如图 4-34 所示。

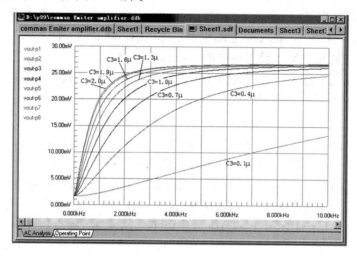

图 4-34　电容 C3 对放大器低频特性的影响

4.4.5　阻抗特性分析

Protel 99 SE 仿真程序提供阻抗特性分析(Impedance Plot Analyses)功能，只是不单独列出，而是放在 AC 小信号分析方式中，即在 AC 小信号波形窗口内选择激励源阻抗，如 Vin(z)、Vcc(z)等作为观察对象，即可得到电路的输入、输出阻抗曲线。

由于电路输入阻抗是前一级电路或信号源的负载，而电路输出阻抗体现了电路输出级的负载驱动能力，因此在电路设计中常需要了解电路的输入、输出阻抗。

1. 求输入阻抗 R_i

根据电路输入阻抗 R_i 的定义(即 $R_i=u_i/i_i$)，求电路输入阻抗 R_i 时，无须改动电路结构，在 AC 小信号分析窗口内，选择输入信号源阻抗，如图 4-11 中的 v1(z)作为观察对象即可获得放大器输入阻抗 R_i 曲线，如图 4-35 所示(中频段约为 7.1 kΩ)。

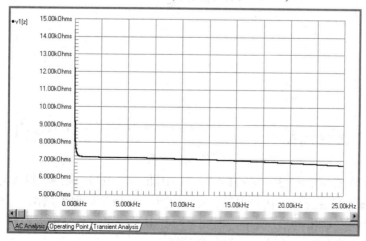

图 4-35　输入阻抗 R_i 特性曲线

可见，图 4-11 所示放大器的输入阻抗 R_i 随输入信号(即信号源)频率的增大而减小，并非固定不变：

当输入信号频率较低时，隔直电容 C1 容抗较大，发射极交流旁路电容 C3 容抗也较大，对输入阻抗 R_i 的影响较大，输入阻抗 R_i 也不是纯电阻。随着输入信号频率的升高，C1、C3 容抗迅速下降，结果 R_i 随输入信号频率的升高而迅速减小。

在中频段，隔直电容 C1、发射极交流旁路电容 C3 的容抗较小，可以忽略不计，输入阻抗 R_i 近似为一常数。在中频段，根据电路分析理论可知：

$$R_i = R1 // R2 // [r_{be} + (1 + \beta)R5]$$

而 $r_{be} = r'_{bb} + (1 + \beta)(r_e + r'_e)$，其中 r_e 为发射结电阻，常温下 $r_e = 26/I_{E(mA)}$；r'_e 为发射极串联电阻(包括发射区体电阻和引线电阻)；r'_{bb} 是基区横向体电阻，由于基区很薄，基极电流又从横向流过，因而 r'_{bb} 较大，约为数百欧姆，显然 r'_{bb} 大小受集电结反向偏压影响较大。

当忽略 r'_e 后，并考虑到 $I_E = (1 + \beta)I_B$，则 $r_{be} = r'_{bb} + 26/I_{B(mA)}$。

当 r'_{bb} 取 300 Ω，$I_B = Q1(ib)$，$\beta = Q1(ic)/Q1(ib)$ 时，从直流工作点分析报告中得知 Q1(ib) = 17.95 μA，Q1(ic) = 2.002 mA。将有关参数代入 R_i 表示式计算得 $R_i = 6.4$ kΩ，与仿真分析结果基本相同。

在高频段，三极管极间电容(包括势垒电容和扩散电容)的分流作用不能忽略，导致输入阻抗 R_i 随输入信号频率的升高而降低。实验和阻抗仿真分析均表明：输入阻抗 R_i 总是随输入信号频率的升高而降低，只是在中频段 R_i 随频率变化缓慢一些而已。

在输入阻抗、放大倍数估算过程中，将三极管 B-E 极电阻 r_{be} 近似为常数，但实际上 r_{be} 随发射极电流 I_E(引起 r_e 变化)的增大而减小、随集电结偏压 V_{CB}(引起 r'_{bb} 变化)的增大而增大。例如，在图 4-11 所示的分压式偏置电路中，基极电压基本保持不变，当发射极电阻 R4 增大时，发射极电流 I_E 减小，导致发射结电阻 r_e 增大，结果输入阻抗 R_i 增大，如图 4-36 所示。

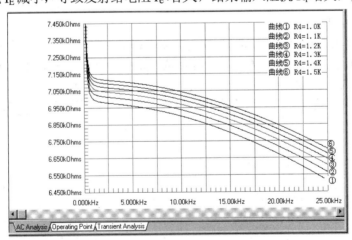

图 4-36　R4 变化对输入阻抗 R_i 的影响

由于 $V_{CE} = VCC - I_C \times R3 - I_E \times (R4 + R5)$，因此当集电极电阻 R3 增大时，$V_{CE}$ 将减小，即集电结反向偏压 V_{CB} 变小，使集电结耗尽层减小，导致基区厚度增加，使 r'_{bb} 减小，最终使输入阻抗 R_i 减小，如图 4-37 所示。因此，一些电子线路教科书中详细介绍输入阻抗 R_i、放大倍数 A_u 的计算方法、过程，意义实在有限。

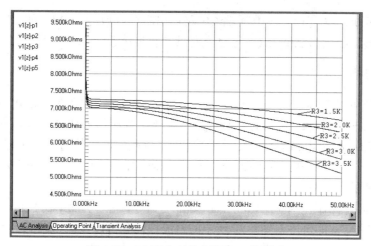

图 4-37 R3 变化对输入阻抗 R_i 的影响

2. 求输出阻抗 R_o

根据输出阻抗的定义，求输出阻抗时，需要按以下步骤修改电路结构：

(1) 用导线将输入信号源短路，但要保留输入信号源的内阻。

(2) 负载 R_L 开路(即输出阻抗 R_o 与负载无关)。

在操作上，可先删除 R_L，将输入信号源移到 R_L 位置，用导线连接与输入信号源相连的两个节点。

(3) 在输出端接一信号源，这样信号源两端电压与流过该信号源的电流之比，就是输出电阻 R_o。

(4) 然后执行 AC 小信号分析，在 AC 小信号分析窗口内，选择信号源阻抗作为观察对象即可。

图 4-11 所示放大电路输出阻抗电路如图 4-38(a)所示，而输出阻抗特性曲线如图 4-38(b)所示。

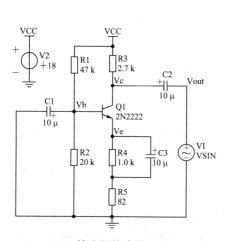

(a) 输出阻抗电路

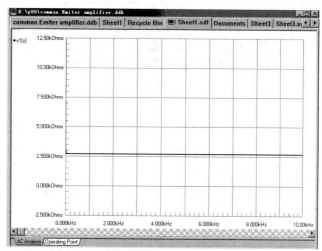

(b) 输出阻抗特性曲线

图 4-38 输出阻抗求解电路及特性曲线

根据电路分析理论可知，在中频段该电路输出阻抗近似等于 R3，即 2.7 kΩ，而仿真分析结果给出的输出阻抗为 2.68 kΩ，与理论近似值非常接近。

4.4.6　直流扫描分析

直流扫描分析(DC Sweep Analyses)方法是在指定范围内，输入信号源电压由小到大或由负到正逐渐增加时，进行一系列的工作点分析以获得直流传输特性曲线，常用于获取运算放大器、TTL、CMOS 等电路的直流传输特性曲线，以确定输入信号的最大范围和噪声容限。"直流扫描分析"也常用于获取场效应管的转移特性曲线，但直流扫描分析不适用于获取阻容耦合放大器的传输特性曲线。

在原理图编辑窗口内，单击"Simulate\Setup"命令，在"Analyses Setup"对话框内，单击"DC Sweep"标签，即可进入图 4-39 所示的直流扫描分析设置窗。其中各项参数含义如下：

- DC Sweep Primary：主变化信号源。
- Secondary：第二变化信号源，在直流扫描仿真分析中，允许两个信号源同时变化，然后分别计算工作点。
- Source Name：变化的信号源。
- Start Value：初始电压值。
- Stop Value：终止电压值。
- Step Value：电压变化步长。

例如，利用直流扫描分析即可获取图 4-40 所示运算放大器的直流传输特性曲线。

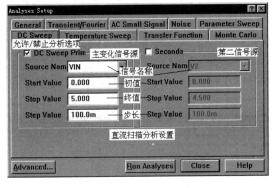

图 4-39　直流扫描分析参数设置　　　　　图 4-40　运算放大器

操作过程如下：

(1) 在原理图编辑窗口内，执行"Simulate"菜单下的"Setup…"命令。

(2) 在"Analyses Setup"窗口内，单击"DC Sweep"标签，在图 4-39 所示窗口内设置直流扫描参数，如图 4-41 所示。

(3) 启动仿真分析后，打开 .SDF 文件，并选择"DC Sweep"，即可观察到仿真结果，如图 4-42 所示。

利用直流扫描分析，将非常容易获得图 4-43 所示 74LS00 与非门电路的直流传输特性曲线，如图 4-44 所示，可以看出：74LS 系列门电路最大输入低电平电压小于 0.9 V，最小输入高电平电压大于 1.2 V(为保证工作可靠，最大输入低电平电压取 0.8 V，最小输入高电平电压取 2.0 V)。

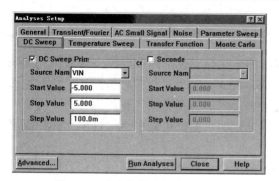

图 4-41　直流扫描分析设置窗

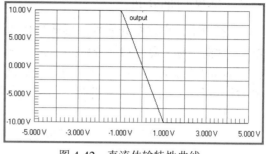

图 4-42　直流传输特性曲线

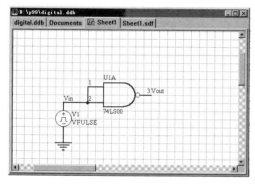

图 4-43　由 74LS00 组成的与非门电路

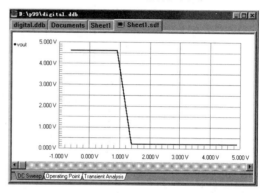

图 4-44　74LS 系列门电路的直流传输特性曲线

同样，利用"直流扫描分析"获得图 4-45(a)所示 N 沟道结型场效应管 2N3684 的转移特性曲线，如图 4-45(b)所示(对 VI 电压源进行扫描，初始电压为 –3.5 V，终了电压为 0，步长为 10 mV)。

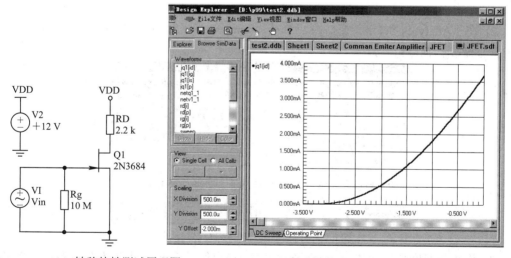

(a) 转移特性测试原理图　　　　　　　(b) 转移特性曲线

图 4-45　结型场效应管转移特性

从图 4-45 中可以看出，N 沟道结型场效应管 2N3648 的夹断电压 $V_{GS(off)}$ 约为 –3.10 V；当 V_{GS} 在 –1.5 V～0.0 V 之间时，V_{GS} 与漏极电流 I_D 几乎呈线性关系。

4.4.7　温度扫描分析

一般说来，电路中元器件的参数随环境温度的变化而变化，因此温度变化最终会影响电路的性能指标。温度扫描分析(Temperature Sweep Analyses)就是模拟环境温度变化时电路性能指标的变化情况，因此温度扫描分析也是一种常用的仿真方式，在瞬态分析、直流传输特性分析、交流小信号分析时，启用温度扫描分析即可获得电路中有关性能指标随温度变化的情况。

温度扫描分析应用举例：分析环境温度对图 4-46 所示基本放大电路放大倍数的影响。

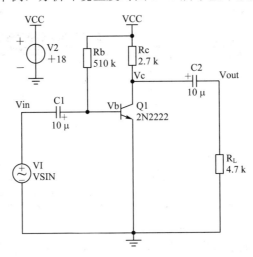

图 4-46　共发射极基本放大电路

操作过程如下：

(1) 编辑电路图。

(2) 在"Analyses Setup"窗口内，单击"Temperature Sweep"标签，在图 4-47 所示窗口中设置温度扫描分析参数。

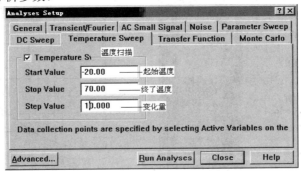

图 4-47　温度扫描分析参数设置窗口

(3) 设置了温度扫描参数后，启动仿真过程，输出信号 Vout 随温度变化的情况如图 4-48 所示。

图 4-48 中，vout_t01 对应的环境温度为 −20℃，输出信号幅度约为 1.982 V，放大倍数为 198 倍(输入信号幅度为 10 mV)。随着温度升高，输出信号幅度越来越大，vout_t10 对应的环境温度为 70℃，输出信号幅度约为 2.484 V，放大倍数为 248 倍，可见温度对基本放大

电路的影响较大。此外，在图 4-49 所示工作点分析窗口内可以看出：温度升高，Vb 下降，即 V_{BE} 减小；同时集电极静态电流 Ic 随温度的升高而增加，导致集电极电压 Vc 下降。可见，基本放大电路的静态工作点受环境温度影响较大，正因如此，图 4-46 所示基本放大电路的应用范围受到了很大的限制，而图 4-11 所示分压式偏置放大电路受温度影响要小得多。

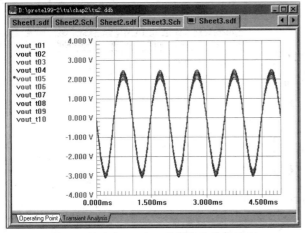

图 4-48　输出电压 Vout 随温度变化的情况

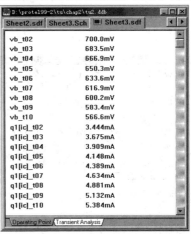

图 4-49　基极电压 Vb 与集电极电流 Ic
随温度变化的趋势

4.4.8　传输函数分析

传输函数分析(Transfer Function Analyses)用于获得模拟电路直流输入电阻、直流输出电阻以及电路的直流增益等，这里不进行详细介绍。

4.4.9　噪声分析

1. 噪声分析功能

电路中每个元器件在工作时都要产生噪声，由于电容、电感等电抗元件的存在，不同频率范围内噪声大小不同，例如运算放大器对直流噪声比较敏感，而对频率变化较快的高频噪声反应迟钝。为了定量描述电路中噪声的大小，即进行噪声分析(Noise Analyses)，仿真软件采用了一种等效计算方法，具体计算步骤如下：

(1) 选定一个节点作为输出节点，在指定频率范围内，对电路中每个电阻和半导体器件等噪声源在该节点处产生的噪声电压均方根(RMS)值进行叠加。

(2) 选定一个独立电压源或独立电流源，计算电路中从该独立电压源(电流源)到上述输出节点处的增益，再将第(1)步计算得到的输出节点处总噪声除以该增益，就得到在该独立电压源(或电流源)处的等效噪声。

由此可见，等效噪声相当于将电路中所有的噪声源都集中到选定的独立电压源(或电流源)处。其作用大小相当于在输入独立电源处加上大小等于等效噪声的噪声源，则在指定节点处产生的输出噪声大小正好等于实际电路中所有噪声源在输出节点处产生的噪声。

2. 噪声分析的参数设置

在 "Analyses Setup" 窗口内，单击 "Noise" 标签，在图 4-50 所示窗口中设置噪声分析参数。

当参考节点(Reference Node)为 0 时，以接地点作为计算参考点，即输出节点噪声大小相对地电平而言。

图 4-40 所示运算放大器的噪声分析结果如图 4-51 所示，可见该电路在低频段下噪声输出电压均方值较大。

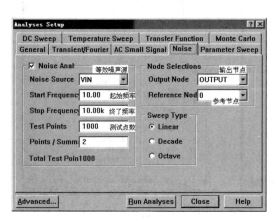

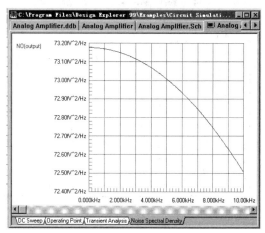

图 4-50　噪声分析参数设置窗口　　　　　图 4-51　运算放大器噪声特性曲线

4.5　仿真综合应用举例

4.5.1　数字电路仿真实例

对图 4-52(a)所示电路进行参数扫描分析，即可直观地了解到 74LS 系列 TTL 门电路输出高电平的负载能力，结果如图 4-52(b)所示。

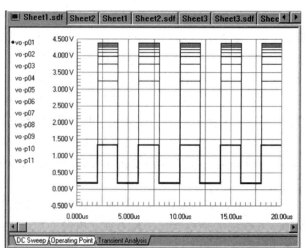

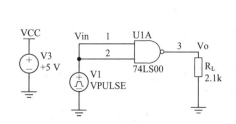

(a) 输出高电平测试电路　　　　　　　(b) 输出高电平随负载电阻 R_L 的变化

图 4-52　74LS 系列集成电路高电平负载能力

操作过程如下：

(1) 在原理图编辑窗口内编辑原理图，在操作过程中必须注意 TTL 数字电路隐藏的电源引脚标号为 VCC，且仿真程序默认的 TTL 电源为 +5 V，因此可以不用绘制电源供电电路，也就是说可以不用放置 V3 和电源符号 VCC。

(2) 单击主工具栏内的"仿真设置"工具或执行"Simulate"菜单下的"Setup..."命令，在图 4-12 所示仿真方式设置窗口内，分别单击"Transient/Fourier Analyses"、"Parameter Sweep"标签，设置参数扫描分析参数(对 R_L 进行扫描，起始值为 100 Ω，终了值为 5 kΩ，增量为 500 Ω)，然后运行仿真操作，即可得到图 4-52(b)所示的结果，可见负载越重，输出高电平电压越小。

对图 4-53 所示电路进行参数扫描分析(对 R_L 进行扫描，起始值为 100 Ω，终了值为 1 kΩ，增量为 100 Ω)，即可直观地了解到 74LS 系列 TTL 门电路输出低电平的负载能力，结果如图 4-54 所示。

可见负载越重，输出低电平越小，当 R_L 为 300 Ω 时，输出低电平 V_{OL} 升高到 0.6 V，使后级输入低电平噪声容限大大下降(这时灌电流约为(5 − 0.6)/300 = 14.6 mA)。

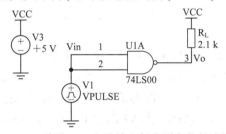

图 4-53　74LS 系列 TTL 电路输出低电平负载能力测试电路

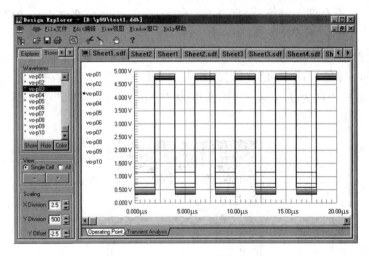

图 4-54　74LS 系列 TTL 电路输出低电平负载能力

4.5.2　利用 AC 小信号分析、参数扫描分析确定带通滤波器参数

分析图 4-55 所示简单带通滤波器的幅频特性曲线，验证该电路能否将频率为 1400 Hz 的方波(幅度为 3.6 V)变为正弦波信号。如果不满足要求，则通过微调 R1 使中心频率为 1400 Hz。

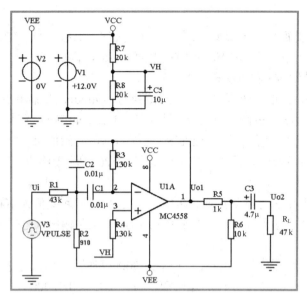

图 4-55　带通滤波器

操作步骤如下：

(1) 编辑电路。在编辑电路过程中，要特别注意运算放大器 MC4558(位于 OPCAP.Lib 元件库文件中)正、负引脚电源网络标号。为此，可在元件列表窗内，找出并单击 MC4558，然后单击"Edit"按钮，进入元件电气图形符号编辑状态，可知正电源引脚(8 脚)网络标号为 VCC，而负电源引脚(4 脚)网络标号为 VEE。由于该电路采用单 +12 V 电源，而在仿真电路原理图中 MC4558 第 4 引脚网络标号为 VEE，不能接地(网络标号为 GND)，否则仿真时将给出"同一节点有两个网络标号"的错误信息。为此，需要虚设一个电压为 0 V 的直流电压源 V2(对仿真结果没有影响)。

(2) 设置脉冲信号 V3 参数。本来 AC 小信号分析振幅一般为 1，但对于滤波器来说，AC 小信号分析振幅应与脉冲信号幅度相同，以便获得更直观的结果；由于方波频率为 1400 Hz，因此脉冲周期为 714 μs、脉冲宽度为 357 μs。因此 V3 信号源参数可按图 4-56 所示参数设定。

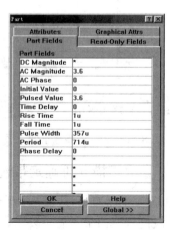

图 4-56　脉冲信号源参数

(3) 选择仿真分析方式。可同时选择瞬态特性分析、AC 小信号分析两种仿真方式。其中 AC 小信号分析参数可预设置为：起始频率为 10 Hz，终了频率为 25 kHz，计算 4000 个点。结果如图 4-57 和图 4-58 所示。

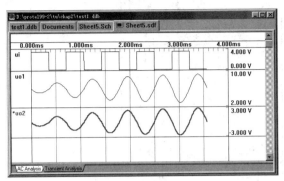

图 4-57　瞬态特性

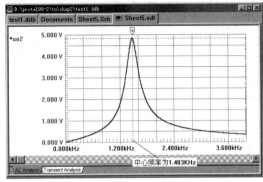

图 4-58　幅频特性

从图 4-58 中可以看出，由以上参数确定的中心频率为 1483 Hz，可进一步通过调节电阻 R1 使中心频率更接近 1400 Hz。为此，进行 AC 小信号分析时，再启动参数扫描分析(对电阻 R1 进行扫描，初值为 800 Ω、终值为 1200 Ω，步长为 100 Ω。结果如图 4-59 所示。

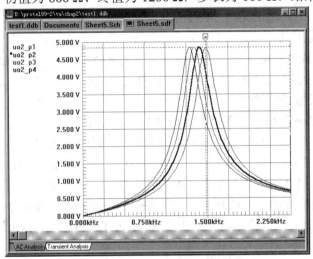

图 4-59　中心频率随 R1 的增大而减小

不难发现，当 R1 为 1 kΩ 时，中心频率最接近 1400 Hz。

4.5.3　模拟、数字混合电路仿真分析实例

图 4-60 是单片机系统常用的复位、掉电信号生成电路，分析上电、掉电期间复位信号以及掉电信号波形是否满足要求。

设计要求：在正常供电期间，比较器 LM339 反相输入端 Vin1 为 3.6 V，而同相输入端 Vin2 = 5.0 × R2/(R1 + R2)，约 3.79 V，大于反向输入端电压 Vin1，因此比较器 LM339 输出端 $\overline{INT0}$ 为高电平，掉电信号无效。掉电时，电源电压 V+ 逐渐下降，同相输入端电压 Vin2 也随着下降，当 V+ 小于 4.75 V 时，Vin2 小于 3.6 V，比较器输出端为低电平，$\overline{INT0}$ 有效，CPU 响应 $\overline{INT0}$ 中断后将进入掉电运行状态。

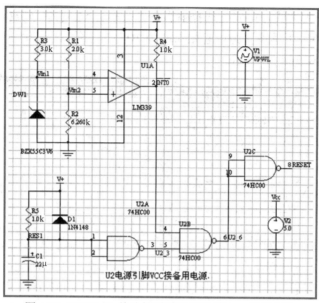

图 4-60　MCS-51 单片机系统常用的掉电、复位电路

　　再上电时，当 V+ 小于 4.75 V 时，比较器反相输入端电位总是高于同相输入端电位，比较器输出低电平，U2B 输出高电平，封锁了复位电路的输出，结果 U2C 输出端，即 RESET 为低电平，复位信号无效；只有当 V+ 大于 4.75 V，即电源正常后，比较器输出高电平，与非门 U2B 解锁，复位电路输出的高电平信号传输到 RESET 端，使 CPU 进入复位状态，待上电复位电路中的电容充电结束后，U2A 输出低电平，经过 U2B 和 U2C 反相后，RESET 变为低电平，CPU 脱离复位状态。

　　下面通过瞬态仿真分析检查各点波形时序是否满足设计要求，操作过程如下：

　　(1) 编辑原理图，放置激励源。用分段线性激励 VPWL 模拟上电、掉电波形，V1 激励源参数为：0　0.0　2m　5.0　10m　5.0　11m　0.0　30m　0.0　32m　5.0，即上电时间为 2 ms，电源由正常值 5.0 V 下降到 0 V 经历的时间为 1 ms，停电时间为 19 ms。

　　(2) 单击主工具栏内的"仿真设置"工具或执行"Simulate"菜单下的"Setup…"命令，在图 4-12 所示仿真方式设置窗口内，单击"Transient/Fourier Analyses"标签，设置瞬态分析参数，如图 4-61 所示。

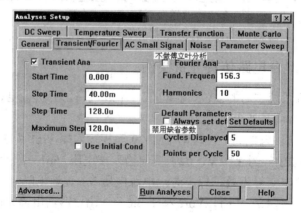

图 4-61　瞬态分析参数

(3) 运行仿真操作，结果如图 4-62 所示，可见电源波形、掉电信号以及复位信号时序满足设计要求，即电源 V+ 小于 4.75 V 时，掉电信号 $\overline{\text{INT0}}$ 低电平有效，CPU 响应 $\overline{\text{INT0}}$ 中断后进入掉电操作状态；上电时，电源供电正常后，即 V+ 大于 4.75 V 后，复位信号为高电平，使 CPU 进入复位操作，经过大约 5 ms 的延迟后返回低电平，满足了 MCS-51 系列单片机对复位信号的要求。

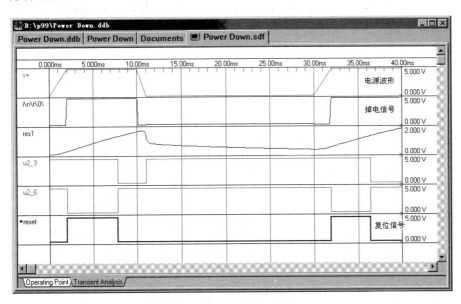

图 4-62　各测试点电压波形

4.5.4　"数学函数"库内信号合成函数的应用

MATH.Lib(位于 Design Explorer 99\Library\Sch\Sim.ddb 数据库文件内)元件库中含有许多二端口数学函数，如节点电压加、减、乘、除法函数，支路电流加、减、乘、除函数等。这些数学函数被视为特殊元件(放置、移动、编辑等操作方式与电阻、电容等完全相同)，在电路仿真分析中，灵活使用这些数学函数可迅速获得电路的有关参数。不过在 Protel 99 SE 中，除直流工作点分析外，在其他仿真分析方式中，可直接利用仿真波形窗口内的"Create"按钮，创建不能直接观察的电路参数，因此 Protel 99 SE 中数据函数的作用已不大，这里不做详细介绍。

习　　题

4-1　Protel 99 SE 仿真分析用元件电气图形符号存放在哪一元件库文件包内？

4-2　说明在 Protel 99 SE 中进行电路仿真分析的操作步骤。

4-3　Protel 99 SE 提供了哪几种仿真分析方式？

4-4　如何设置分段线性激励源参数？请按图4-65所示的波形参数构造数字电路仿真分析操作中常用到的激励源。

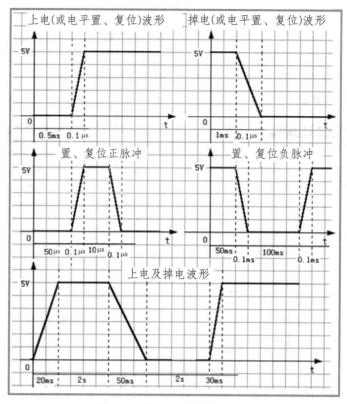

图 4-65　数字电路常用激励源

4-5　对图 4-66 所示的差分放大电路进行工作点分析，验证集电极电流 I_{C1}、I_{C2} 基本上不随电阻 R1、R2 的变化而变化。

4-6　对图 4-66 所示的差分放大电路进行瞬态分析，验证对差模输入信号来说，无论是双端输出还是单端输出，发射极 E 上交流信号幅度均不大，可以认为是交流接地。如何直接观察到双端输出信号 Uo=Uo1−Uo2？并通过温度扫描分析，验证差分放大电路集电极的直流电压差对温度变化不敏感。

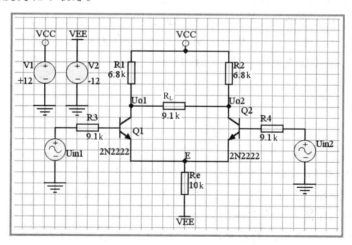

图 4-66　射极耦合差分放大电路

4-7 对图 4-67 所示电路的直流电压源 V2 进行直流参数扫描分析(初值为 0,终值为 5.0 V,每 10 mV 计算一次),分别观察输入信号 Vin1、Vin2 以及输出信号 Vout,并说明电路功能。

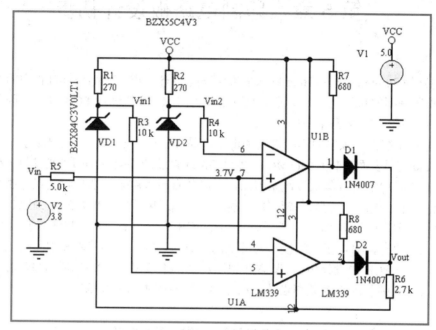

图 4-67 待分析电路

4-8 对图 4-68 所示的电源电路进行瞬态仿真分析,观察整流滤波后输出波形 Vi、三端稳压块输出 VSS 和 VCC 瞬态波形,以及整流二极管瞬态电流波形;通过参数扫描分析观察电源滤波电容 C301 的容量对输出波形的影响。

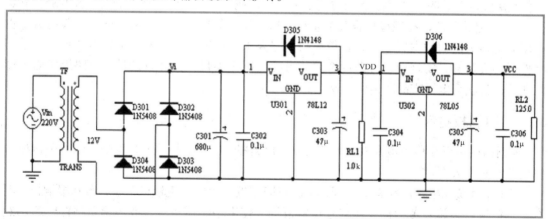

图 4-68 电源电路

4-9 对含有变压器、光电耦合器件的电路仿真时,应注意什么问题? 图 4-68 中与 220 V 交流激励源(频率为 50 Hz)相连的接地符号能否取消?

4-10 通过哪一仿真分析方式可以获得放大器的输入、输出阻抗? 试求出图 4-66 所示差分放大器的输入阻抗及单端输出阻抗。

第 5 章　印制电路板设计初步

印制电路板(Printed Circuit Board，PCB)的编辑、设计是电子产品设计过程中的关键环节之一，编辑原理图的目的也是为了能够使用相关的 CAD 软件进行 PCB 设计，因此在电子线路 CAD 中 PCB 设计才是最终的目的。

随着电路系统工作频率的不断提高和电子产品体积的不断缩小，在电路系统中除功率元件外，大量使用表面封装元件(SMC)、器件(SMD 封装的各类 IC 芯片)就成为一种必然的选择；另一方面，IC 芯片集成度越来越高，引脚数目越来越多，器件封装尺寸越来越小，导致了无论是单元电路，还是系统整体的功能验证，都不可能再借助 20 世纪 90 年代前后广泛采用的"万能板"或"面包板"进行。因此,PCB 编辑的基本常识与熟练使用主流 CAD 软件进行 PCB 设计，对电子工程技术人员来说已成为必须具备的基本知识和技能之一。

本章先介绍 PCB 的设计概念、基本知识以及 Protel 99 SE PCB 编辑器的基本操作方法。有关 PCB 设计规则、PCB 封装图设计方法等知识可参阅本书后续章节。

5.1　印制板种类及材料

印制板是印制线路板或印制电路板的简称，通过印制板上的印制导线、焊盘以及金属化过孔、填充区、敷铜区等导电图形实现元器件引脚之间的电气互连。由于印制板上的导电图形、元件轮廓线以及说明性文字(如元件序号、型号)等均通过印制方法实现,因此称为印制电路板。

通过一定的工艺，在绝缘性很高的基材上覆盖一层导电性能良好的铜薄膜，就构成了生产印制电路板所需的材料——覆铜板。按电路要求，在覆铜板上刻蚀出导电图形，并钻出元件引脚安装孔、实现电气互连的金属化过孔、固定大尺寸元件以及整个电路板所需的螺丝孔等，就获得电子产品所需的印制电路板。

5.1.1　印制板材料

覆铜箔层压板简称为覆铜板，种类很多，根据覆铜板刚、挠特性，可分为刚性覆铜板和挠性覆铜板两大类。

根据刚性覆铜板基底材料的不同，可以将印制板分为纸基覆铜板、玻璃布基覆铜板、混合基覆铜板、金属基覆铜板及陶瓷基覆铜板等。使用粘结树脂将纸或玻璃布粘在一起，然后经过加热、加压工艺处理就形成了纸质覆铜箔层压板和玻璃布覆铜箔层压板。

目前常用的粘结树脂主要有酚醛树脂、环氧树脂和聚四氟乙烯树脂三种。

使用酚醛树脂粘结的纸质覆铜箔层压板称为覆铜箔酚醛纸质层压板(简称纸基板)，典型品种为 FR-1(阻燃型，也称 UL94V0 基板、UL94V1 基板)、UL94-HB(非阻燃型)、XPC(非阻燃型)。纸基板的特点是成本低廉，主要用作收音机、电视机以及其他电子设备的印制电路板。

使用环氧树脂粘结的纸质覆铜箔层压板称为覆铜箔环氧纸质层压板，典型品种为 FR-3。

覆铜箔环氧纸质层压板的电气性能和机械性能均比覆铜箔酚醛纸质层压板好，也主要用作收音机、电视机以及其他低频电子设备的印制电路板。

复合基覆铜板绝缘基体的表层与绝缘基体分别采用不同的材料，典型产品有 CEM-1(表面为玻璃布，内层为棉纤维纸)及 CEM-3(价格最低廉的双面 PCB 板材，表面为玻璃布，内层为无纺玻璃纸)，分为通用型 CEM-3 和导热型 CEM-3(热导率高达 1.0 W/m·K，CTI 指数在 600 V 以上，主要用做 LED 照明灯具的 PCB 板)两种，机械性能优良，可冲孔加工，性能指标、价格介于纸基与 FR-4 之间。

使用环氧树脂粘结的玻璃布覆铜箔层压板称为覆铜箔环氧玻璃布层压板(简称环氧-玻璃布基覆铜板)，代表性品种有 FR-4(阻燃型)、G-10(非阻燃型)以及耐热特性更好的 FR-5(阻燃型)、G-11(非阻燃型)。这是目前使用最广泛的印制电路板材料之一，它具有良好的电气和机械性能，耐热，膨胀系数小，尺寸稳定，可在较高温度下使用，因此广泛用作各种电子设备、仪器的印制电路板。

使用聚四氟乙烯树脂粘结的玻璃布覆铜箔层压板称为覆铜箔聚四氟乙烯玻璃布层压板。由于其介电性能好(介质损耗小、介电常数低)，耐高温(工作温度范围宽)，耐潮湿(可以在潮湿环境下使用)，耐酸、碱(即化学稳定性高)，是制作高频、微波电子设备印制电路板的理想材料，只是价格略高。

为满足大功率贴片 LED 的散热需求，近年来相继开发了导热性能良好的覆铜板，如金属基覆铜板(包括铝基覆铜板、铜基覆铜板、铁基覆铜板等)、高导热覆铜箔环氧玻璃布层压板(导热 FR-4，是目前较理想的高导热双面 PCB 板)。其中金属基覆铜板由铜箔层、添加特定导热材料(如 Al_2O_3 或 Si 粉)的绝缘树脂层、导热性能良好的金属层组成。目前广泛使用的铝基板热导率为 2.0～3.0 W/m·K；高导热 FR-4 基板热导率高达 1.5 W/m·K，远高于通用 FR-4 基板(通用 FR-4 基板热导率约为 0.50 W/m·K)，已接近通用型铝基板(热导率为 2.0 W/m·K)，CTI 指数大于 600 V。由于绝缘需要，金属基覆铜板一般为单面结构，适合安装大功率高发热贴片元件，不适合安装穿通元件。

陶瓷基覆铜板导热性能良好，绝缘等级高，可以是单面，也可以是双面。不足的是加工困难，如不便钻孔、开槽；在外力作用下容易碎裂、不宜通过螺丝紧固。

采用挠性塑料作基底的印制板称为挠性印制板，常用做印制电缆，主要用于连接电子设备内可移动部件，如 DVD 机内激光头与电路板之间就通过挠性印制电缆连接。

覆铜板的主要性能指标有基板厚度(单位为 mm)、铜箔厚度(以 OZ 为单位，含义是每平方英尺含多少盎司的金属铜)。1 盎司(OZ)相当于 28.35 g，1 英尺为 12 英寸，1 英寸相当于 25.4 mm，而铜的密度为 8.9 mg/mm^3，于是 1 OZ 铜箔的厚度 $h = \dfrac{28.35}{(12 \times 25.4)^2 \times 8.9 \times 10^{-3}} \times 10^3 = 34.3$ μm，接近 35 μm)、铜膜抗剥强度、翘曲度、介电常数 DK(越低越好)、介质损耗角正切 tan(越小越好)、玻璃化温度 Tg(越高越好)等。常用纸质、玻璃布覆铜箔层压板标准厚度在 0.2～6.4 mm 之间，可根据电路板用途、绝缘电阻及抗电强度等指标进行选择；铜箔标准厚度有 0.5 OZ(18 μm)、1 OZ(35μm)、1.5 OZ(50 μm)、2 OZ(70 μm)、3 OZ(105 μm)(误差为 5 μm)。

5.1.2　印制板的种类及结构

印制板种类很多，根据导电层数的不同，可将印制板分为单面电路板(简称单面板)、双面电路板(简称双面板)和多层电路板。

　　单面板的结构如图 5-1(a)所示，所用的覆铜板只有一面敷铜箔，另一面空白，因而也只

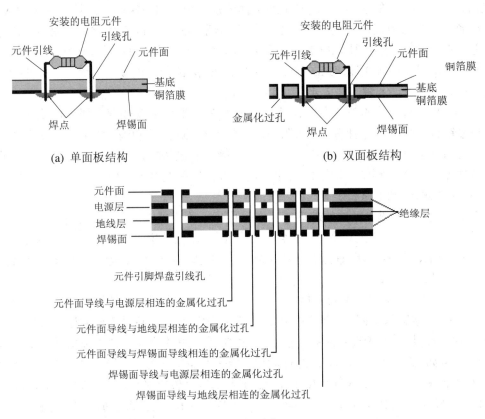

(a) 单面板结构　　　　　　　　　　　　　　(b) 双面板结构

(c) 四层板结构

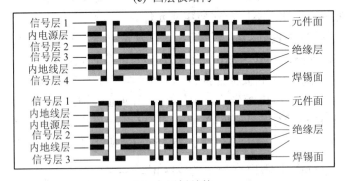

(d) 六层板结构

图 5-1　单面、双面及多层印制电路板剖面

能在敷铜箔面上制作出导电图形。单面板上的导电图形主要包括固定、连接元件引脚的焊盘和实现元件引脚互连的印制导线，该面称为"焊锡面"——在 Protel 99/99 SE PCB 编辑器中被称为"Bottom"(底)层。没有铜膜的一面用于安放穿通元件，因此该面称为"元件面"——在 Protel 99 PCB 编辑器中被称为"Top"(顶)层。由于单面板结构简单，没有过孔，生产成本低，因此，线路相对简单，工作频率较低的电子产品，如收录机、电视机、计算机显示器、LED 照明灯具等电路板一般采用单面板。尽管单面板生产成本低，但单面板布线

设计难度最大，原因是只能在一个面上布线，布通率比双面板、多层板低；可利用的电磁屏蔽手段也有限，电磁兼容性指标不易达到要求。理论上，对于平面网孔电路，在单面板上布线时，布通率为 100%；对于非平面网孔电路，在单面板上，无法通过印制导线连接的少量导电图形(如引脚焊盘)，可使用"跨接线"连接，但跨接线数目必须严格限制在一定的范围内，否则电路性能指标会下降。有关单面板中跨接线的设置原则，本章后续内容将详细介绍。

双面板结构如图 5-1(b)所示，基板的上、下两面均覆盖铜箔，因此，上、下两面都可以印制导电图形。导电图形中除了焊盘、印制导线外，还有用于使上、下两面导电图形互连的"金属化过孔"。在双面板中，元件一般也只安装在其中的一个面上，该面也称为"元件面"，另一面称为"焊锡面"。在双面板中，需要制作连接上、下面印制导电图形，如导线、元件焊盘等的金属化过孔，生产工艺流程比单面板多，成本略高，但由于能两面走线，布线相对容易，布通率高，借助与地线相连的敷铜区即可较好地解决电磁干扰问题，因此应用范围很广，多数电子产品，如 VCD 机、单片机控制板等均采用双面板结构。

随着集成电路技术的不断发展，元器件集成度越来越高，引脚数目迅速增加，电路图中元器件的连接关系越来越复杂。此外，器件工作频率也越来越高，双面板已不能满足布线和电磁屏蔽的要求，于是就出现了多层板。在多层印制板中，导电层的数目一般为 4、6、8、10 等，例如在四层板中，上、下面(层)是信号层(信号线的布线层)，在上、下两层之间还有内电源层、内地线层，如图 5-1(c)所示；在六层板中，有 4 个信号层及 2 个内电源/地线层或 3 个信号层及 3 个内电源/地线层，如图 5-1(d)所示。在多层印制板中，可充分利用电路板的多层结构解决电磁干扰问题，提高了电路系统的可靠性；可布线层数多，走线方便，布通率高，连线短，寄生参数小，工作频率高，印制板面积也较小(印制导线占用面积小)。目前计算机设备，如主机板、内存条、显示卡、高速网卡等均采用 4 层或 6 层印制电路板。

在多层板中，层与层之间的电气连接通过元件引脚焊盘和金属化过孔实现，除了元件引脚焊盘孔外，用于实现不同层电气互连的金属化过孔最好贯穿整个电路板(经特定工艺处理后，不会造成短路)，以方便钻孔加工。在图 5-1(c)所示的四层板中，给出了五种不同类型的金属化过孔。例如，用于元件面上印制导线与电源层相连的金属化过孔中，为避免与地线层相连，在该过孔经过的地线层上少了一个比过孔大的铜环(很容易通过刻蚀工艺实现)，这样该金属化过孔就不会与地线层相连。

5.2　Protel 99 SE PCB 的启动及窗口认识

在 Protel 99 SE 状态下，编辑、创建原理图的最终目的是为了制作 PCB。

5.2.1　启动 PCB 编辑器

在 Protel 99 SE 状态下，可通过如下方式之一创建新的 PCB 文件，进入 PCB 编辑状态。

(1) 任何时候，单击"File"菜单下的"New"命令，在图 1-6 所示窗口内直接双击"PCB Document"(PCB 文档)文件图标，即可创建新的、空白的 PCB 文件，进入 PCB 编辑状态，如图 5-2 所示。

(2) 通过上述方式创建的 PCB 文件没有自动生成印制板的边框，只适用于创建非标尺寸的单面或双面印制板。对于标准尺寸规格的印制板，如 ISA、PCI 总线扩展卡及多层印制电路板，最好通过"Printed Circuit Board Wizard"(印制板向导)创建标准尺寸的 PCB 文件，然后借助原理图编辑器窗口内的"Up PCB…(更新 PCB)"命令，把原理图中的元件封装图、电气连接关系(即网络表文件)直接装入 PCB 文件内。

有关通过"Printed Circuit Board Wizard"(印制板向导)创建新 PCB 文件的操作过程，第 7 章将详细介绍。

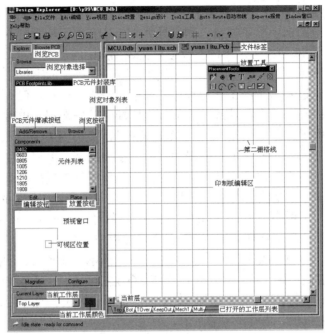

图 5-2　Protel 99 SE PCB 编辑器窗口

5.2.2　PCB 编辑器界面

Protel 99 SE 的 PCB 编辑窗口如图 5-2 所示，菜单栏内包含"File"(文件)、"Edit"(编辑)、"View"(视图)、"Place"(放置)、"Design"(设计)、"Tools"(工具)、"Auto Route"(自动布线)等菜单，这些菜单及其命令的用途随后会逐一介绍。

与原理图编辑器相似，在 PCB 编辑、设计过程中，除了可使用菜单命令操作外，PCB 编辑器也将一系列常用的菜单命令以工具"按钮"形式罗列在"工具栏"内，用鼠标单击工具栏内的某一工具按钮，即可迅速执行相应的操作，方便、快捷。PCB 编辑器提供了主工具栏(Main Toolbar)、放置工具(Placement Tools)栏(窗)，必要时可通过"View"菜单下的"Toolbars"命令打开或关闭这些工具栏(窗)。缺省时这两个工具栏均处于打开状态。

主工具栏(窗)内各工具的作用与 SCH 编辑器主工具栏相同或相近，在此不再介绍。放置工具栏内的工具名称如图 5-3 所示。

启动后，PCB 编辑区内显示的栅格线是

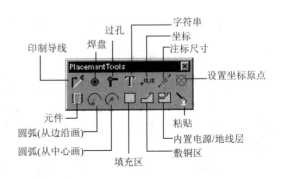

图 5-3　放置工具栏内的工具

第二栅格线，大小为 1000 mil，即 25.4 mm。在编辑区下方列出了目前已打开的工作层和当前所处的工作层。

PCB 浏览窗(Browse PCB)内显示的信息及按钮种类与当前浏览对象有关，如图 5-4 所示，单击"Browse"选择框下拉按钮，即可选择相应的浏览对象，如"Libraries"(元件封装库)、"Components"(元件)、"Nets"(节点)、"Net Classes"(节点组)、"Component Classes"(元件组)、"Violations"(违反设计规则)、"Rules"(设计规则)等。

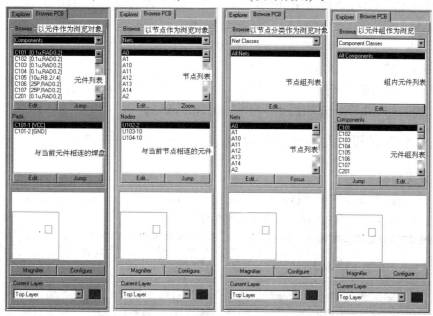

图 5-4　不同浏览对象对应的浏览窗

浏览对象的选择又与当前操作状态有关，例如在手工放置元件封装图时，可选择"Libraries"(元件封装图库)作为浏览对象(如图 5-2 所示)；在手工调整元件布局过程中，可选择"Components"(元件)作为浏览对象；在手工调整布线过程中，可选择"Nets"(节点)作为浏览对象；在元件组管理操作(如在组内增加或删除元件)过程中，可选择"Component Classes"(元件组)作为浏览对象；在节点组管理操作(如在组内增加或删除节点)过程中，可选择"Net Classes"(节点组)作为浏览对象；而在浏览、纠正设计错误时，可选择"Violations"(违反设计规则)作为浏览对象。

PCB 编辑器内工具栏的位置也可移动，例如将鼠标移到工具栏上的空白位置，按下鼠标左键不放，移动鼠标即可调整工具栏位置。当工具栏移到工作区内时，会自动变成"工具窗"；反之，将"工具窗"移到工作区边框时又会自动变成工具栏。

在 Protel 99 SE PCB 编辑器中，单击"Design"菜单下的"Options…"命令，在"Options"(选项)标签窗口内，选择英制(单位为 mil，即 1/1000 英寸)或公制(单位为 mm)作为长度计量单位，彼此之间的换算关系如下：

$$1 \text{ mil} = 0.0254 \text{ mm}$$

$$10 \text{ mil} = 0.254 \text{ mm}$$

$$100 \text{ mil} = 2.54 \text{ mm}$$

$$1000 \text{ mil}(1 \text{ 英寸}) = 25.4 \text{ mm}$$

5.3　手工设计单面印制板——Protel 99 SE PCB 基本操作

为了便于理解 PCB 编辑器的基本概念，掌握 PCB 设计的基本操作方法，下面以手工设计图 2-35 所示电路的印制板为例，介绍 Protel 99 SE PCB 编辑器的基本操作。掌握手工布局、布线技能非常必要，因为无论 EDA 软件自动布局、布线功能如何完善，也无法适应不同功能、不同用途、不同工作频率、不同电磁兼容性要求的电路板。其实一块散热良好、抗干扰能力强、布局及布线合理规范、美观大方的 PCB 板，在完成电原理图编辑后，往往通过手工方式完成布局、布线操作。

图 2-35 所示电路很简单，元件数量少，完全可以使用单面板，元件尺寸不大，电路板尺寸暂取 2000 mil × 1500 mil(相当于 50.8 mm × 38.1 mm)。

5.3.1　工作参数的设置与电路板尺寸规划

1. 设置工作层

执行"Design"菜单下的"Options"命令，在弹出的"Document Options"(文档选项)窗内，单击"Layers"标签(如图 5-5 所示)，选择工作层。

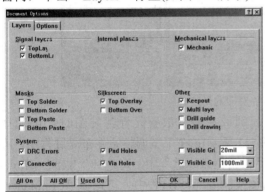

(a) 双面板工作层　　　　　　　　　(b) 多层板工作层

图 5-5　选择 PCB 编辑器的工作层

1) Signal layers(信号层)

Protel 99 SE PCB 编辑器最多支持 32 个信号层，其中：

● TopLayer(顶层)即元件面，是元器件主要的安装面。在单面板中不能在元件面内布线，只有在双面板或多层板中才允许在元件面内布线。不过在单面板中，由于元件面内没有覆铜，表面封装元器件(包括 SMC 封装元件，如电阻、电容等；以及 SMD 封装器件，如三极管、各类 IC 等)只能放置在焊锡面内；而在双面板、多层板中，包括表面封装元器件在内的所有元件，应尽可能安装在元件面上，只有在特殊情况下，才考虑在焊锡面上放置小尺寸的表面封装元器件，如小尺寸贴片电阻、电容，SOP、QFP 封装重量较轻的 IC。

● BottomLayer(底层)即焊锡面，主要用于布线。焊锡面是单面板中唯一可用的布线层，同时也是双面板、多层板的主要布线层(但在以贴片元件为主的双面印制板中，元件面却是主要的布线层)。

● MidLayer1～MidLayer30 是中间信号层，主要用于放置信号线。只有 6 层以上的多层电路板才需要在中间信号层内布线(对于双面板来说，不存在中间信号层，如图 5-5(a)所示；对于 4 层板来说，中间两层分别是电源层和内地线层，也不存在中间信号层)。

2) Internal planes(内电源/地线层)

Protel 99/99 SE PCB 编辑器最多支持 16 个内电源/地线层，主要用于放置电源/地线网络。在 4 层以上电路板中，信号层内需要与电源或地线相连的印制导线可通过元件引脚焊盘或过孔与内电源/地线层相连，极大地减少了电源/地线的连线长度。另一方面，在多层电路板中，可充分利用内地线层对电路板中容易产生电磁辐射或受干扰的部位进行屏蔽，使电磁兼容性指标容易达到要求。

在单面板和双面板中，电源线、地线与信号线在同一层内走线，因此不存在内电源/地线层。

3) Mechanical layers(机械层)

机械层不具备电气特性，主要用于放置电路板上一些关键部位的注标尺寸信息、印制板边框以及电路板生产过程中所需的对准孔。

Protel 99 SE 允许同时使用 4 个机械层，但一般只需使用 1～2 个机械层。例如，将对准孔、印制板边框等放在机械层 4(Mechanical4)内(打印时一般需与其他层套叠打印，以便对准)；而注标尺寸、注释文字等放在机械层 1 内(打印时不一定要套叠打印)。

但在印制电路板上固定大功率元件所需的螺丝孔以及电路板安装、固定所需的螺丝孔，一般以孤立焊盘形式出现，并放在 Multi Layer(多层)内。这样焊盘的铜环可作垫片使用，另外对于需要接地的元件，如三端稳压器散热片的固定螺丝孔焊盘，可直接放在接地网络节点上。

4) Masks (掩膜层)

Masks 包括 Solder Mask (阻焊层)和 Paste Mask(焊锡膏层)。

● Top Solder (元件面阻焊层)和 Bottom Solder (焊锡面阻焊层)。设置阻焊层的目的是为了防止波峰焊接时，连线、填充区、敷铜区等不需焊接的地方也粘上焊锡，产生桥接现象，由此提高焊接质量，减少焊料损耗。在电路板上，除了需要焊接的地方(主要是元件引脚焊盘、硬跨线焊盘)外，均涂上一层阻焊漆(阻焊漆一般呈绿色或黄色，因此涂阻焊漆工艺也称为"上绿漆"工艺)。这样将元件插入电路板(这一工序称为"插件")后，送入锡炉焊接时，没有阻焊漆覆盖的导电图形，如元件引脚焊盘，将粘上焊锡，使元件引脚与焊盘连在一起，而被阻焊漆覆盖的导电图形，就不会粘上焊锡。对于手工焊接的电路板，在阻焊层的保护下，焊点也会均匀、光滑一些。此外，阻焊漆对印制电路板导电图形也有一定的保护作用，起到防潮、防腐蚀、防霉以及防止机械擦伤等。

此外，对于需要通过大电流的印制导线，在线宽(在铜箔厚度为 50 μm 的标准印制板上，电流容量与线宽关系约为 1 A/mm)不能满足要求的情况下，可在相应的阻焊层内印制导线上方放置一条比印制导线略小、走向相同的线条(即在阻焊层内印制导线上开窗口)，以便焊接时借助敷锡方式增加印制导线的有效厚度，减小印制导线的电阻，提高电流容量。

● Top Paste (元件面焊锡膏层)和 Bottom Paste (焊锡面焊锡膏层)。设置焊锡膏层的目的是为了便于贴片元器件的安装。随着集成电路技术的飞速发展，电子产品体积越来越小，系统工作频率越来越高，集成电路芯片的传统封装方式，如双列直插式(DIP)、单列直插式

(SIP)、PLCC、引脚网格阵列(PGA)等芯片封装方式已明显不适应电子产品小型化、微型化要求。在一些电子产品，如笔记本电脑、计算器、便携式 CD 唱机、各类家电遥控器等产品的电路板上，广泛采用表面封装元器件，如贴片封装集成电路芯片，甚至电阻、电容、电感、二极管、三极管等分立元件也广泛采用无引线封装方式，以缩短元件引线长度，减小引线寄生电感、电阻及电容。在 PCB 加工过程中，表面封装元件引脚无须钻孔，提高了工效，降低了 PCB 制作成本。此外，表面封装元件在焊接前，无须"弯脚"，焊接后也不用"剪脚"，减少了电路板生产工序，提高了效率，降低了成本。

贴片元件(包括无引线封装的分立元件)安装方式与传统穿通式元件安装方式不同，贴片元件安装过程包括刮锡膏→贴片(手工贴片或在专用的贴片机上进行)→回流焊。在"刮锡膏"工艺中就需要一块掩膜板，其上有很多方形小孔，每一方形小孔对应贴片封装元件引脚的一个方形焊盘。在刮锡膏过程中，锡膏的主要成分是松香和锡末，呈黏糊状，具有一定的粘结性，可将贴片元器件、无引线小功率分立元件等粘贴固定在 PCB 板上。刮锡时，锡膏通过掩膜板上的小孔均匀地涂覆在贴片元件引脚焊盘位置。贴片时，利用锡膏的黏性，贴片元件引脚被粘结到 PCB 板上。但贴片后，贴片元件引脚并没有真正焊接在 PCB 板相应焊盘上，用手轻轻一抹，元件就会移位，甚至脱落，必须送到回流焊接炉加热，使焊锡膏中的锡末熔化变成焊点(在加热焊接过程中，焊锡膏中的松香首先熔化，变成液态，一方面保护锡末不受氧化，另一方面，高温下的松香能提高焊锡活性，它是电子产品焊接工艺中常用的助焊剂，保证元件引脚与焊盘可靠连接)，以完成贴片元件的焊接过程。

Paste Mask(焊锡膏层)就是刮锡膏操作时所需的掩膜板。可见，只有在采用贴片元件的印制板上，才需要 Paste Mask 层。由于贴片元件一般安装在元件面内，因此在含有贴片元件的印制板上一般只需开放"Top Paste"面。

5) Silkscreen(丝印层)

通过丝网印刷方式将元件外形、序号以及其他说明性文字印制在元件面或焊锡面上，以方便电路板生产过程的插件(包括表面封装元件的贴片)以及日后产品的维修操作。丝印层一般放在顶层(Top Overlayer)，但对于故障率较高、需要经常维修的电子产品，如电视机、计算机显示器、打印机等的主机板，在元件面和焊锡面内均可设置丝印层。

6) Other (其他)

图 5-5 中的"Other"设置框包括如下内容：

● Keepout 即禁止布线层。一般在该层内绘出电路板的布线区，以确定自动布局、布线的范围。在双面、多层板中，不需要孔壁金属化的电路板固定螺丝孔，必须放置在禁止布线层内。

● Multi layer 即多层(多个导电层的简称)。焊盘一般放在"Multi layer"层。对于双面板来说，Multi layer 包含了焊锡面、元件面；对于四层板来说，Multi layer 包含了焊锡面、元件面、内信号层、内电源/地线层。它允许或禁止在屏幕上显示多个导电层信息。当该复选项处于选中状态时，在屏幕上可同时观察到已打开的各导电层内的导电图形、文字信息等。反之，当"Multi layer"选项处于关闭状态时，在屏幕上只能观察到当前工作层上的导电图形。

● Drill guide (钻孔指示层)及 Drill drawing (钻孔层)。这两层主要用于绘制钻孔图以及孔位信息。

单面板、双面板所需工作层如表 5-1 所示。

表 5-1 单面、双面电路板工作层

电路板层数	工作层	用途	说明
单面板	元件面 (Top Layer)	穿通元件安装面	穿通元件唯一的安装面
		丝印层	放置元件序号、参数等说明性文字
	焊锡面 (Bottom-Layer)	布线层	布线及少量表面封装元器件的安装面
		阻焊层	
		焊锡膏层[可选]	在焊锡面上含有表面封装元件时才需要
		丝印层[可选]	一般不需要，只有经常维修的电路板，才考虑在焊锡面上设置丝印层
	禁止布线层	确定布线区	确定元件封装图装入、布线范围，即电气边框
	钻孔层	元件焊盘孔、电路安装固定孔位信息	主要用于指导钻孔。在 PCB 编辑过程中，可暂时不打开
	1～2 个机械层	绘制印制板边框、对准孔等信息	
双面板	元件面 (Top Layer)	元件安装面	放置元器件、布线
		丝印层	放置元件序号、参数等说明性文字
		阻焊层	
		焊锡膏层[可选]	含表面封装元件需要
	焊锡面 (Bottom-Layer)	布线层	
		阻焊层	
		焊锡膏层[可选]	一般元件不安装在焊锡面内，因此无须在焊锡面内设置焊锡膏层
	多层	放置穿通式焊盘、过孔	包含所有打开的工作层
	禁止布线层	放置布线区	确定元件封装图布局和布线区域
	钻孔层	元件焊盘孔、电路安装固定孔位信息	主要用于指导钻孔。在 PCB 编辑过程中，可暂时不打开
	1～2 个机械层	绘制印制板边框、对准孔等信息	

含内电源、地线层的四层电路板的工作层与双面板的相似，差别仅在上、下两信号层间多了内电源层和地线层。

7) System(系统)

● Visible Grid 即可视栅格线(点)开/关。Protel 99 SE PCB 编辑器提供了两种可视栅格，即可视栅格 1 和可视栅格 2，前一个"Visible Grid"选项对应 Visible 1，后一个"Visible Grid"选项对应 Visible 2。

栅格线间距取值与元件布局间距有关，而元件最小间距与两元件间电位差、插件(或贴片)方式有关。

● Pad Holes 即焊盘孔显示开/关。当焊盘孔处于关闭状态时，编辑区内只显示焊盘外形及编号，不显示焊盘内的引线孔。缺省时，不显示焊盘孔径，建议选中该选项，以便在 PCB 编辑过程中能直观地看到元件引脚焊盘孔径的大小。

● Via Holes 即金属化过孔的孔径显示开/关。当金属化过孔的孔径处于关闭状态时，只显示过孔的外形及编号，不显示过孔的孔径。缺省时，不显示过孔的孔径，建议选中该选项，以便在 PCB 设计、编辑过程中能直观地看到过孔的孔径大小。

● Connections 即"飞线"显示控制开/关。当不选择该选项时，执行"Update PCB…"命令或装入网络表文件后在 PCB 编辑区内观察不到表示元件引脚电气连接关系的"飞线"。在手工调整元件布局操作过程中，借助"飞线"可即时了解平移、旋转元件操作的效果，例如旋转某一元件后，"飞线"交叉比旋转前少，说明旋转后连线变短，可保留旋转操作，反之则放弃。

● DRC Errors 即设计规则检查开/关。该选项被选中时，在移动或放置元件、印制导线、焊盘、过孔等导电图形操作过程中，相邻元件封装图的外轮廓线小于元件安全间距时，如图 5-6(a)所示；或相邻的导电图形(印制导线、焊盘、过孔、敷铜区或填充区)间距小于导电图形安全间距时，如图 5-6(b)所示，则元件或与导电图形相连的导线、焊盘等显示为绿色，提示这两个元件或导电图形间距小于设定值。

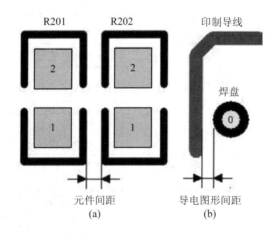

图 5-6　安全间距

元件安全间距缺省值为 10 mil，即 0.254 mm。单击"Design"菜单下的"Rule…"命令，在"Design Rule"窗口内，修改"Placement"标签下的"Component Clearance Constraint"选项内容，重新设定元件安全间距。

导电图形安全间距缺省值为 10 mil。单击"Design"菜单下的"Rule…"命令，在"Design Rule"窗口内，修改"Rule Classes"标签下的"Clearance Constraint"选项内容，选择导电图件的安全间距。

2. 设置可视栅格大小及格点锁定距离

执行"Design"菜单下的"Options"命令，并在弹出的"Document Options"(文档选项)窗内，单击"Options"标签(如图 5-7 所示)，选择可视元件最小间距、栅格形状以及锁定格点距离等。

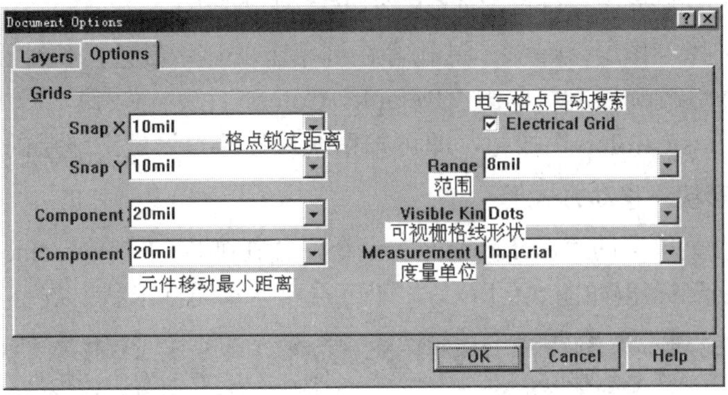

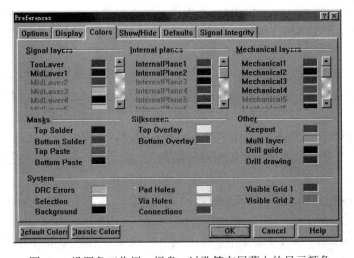

图 5-7　设置 PCB 编辑区可视格点大小

可视栅格线形状可以选择线点(Dot)或线(Line)形式。

格点锁定距离为 10 mil，电气格点自动搜索范围缺省时为 8 mil。在以集成电路为主的电路板中，为了便于在集成电路引脚之间走线，可将格点锁定距离设为 10 mil，相应地，电气格点自动搜索范围设为 4 mil。

格点锁定距离(Snap)大小与最小布线宽度及间距有关，例如，当最小布线宽度为 d_1，最小布线间距为 d_2 时，可将格点锁定距离设为 $d_1 + d_2$，这样连线时，可保证最小线间距为 d_2。

测量单位可选择公制(Metric)或英制(Imperial)。选择公制时，所有尺寸以 mm 为单位；选择英制时，以 mil 为单位。尽管我国采用公制，长度单位为 mm，但由于元器件，如集成电路芯片尺寸、引脚间距等均以 mil 为单位，因此，选择英制单位时，操作更方便，定位更精确。

此外，在 PCB 窗口内，可通过"View"菜单下的"Toggle Units"命令快速选择公制或英制单位。

3. 选择工作层、焊盘、过孔等在屏幕上的显示颜色

执行"Tools"菜单下的"Preferences"命令，并在弹出的"Preferences"(特性选项)窗内，单击"Color"标签，如图 5-8 所示，即可重新设置各工作层、焊盘、过孔等的显示颜色。

图 5-8　设置各工作层、焊盘、过孔等在屏幕上的显示颜色

将鼠标移到相应工作层颜色框内，单击左键，即可调出"Choose Color"(颜色选择)设置窗，单击其中某一颜色后，再单击"OK"按钮关闭即可。

尽管可重新选择工作层、焊盘、过孔等在屏幕上的显示颜色，但建议最好采用系统给定的缺省值，无需更改颜色值。单击"Defaults Colors"(缺省)按钮，即恢复所有工作层的缺省色；单击"Classic Colors"按钮，即可按系统最佳配置设定工作层的颜色。

4. 选择光标形状、移动方式等

执行"Tools"菜单下的"Preferences"命令，并在弹出的"Preferences"(特性选项)窗内，单击"Options"标签(如图 5-9 所示)，即可重新设置光标形状、屏幕自动更新方式等。

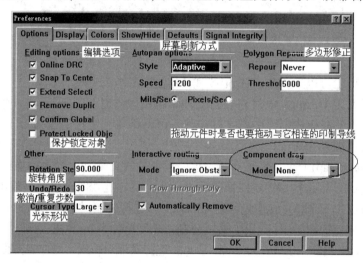

图 5-9　设置光标形状、移动方式

1) Editing options(编辑选项)

● Online DRC：允许/禁止"设计规则"的在线检查。

● Snap To Center：对准中心，缺省时处于禁止状态。当该项处于选中状态时，在移动元件操作过程中，光标自动对准操作对象的原点。例如，将鼠标移到元件封装图上，按下左键时，光标自动移到元件第一引脚焊盘的中心(元件的原点一般是元件第一引脚焊盘的中心)；将鼠标移到元件序号、注释信息等字符串上，按下左键时，光标自动移到字符串左下方。

反之，当"Snap To Center"选项处于禁止状态时，在移动操作对象过程中，当前鼠标所在位置就是光标与操作对象相连的位置。该项设为禁止或允许状态，对编辑操作均影响不大。

● Extend Selection：允许/禁止同时存在多个选择框，缺省时处于允许状态。当"Extend Selection"选项处于禁止状态时，在编辑操作过程中，选定某一区域后，再选择另一区域时，前一区域的选中标记自动消失，即最多只存在一个选择框。

● Remove Duplicate：禁止/允许自动删除重复元件。当该选项处于选中状态时，将自动删除序号重复的元件。

● Confirm Global：当该项处于选中状态时，修改操作对象前将给出提示信息。

● Protect Locked Objects：保护被锁定的对象。

2) Autopan options(屏幕刷新方式)

- Style：选择屏幕自动移动方式。
- Speed：定义移动步长。

3) Other(其他)

- Rotation Step：旋转操作时图件(如元件封装图)旋转角，缺省时为 90°。例如，将鼠标移到某一操作对象上，按住鼠标左键不放，每按空格键一次，操作对象就按顺时针方向旋转由"Rotation Step"选项指定的角度。一般无须修改旋转角，但当元件沿圆弧均匀分布时，则需要设置旋转角，然后再通过旋转、平移等操作使元件均匀分布在圆弧上。
- Undo/Redo：(撤消/重复)操作步数。
- Cursor Type：光标形状。光标形状的选择与当前操作方式有关，例如在手工调整元件布局、手工修改布线等过程中，最好选择"Large 90"光标，这样容易判别元件引脚焊盘是否在同一水平或垂直线上。

4) Interactive routing(交互布线模式)

- Mode：选择相互作用布线模式。当该项设为"Ignore Obstacle"(忽略)时，连线操作过程中即使两者的距离小于安全间距，也同样可以画线，为了保证连线与连线、焊盘或过孔等之间的距离大于安全间距，最好采用"Avoid Obstacle"(避开)方式。
- Automatically Remove：自动清除回路布线。选中该项时，在手工调整布线操作过程中，两电气节点间重新连线后，会自动删除原来的连线。

5) Component drag(元件拖动方式)

可选择"None"(只移动指定元件)或"Connected Tracks"(与元件相连的导线)。一般选择 None 方式。

6) 显示方式设置

单击图 5-8 中的"Display"(显示)标签，选择显示方式。显示方式选项较多，其中比较重要且常需要重新设定的如下：

- Highlight in full：设置选取图元高亮度显示是否充满整个屏幕。
- Use Net Color for Highlight：设置是否使用网络颜色显示高亮度图元。
- Single Layer Mode：设置是否只显示当前工作层。在这种情况下，屏幕上仅观察到当前工作内的图形符号。
- Redraw Layer：重新绘制工作层。
- Transparent Layer：设置透明显示模式。

5.3.2　元件封装库的装入

PCB 元件封装图形库存放在"Design Explorer 99 SE\Library\PCB"文件夹内三个不同的子目录下，其中"Generic Footprints"文件夹存放了通用元件封装图，Connectors 文件夹存放了连接类元件封装图，"IPC Footprints"文件夹存放了遵守 IPC(Institute of Print Circuit)规范的表面安装元件的封装图。

常用元器件封装图形存放在 Design Explorer 99 SE\Library\PCB\Generic Footprints\ADVPCB.ddb 图形库文件中，因此在 PCB 编辑器中一般需要装入 ADVPCB.ddb 元件封装图形库，操作过程如下：

(1) 单击"Browse PCB"按钮,进入 PCB 编辑界面;在 PCB 编辑器窗口内,单击"Browse"(浏览)窗内的下拉按钮,选择"Libraries"(元件封装图形库)作为浏览对象。

(2) 如果元件库列表窗内没有列出所需元件封装图形库,如 PCB Footprints.Lib,可单击"Add/Remove"按钮。在图 5-2 所示的"PCB Libraries"窗口内,不断单击"搜寻(I)"下拉列表窗内的目录,将 Design Explorer 99 SE\Library\PCB\Generic Footprints 目录作为当前搜寻目录,在 PCB 库文件列表窗内,寻找并单击相应的库文件包,如 ADVPCB.ddb,再单击"Add"按钮,即可将指定图形库文件加入到元件封装图形库列表中,然后再单击"OK"按钮,退出图 5-10 所示的"PCB Libraries"窗口。

图 5-10   "PCB Libraries"管理窗口

当然直接双击文件包列表窗口内对应的库文件包,同样可将指定库文件(包)加入到元件封装图形库(包)列表中。

(3) 在元件库列表窗内,找出并单击"PCB Footprints.Lib",将它作为当前元件封装图形库,库内的元件封装图形即显示在"Components"(元件列表)窗内,如图 5-2 所示。

所谓元件封装图,就是元件外轮廓形状及引脚尺寸,它由元件引脚焊盘大小、相对位置及外轮廓形状、尺寸等部分组成,图 5-11 给出了电阻、电容、三极管及部分集成电路传统穿通式(AXIAL 轴向封装与 DIP 封装),以及贴片元件封装(包括 SMD、SOT-23、LCC、QFP 等)图外形与各部分名称。

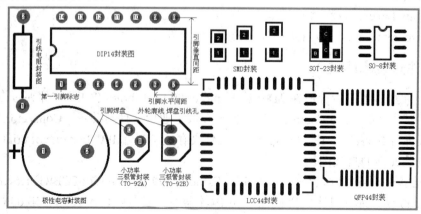

图 5-11   元件常见封装图举例

5.3.3　画图工具的使用

装入元件封装图形库，设置工作层及有关参数后，不断单击主工具栏内的"放大"按钮，适当放大编辑区，然后就可以在编辑区内放置元件、连线和焊盘等。

1. 放置元件

使用商品化 EAD 软件进行 PCB 设计时，一般并不需要通过手工方式将元件封装图放置到 PCB 编辑区内，例如在 Protel 99 SE 中，完成了原理图编辑后，执行 SCH 编辑器窗口内 "Design"(设计)菜单下的 "Update PCB" 命令即可将元件封装图及其电气连接关系传送到 PCB 编辑区内。下面介绍手工放置元件操作，仅仅是为了让读者掌握画图工具中的 "放置元件" 工具的使用方法。

手工放置元件操作与后面介绍的元件手工布局操作要领相同，先确定电路板中核心或对放置位置有特殊要求的元件位置。在图 2-35 所示电路中，首先放置的元件应该是 9013 三极管，序号为 Q1，假设封装形式为 TO-92A。

在 Protel 99 SE 编辑器中，放置元件的操作过程与在原理图编辑 SCH 中放置元件的操作过程相同。例如，在图 5-2 所示的 "Browse PCB" 窗口内，在 "Components"(元件列表)窗口内找出并单击元件封装图，如 TO-92A 后，再单击 "Components"(元件列表)窗口下的 "Place" 按钮，将元件直接拖进 PCB 编辑区内。用这种方式放置元件操作简单、快捷。

当然也可以利用 "画图" 工具栏内 "放置元件" 工具放置元件封装图，操作过程如下：

(1) 单击 "画图" 工具栏内的 "放置元件" 工具，在图 5-12 所示窗口内，直接输入元件的封装形式、序号和注释信息。

图 5-12　放置元件对话窗

封装形式和序号不能省略，可在 "Comment"(注释信息)文本盒内输入元件的型号，如 "9013" 或元件的大小，如 "51"、"1k" 等。但注释信息并不必需，有时为了保密，故意不给出元件型号、大小，或制版时隐藏注释信息。

如果操作者不能确定元件的封装形式，可单击图 5-12 中的 "Browse"(浏览)按钮，将出现图 5-13 所示的对话窗。

在元件列表窗内单击不同元件(或按键盘上的上、下光标控制键)，即可迅速观察到库内元件的封装图，找到指定元件后，单击 "Close" 按钮关闭浏览窗口，返回图 5-12 所示的放置元件对话窗。

(2) 单击 "OK" 按钮，所选元件的封装图即出现在 PCB 编辑区内，如图 5-14 所示。

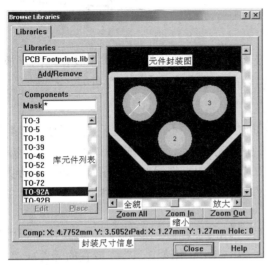

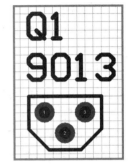

图 5-13　浏览元件封装形式　　　　图 5-14　处于浮动状态的元件封装图

(3) 移动鼠标，将元件移到适当位置后，单击鼠标左键固定即可。

在PCB中放置元件封装图的操作过程与在SCH编辑器中放置元件电气图形符号的操作过程基本相同，在元件未固定前，可按如下按键调整方向：

- 空格键：旋转元件的方向。
- X 键：使元件关于 X 轴对称。
- Y 键：使元件关于 Y 轴对称。

这里需要说明是：在 PCB 编辑器中，尽管可通过 X、Y 键使处于激活状态的元件关于左右或上下对称，但一般不要进行对称操作，否则可能造成元件无法安装的弊端。

按下 Tab 键，进入元件属性对话窗，以便修改元件序号、注释信息等内容。元件属性对话窗如图 5-15 所示。

元件一般要放在顶层(Top Layer，即元件面内)，只有单面板例外，例如在以贴片元件为主的单面板中，才需要将穿通封装元件放在 Bottom 层(即焊锡面)内；反之，在以穿通元件为主的单面中，才需要将少量贴片封装元件放在 Bottom 层内。

图 5-15　元件属性对话窗

对于带引脚、以穿通方式固定的元件来说，原则上不允许将元件放在焊锡面内。如果错将本该放在元件面上的元件放到焊锡面内，则元件左右将颠倒，安装时也只能从焊锡面插入。对于单面板来说，由于元件引脚焊盘孔内没有金属化，也没有可以固定元件引脚的焊盘——无法通过引脚焊盘固定元件，即使勉强固定，也不能使引脚与印制导线相连。因此，在单面板中放在焊锡面内、以穿通方式安装的元件，实际上将无法安装。而在双面板中，尽管元件面内存在固定元件引脚的焊盘，但放在焊锡面内的元件，插件、焊接时均需要特殊处理，非常不便。

"Lock Prims"选项的含义是锁定元件边框内的图件。一般要选中，否则在移动元件操作过程中，很可能只移动了元件边框内的单一图件，如引脚焊盘，从而改变了元件封装图内各图件(如引脚焊盘)的相对位置。

必要时，也可以单击图 5-15 中的序号标签和注
释标签，修改元件序号和注释属性(直接双击元件序
号或注释信息本身也能迅速激活序号或注释属性对
话窗)。元件序号、注释信息属性设置窗与元件属性
设置窗类似，一般情况下，序号、注释信息放在 Top
Overlay(即元件面的丝印层)上。

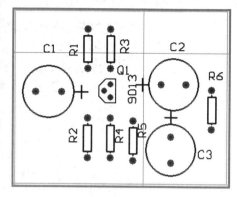

用同样方法将电阻 R1～R6 的封装图(假设封装
形式为 AXIAL0.3)、电容 C1～C3 的封装图(假设封装
形式为 RB.2/.4)放在三极管 Q1 附近，如图 5-16 所示。

在放置元件、手工布局、连线操作过程中，为了
便于观察，可将元件型号或大小等注释信息，甚至序

图 5-16　放置元件

号暂时隐藏起来，待连线结束后，编辑丝印层时再逐一修改元件属性，将隐藏的注释信息
显示出来(在元件属性窗口内，单击"Comment"(注释)标签，选中"Hide"，即隐藏当前或
全部元件型号、大小等注释信息)。

在 PCB 编辑器中，只能通过"Edit"菜单下的"Delete"命令删除多余的元件、焊盘等
图件(但印制导线删除操作与在 SCH 编辑器中删除连线操作相同，将鼠标移到待删除的导线
段上，单击左键选中后通过键盘上的 Delete 键删除)。

元件序号、注释信息等是元件的组成部分之一，不能单独删除(除非删除元件本身)，只
可以修改、移动或旋转。

2. 连线前的准备——进一步调整元件位置

手工布局操作只是大致确定了各元件的相对位置，布线(无论是手工连线还是自动布线)
操作前，需要进一步调整元件位置，使元件在印制板上的排列满足下列要求：

(1) 设定导线与导线、引脚焊盘之间的距离大于安全间距(即最小间距)。

执行"Design"(设计)菜单下的"Rule..."命令，在图 5-17 所示的窗口内设置安全间距。

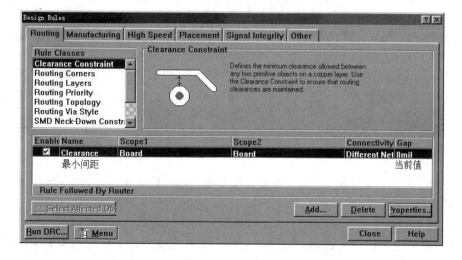

图 5-17　安全间距设置

如果导电图形的安全间距太小，可单击图 5-17 中的"Properties…"按钮，进入导电图形安全间距设置窗(如图 5-18 所示)，重新设定安全间距。

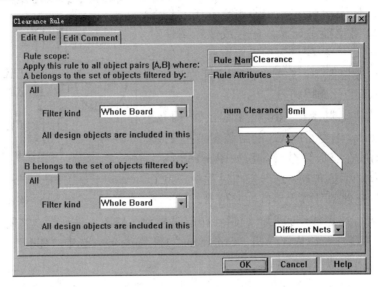

图 5-18　修改安全间距

如果元件安全间距不足，可单击图 5-17 中的"Placement"标签，进入放置选项设置窗口，在图 5-19 所示窗口内，单击"Properties…"按钮，进入元件安全间距设置项，重新设定元件安全间距。

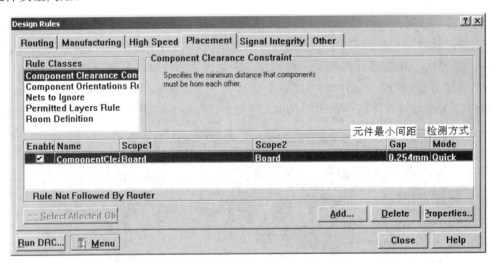

图 5-19　元件安全间距设置

安全间距不仅与工艺有关，还与元件、两导电图形间的电位差、长短有关，可参阅第 7 章相关内容。

(2) 根据电路板工作频率选择元件在电路板上的排列方式。

元件在电路上的排列方式可大致分为三种：不规则排列、坐标排列和坐标格排列，如图 5-20 所示。

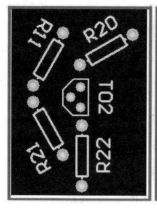　　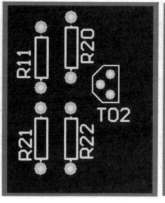　　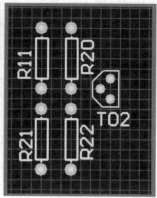

不规则排列　　　　　　　坐标排列　　　　　　　　坐标格排列

图 5-20　元件排列方式

　　在不规则排列方式中，元件在电路板上的朝向没有限制，显得零乱，没有美感，但可以充分利用电路板面积，连线短，连线寄生电感、电阻小，多用于高频，尤其是微波电路中。

　　在坐标排列方式中，元件轴线与电路板边框平行或垂直，即元件按水平或垂直方向放置，排列相对整齐、美观，插件或贴片工效较高，适合批量生产，但连线比不规则方式要长，适用于中、低频高密度电路板中。

　　在坐标格排列方式中，除了要求元件轴线与电路板边框平行或垂直外，还必须保证元件引脚焊盘位于格点上。标准格点间距多为 25 mil(0.635 mm，适合高密度布线)、50 mil(1.27 mm，适合中等密度布线)、100 mil(2.54 mm，适合低密度布线)。元件、焊盘、过孔等排列整齐、美观，印制板钻孔定位迅速、精度高，插件时轴向引线封装元件弯脚、表面封装元件贴片等工序效率高，适合大批量生产，但连线长，也只适用于中、低频电路。

　　除微波电路板外，一般情况下，电路板上的元件尽可能按"坐标格"或"坐标"方式排列，以提高量产条件下的工效，降低成本。

　　完成元件装入、初步布局后，可通过平移、旋转等操作方式调整元件及其序号的位置(但一般不允许"对称"操作，否则将无法插件或贴片)。在 PCB 编辑器中，调整元件及其序号的操作方法与 SCH 编辑器基本相同，关于移动、旋转、删除等操作方法可参阅第 2 章的有关内容，这里不再重复。例如，将鼠标移到元件框内任一点，按住鼠标左键不放，移动鼠标即可将元件移到另一位置(当然也可以通过菜单命令实现)，在移动过程中也可以通过空格键进行旋转操作。

　　(3) 元件排列方向与焊接方式及走板方向满足工艺要求。

　　根据电路板几何尺寸，在丝印层内标出焊接走板方向，然后按工艺要求调整元件排列方向。

　　(4) 布线或连线前，所有引脚焊盘必须位于栅格点上，使连线与焊盘之间的夹角为135°或180°，以保证连线与元件引脚焊盘连接处的电阻最小。

　　操作方法：执行"Tools"菜单下的"Align Components\Move To Grid…"(移到栅格点)命令，将所有元件引脚焊盘移到栅格点上。

调整结果如图 5-21 所示。

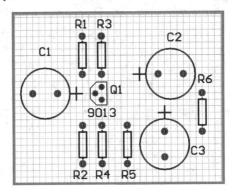

图 5-21　调整元件位置

3. 放置印制导线

对于手工编辑来说，完成了元件位置的精确调整后，就可以进入布线操作；对于自动布线来说，完成了元件位置的精确调整后，就可以进入预布线操作。

手工布线操作过程如下：

(1) 在 PCB 编辑器窗口下已打开的工作层列表中，单击印制导线放置层。对于单面板来说，只能在 Bottom Layer，即焊锡面上连线。

(2) 执行"Design"菜单下的"Rules…"命令，单击"Routing"标签，再单击"Rules Classes"(规则类别)选项框内的"Width Constraint"(布线宽度)，即可进入线宽设定状态，如图 5-22 所示。

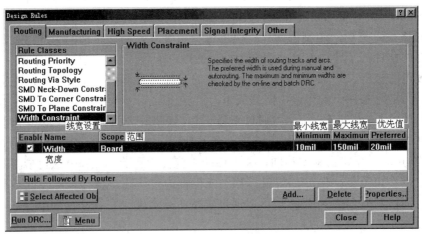

图 5-22　导线宽度设置

线宽适用范围一般是 Board(即整个电路板)，如果最小线宽与最大线宽相同，可单击图 5-19 中的"Properties"按钮，进入线宽设置对话窗，如图 5-23 所示。

在最大-最小线宽设置窗口内分别输入最大线宽和最小线宽，并确定适用范围后，单击"OK"按钮返回图 5-22 所示的窗口。

(3) 在图 5-22 所示窗口内，找出并单击"Routing Corners"(布线转角规则)，显示当前布线转角方式，如图 5-24 所示。

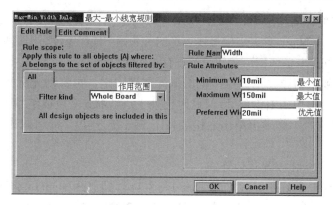

图 5-23　最大-最小线宽设置窗

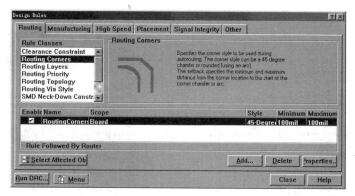

图 5-24　布线转角方式

一般采用 45°转角方式，必要时可单击"Properties…"按钮进行修改。

(4) 单击放置工具栏内的"放置导线"工具，将光标移到连线的起点，单击鼠标左键固定，移动鼠标，即可看到一条活动的连线。

如果导线宽度不满足要求，在固定导线起点后，未按鼠标左键固定导线转折点、终点前，可按 Tab 键，激活"Interacting Routing"(交互式规则)，在图 5-25 所示窗口内设置导线宽度。

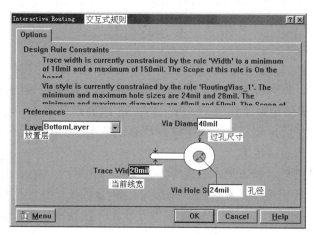

图 5-25　导线宽度设置窗

选定了导线宽度、所在层后，单击"OK"按钮退出导线宽度交互式设置窗。

同一电路板内，电源线、地线、信号线三者的关系是：地线宽度>电源线宽度>信号线宽度，最小线宽与最小线间距取值依据可参阅第 7 章有关内容。

(5) 移动光标到印制导线转折点，单击鼠标左键固定，再移动光标到印制导线的终点，单击鼠标左键固定，再单击右键终止(但这时仍处于连线状态，可以继续放置其他印制导线。当需要取消连线操作时，必须再单击右键或按下 Esc 键返回)，即可画出一条印制导线，如图 5-26 所示。

重复以上操作，继续放置其他连线。

(6) 当需要改变已画好的导线宽度时，可将鼠标移到已画好的印制导线上，双击鼠标左键，激活"Track"的"Properties"(导线属性)设置窗(如图 5-27 所示)，重新选择导线宽度、所在层等。

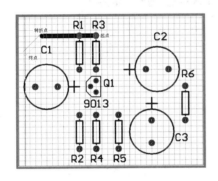

图 5-26　在焊锡面上绘制的一条导线

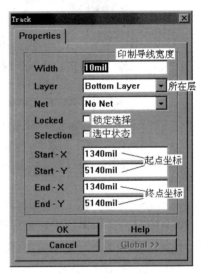

图 5-27　导线属性设置窗

在 PCB 编辑器中，删除、移动、拉伸、压缩一段印制导线的操作方法与在 SCH 编辑器中删除连线或直线段的操作方法相同，这里不再重复。

4. 焊盘

焊盘也称为连接盘，与元件引脚相关，或者说焊盘是元件封装图的一部分。在印制板上，仅使用少量孤立焊盘，作为少量飞线、电源/地线或输入/输出信号线的连接盘以及大功率元件固定螺丝孔、印制板固定螺丝孔等。在 Protel 99 SE PCB 编辑器中，元件引脚焊盘的大小、形状均可重新设置。穿通封装元件引脚焊盘外径 D、焊盘孔径 d1、元件引脚直径 d2 彼此之间的关系可参阅第 7 章有关内容。

焊盘形状可以是圆形、长方形、长圆形、椭圆、八角形等，如图 5-28 所示。为了增加焊盘的附着力，在中等密度布线条件下，一般采用椭圆形或长圆形焊盘，因为在环宽相同的情况下，长圆形、椭圆形焊盘面积比圆形和方形大；在高密度布线情况下，常采用圆形或方形焊盘。

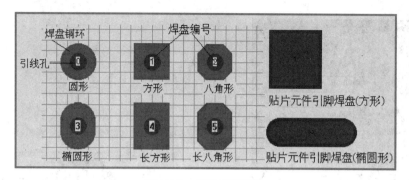

图 5-28 常用焊盘形状

为了保证焊盘与焊盘之间、焊盘与印制导线之间的最小距离不小于设定值，在高密度布线电路板设计中，需要灵活选择某一元件或某一元件中个别焊盘的形状。例如，当需要在集成电路引脚之间走线时，可能需要将元件焊盘由圆形改为长方形或椭圆形，以便在不降低焊盘附着力的条件下，减小焊盘尺寸(但不能随意改变引线孔大小)，为在引脚间走线提供方便。必要时，选用尺寸相同、焊盘形状不同的器件封装形式，如将 DIP 封装改为 ILEAC 封装。

为使印制导线与焊盘、过孔的连接处过渡圆滑，避免出现尖角，在完成布线后，可在焊盘、过孔与导线连接处放置泪滴焊盘或泪滴过孔。

下面以在图 5-26 中增加电源/地线连接盘、输入/输出信号连接盘为例，介绍放置、编辑焊盘的操作方法。

(1) 单击"放置工具"栏内的"焊盘"工具，然后按下 Tab 键，激活"Pad Properties"(焊盘属性)选项设置窗，如图 5-29 所示。

图 5-29 中主要选项含义介绍如下：

● X-Size、Y-Size：其大小决定了焊盘的外形尺寸。对于形状为"Round"(圆形)的焊盘来说，当 X、Y 方向尺寸相同时，焊盘呈圆形；当 X、Y 方向尺寸不同时，焊盘呈椭圆形。对于形状为"Rectangle"(方形)的焊盘来说，当 X、Y 方向尺寸相同时，焊盘呈方形；当 X、Y 方向尺寸不同时，焊盘呈长方形。对于形状为"Octagonal"(八角形)的焊盘来说，当 X、Y 方向尺寸相同时，焊盘呈八角形；当 X、Y 方向尺寸不同时，焊盘呈长八角形，如图 5-28 所示。

● Shape：焊盘形状。

● Hole Size：焊盘引线孔直径。

● Layer：对于单面板来说，焊盘可以放在"Bottom Layer"(焊锡面)上，也可以放在"Multi Layer"(多层)上，但在双面板、多层板中，焊盘只能放在 Multi Layer 上，使所有打开的信号层上均出现焊盘。

在图 5-29 中，选择了焊盘的形状、尺寸以及引线孔直径后，单击"OK"按钮关闭窗口。

(2) 移动光标到指定位置后，单击鼠标左键固定即可。

重复焊盘放置操作，即可连续放置其他的焊盘，结果如图 5-30 所示。

在放置焊盘操作过程中，焊盘的中心必须位于与它相连的印制导线中心上，否则不能保证焊盘与印制导线之间连接可靠。

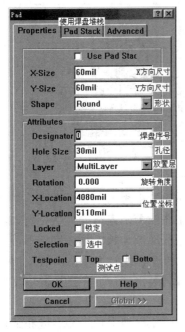

图 5-29　焊盘属性设置

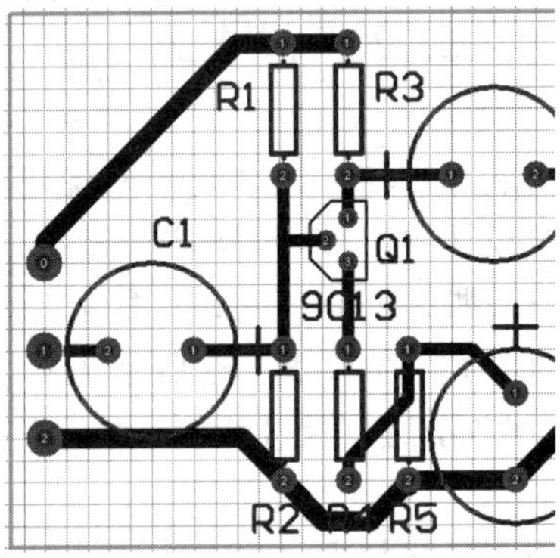

图 5-30　放置了三个焊盘后的效果

5. 过孔

在双面板或多层板中，通过金属化"过孔"使不同层上的印制图形实现电气连接。放置过孔的操作方法与焊盘相同。

单击"放置工具"栏内的"过孔"工具，然后按下 Tab 键，即可激活"Via Properties"(过孔属性)设置框，如图 5-31 所示。

图 5-31 中主要选项含义介绍如下：

● Diameter：过孔外径。

● Hole Size：过孔内径。由于金属化过孔只用于连接不同层的导电图形，孔径尺寸可以小一些，但必须大于板厚的 1/3，否则加工困难。

● Start Layer、End Layer：定义连接层，缺省时是元件面到焊锡面(这适合于双面板)，在多层板中应根据实际情况选定。但一般情况下，尽量避免使用盲孔。

6. 画电路边框

单击 PCB 编辑器窗口下工作层列表栏内的"Mechanical Layer 4"，将机械层 4(Mechanical Layer 4)作为当前工作层，然后利用"画线"工具在机械层 4 内画出电路板的边框。

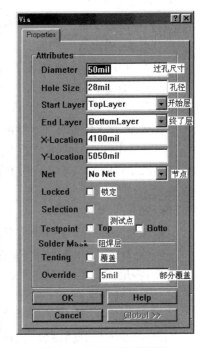

图 5-31　过孔属性设置框

值得注意的是，边框线与元件引脚焊盘的最短距离不能小于 2 mm(一般取 5 mm 较合理)，否则下料困难。

7. 利用"圆弧"、"画线"工具画出对准孔

单击 PCB 编辑器窗口下"Mechanical Layer 4"以将其作为当前工作层，然后利用"圆弧"工具在机械层 4 内画出定位孔，操作过程如下：

(1) 单击"放置工具"栏内的"从中心画圆弧"工具(采用中心画圆法或边缘画圆法均可，但用中心画圆法定位方便一些)。

(2) 将光标移到圆弧的圆心，单击鼠标左键固定圆弧的圆心。

(3) 移动光标调整圆弧半径，然后单击鼠标左键固定圆弧的半径。

(4) 将光标移到圆弧的起点，单击鼠标左键确定。

(5) 将光标移到圆弧的终点，单击鼠标左键确定。

(6) 重复画圆弧操作，画定位孔的内圆，再利用"画线"工具在定位孔内画出两条垂直的线段，于是就形成了对准孔，如图 5-32 所示。

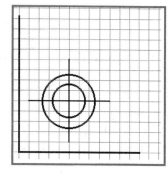

在绘制对准孔时，画出第一个对准孔后，就可以利用"选定"、"复制"、"粘贴"等 Windows 应用程序特有的操作方法，复制出第二、三、四个对准孔。在放置对准孔操作过程中，最好用"放置工具"栏内的"坐标位置"工具，在四角上定出对准孔中心位置后，再将对准孔移到指定点上。

图 5-32　对准孔

8. 编辑、修改丝印层上的元件序号、注释信息

由于在放置元件、手工布局以及手工调整布线等操作过程中，为了不影响视线，常将元件的注释信息(如序号、大小及型号等)隐藏起来。因此，完成以上操作后需要调整丝印层上元件序号、注释信息文字的位置与大小。

在调整元件序号、注释信息时必须注意：位于元件面丝印层上的元件序号以及型号或大小等注释信息可以放在连线上，但最好不要放在元件轮廓线边框内，以免元件安装后，元件体本身将元件序号、注释信息等遮住(焊接面上的元件序号可以放在元件轮廓的边框内)。但无论如何不能将元件序号、注释信息等放在焊盘或过孔上，原因是钻孔后，焊盘引线孔、过孔等位置的基板将不复存在；此外，焊盘铜环处于裸露状态，也不能印上文字信息。

调整元件序号、注释信息后的结果如图 5-33 所示，至此也就完成了这一简单电路印制板的编辑工作。

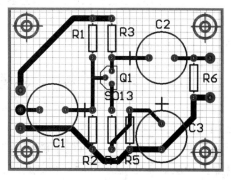

图 5-33　编辑结束后的单面印制板

5.4　信号层及内电源层的管理

利用"File"菜单下"New\PCB"命令创建的 PCB 文件(.PCB)缺省时只有 Top Layer(元件面)和 Bottom Layer(焊锡面)，如图 5-34 所示，没有中间信号层和内电源层，仅适用于单面、双面 PCB。

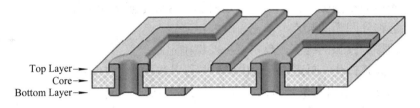

Top Layer →
Core →
Bottom Layer →

图 5-34　用"File"菜单下"New\PCB"命令创建的双面板

为此，可通过"Design"菜单下的"Layer Stack Manager…"(层堆栈管理)命令，选择工作层的参数(包括铜膜厚度、板芯(Core)厚度、介电常数)或增减内电层及中间信号层，获得多层 PCB 板。在布线前将内电层连接到电路中某一节点，如 VCC 或 GND，形成内电源层或内地线层；而中间信号层用于布线，以提高布通率、缩短连线长度。

1. 工作层参数设置

设置工作层参数操作过程如下：

(1) 执行"Design"菜单下的"Layer Stack Manager…"(层堆栈管理)命令，进入图 5-35 所示的层堆栈管理器窗口。

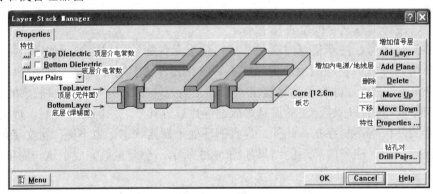

图 5-35　层堆栈管理器窗口

在层堆栈管理器窗口内，可使用"Menu"菜单内的命令操作，也可以直接单击窗口右侧命令按钮进行相应操作，其中：

"Add Plane"用于增加与电路中某一节点(如 VCC、GND)相连的内电层，以便获得内电源层和内地线层。

"Add Layer"用于增加中间信号层。

"Delete"用于删除指定的中间信号层或内电层(但不能删除 Top Layer 及 Bottom Layer)。

"Move Up"使指定层上移一层。单击指定层后，再执行"Move Up"命令，可使指定层上移一层。

"Move Down"使指定层下移一层。单击指定层后，再执行"Move Down"命令，可使指定层下移一层。

(2) 在图 5-35 所示的窗口内，直接双击某一层，如 Top Layer 即可进入图 5-36 所示的信号层属性窗口(或单击某一层后，再单击"Properties"按钮)。

对 Core(板芯)及 Prepreg(绝缘层)来说，层属性参数中除了厚度参数外，还有材质、介电常数等参数，如图 5-37 所示。

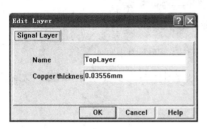

图 5-36　信号层属性窗口

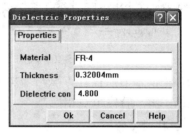

图 5-37　Core 或 Prepreg 层属性

2. 增加内电源层及中间信号层

在四层或四层以上 PCB 板中，增加内电源层操作过程如下：

(1) 在图 5-35 所示的层堆栈管理器窗口内，单击指定层，如 Top Layer，选定新增的内电层存放位置。

(2) 单击"Add Plane"按钮，即可发现在指定层下或上新增了一内电层，如图 5-38 所示。

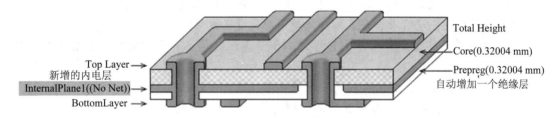

图 5-38　新增的内电层

(3) 双击新增的内电层，在图 5-39 所示的内电层属性窗口内，确定与该内电层相连的节点(如 VCC)。

图 5-39　内电层属性窗口

(4) 单击"Add Plane"按钮，再增加一个新的内电层，并在其属性窗口内，指定该内电层与 GND 节点相连。

至此就获得了具有内电源层/地线层的四层 PCB 板结构，如图 5-40 所示。

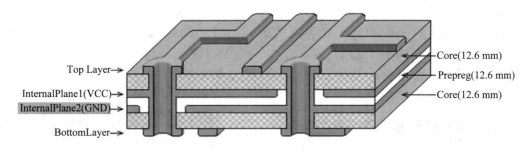

图 5-40　增加了与电源及地节点相连的两个内电层

增加中间信号层操作方法与增加内电层相同，只是中间信号层用于布线，无须指定该层与电路中哪一特定节点相连。

3. 盲孔对设置

在多层板中，如果存在非贯通的盲孔，则需要通过"Drill Pairs"按钮，设置盲孔连接方式。

习　　题

5-1　常用元件封装图库存放在哪一文件夹下的哪一库元件包内？

5-2　元件一般放置在哪一工作层内？对于双面印制板来说，需要几个信号层？

5-3　如果系统中没有表面安装元件，是否需要焊锡膏层？

5-4　丝印层的作用是什么？元件标号、型号等注释信息能否放在焊盘、过孔上？为什么？

5-5　机械层的作用是什么？一般在机械层内放置什么？

5-6　为什么不能在 PCB 编辑区内对元件封装图进行对称操作？

5-7　如何删除 PCB 编辑区的一个元件？

第 6 章　PCB 设计基础

电子产品的功能由原理图决定(所用元器件以及它们之间的连接关系)，但电子产品的许多性能指标，如成品率、热稳定性、可靠性、抗震强度、EMC 指标等不仅与原理图的设计、元器件品质、生产工艺有关，而且很大程度上取决于印制电路板的布局、布线是否合理。在电路图和元器件相同的条件下，印制板的设计是否合理将直接影响到产品的稳定性(例如电路系统性能指标等几乎不随环境温度的变化而变化)和可靠性(抗干扰性能及平均无故障工作时间)、成品率(PCB 设计过程中的元件布局会影响焊接质量——虚焊或桥连短路；布线间距不合理容易导致短路)、生产效率等。

PCB 设计不仅仅是用印制导线完成原理图中元器件的电气连接，在元件布局、布线过程中要确保所设计的 PCB 板达到如下要求，否则 PCB 设计就没有任何意义。

(1) 可制造性(Design For Manufacturing，DFM)要求。例如，元件间距、印制导线宽度、丝印字符大小、最小孔径尺寸等必须满足工艺要求，否则无法加工。

(2) 可装配性设计(Design For Assembly，DFA)要求。

(3) 可靠性设计设计(Design For Reliability，DFR)要求。

(4) 电磁兼容性设计(Electron Magnetic Compatibility，EMC)要求。

(5) 可加工性设计(Design for Fabrication of the PCB，DFF)要求。

(6) 可测试性设计(Design For Test，DFT)要求。

在 5.2、5.3 节中，已简要介绍了 Protel 99 SE PCB 编辑器的基本操作方法，本章将详细介绍与 PCB 设计有关的基本知识。

6.1　PCB 设计操作流程

在 Protel 99 SE 中进行印制板(PCB)设计的流程大致如下：

(1) 编辑原理图。在编辑原理图过程中，必须确定并给出每一元器件的封装图，且原理图中 IC 芯片退耦电容必须连接到与 IC 芯片电源引脚标号一致的网络上。

(2) 确定电路板数量与层数。根据电路系统复杂程度(IC 芯片数量多少及连线复杂程度、电磁兼容性指标)、生产工艺及成本，确定电路板数目——是否需要分板及分板数目；确定电路板的层数——采用单面板、双面板还是多层板。

(3) 初步确定电路板形状及尺寸(指在形状、尺寸没有约束的情况下)。根据元件数目的多寡、体积的大小以及原理图中连线的复杂程度，初步确定电路板尺寸；根据安装方式、位置等因素，确定印制电路板的形状以及固定螺丝孔数目、位置。

(4) 创建空白的 PCB 文件。

在 Protel 99 SE 中，通过如下方式之一创建新的 PCB 文件：

● 利用"Printed Circuit Board Wizard"(印制板向导)创建新的空白的 PCB 文件。

在 Protel 99 SE 中，我们强烈推荐用"印制板向导"创建空白的 PCB 文件，其优点是效率高，不容易出错，还可以选择中间信号层、内电源/地线层，对单面、双面及多层板均适用。

● 直接双击图 1-6 所示窗口内的"PCB Document"(PCB 文档)，创建新的空白的 PCB 文件。

● 在完成了原理图编辑后，执行 SCH 编辑器窗口内"Design"菜单下的"Update PCB…"(更新 PCB 文档)命令，创建空白的 PCB 文件，并自动装入原理图中元件封装图及其电气连接关系。

通过以上两种方式创建的 PCB 文件，没有自动生成禁止布线区(即印制板电气边框)、对准孔等信息，需要用户在禁止布线层内用导线绘制出禁止布线区。这样创建 PCB 文件的优点是灵活性大，适合于制作形状不规则的印制板；缺点是效率低，仅适用于创建单、双面印制板的 PCB 文件。用户可在禁止布线层(Keep Out Layer)上，用"Placement Tools"(放置)工具窗内的"导线"工具画出印制电路板的布线区——在禁止布线层内由导线围成的封闭图形区。在禁止布线层上设置印制电路板布线区时，可以采用系统默认的原点(工作区左下角)，也可以通过"Edit"菜单下的"Origin"命令重新设置原点位置。在设置布线区时，尺寸可以适当大一些，以方便元件的布局，待确定了元件相对位置后，再根据实际情况，通过平移方式调整元件位置，并确定布线区的最终形状和尺寸。

(5) 装入常用集成元件库(ADVPCB.ddb)以及用户自己创建的 PCB 设计专用元件库文件(.Lib)。

在"设计文件管理器"窗口内，单击新生成的 PCB 文件，切换到 PCB 编辑状态，并以"Libraries"(封装图形库)作为浏览对象。检查库文件列表窗口内是否存在常用元器件封装图形文件 ADVPCB.lib，否则单击"Add/Remove"按钮，装入常用元器件封装图文件包 ADVPCB.ddb (该文件位于 Design Explorer 99 SE\Library\PCB\Generic Footprint 文件夹内)。

(6) 通过"Update PCB Document …"(更新 PCB 文件)命令将原理图中元件封装图及电气连接关系等信息传递到新生成的 PCB 文件中。

在 Protel 99 SE 中，可通过执行原理图编辑器窗口内"Design"(设计)菜单下的"Update PCB Document…"命令，将原理图中元件封装图及电气连接关系装入新生成的 PCB 文件中。

如果执行"Update PCB Document…"(更新 PCB)命令时，提示没有找到元件封装图形，则可能是 PCB 编辑器中没有装入相应的元件封装图形库文件，可先进入 PCB 编辑状态，装入相应元器件封装图形文件后，再返回原理图编辑状态，执行"Update PCB Document…"命令。

(7) 在此基础上，根据元件布局基本规则，大致确定各单元电路在印制板上的位置(即划分各单元电路存放区域)、单元内主要元器件安装位置及安装方式。

(8) 执行"Design"菜单下的"Layer Stack Manager…"(层堆栈管理)命令，在"层堆栈管理器"窗口内，设置工作层的参数，如各导电层铜膜厚度、板芯及绝缘层厚度；对多层板来说，尚需要增加中间信号层及内电层。

(9) 设置 Protel 99 SE PCB 编辑器的工作参数。根据电路板的层数，打开\关闭相应工作层，设置可视栅格的大小及形状，以及各工作层的颜色。

(10) 执行"Design"菜单下的"Rule…"(设计规则)命令，在"Routing"标签内设置安全间距(即电气图形符号最小距离)，在"Placement"标签内选择元件间距。

(11) 执行"Design"菜单下的"Board Options…"命令，设置元件移动最小间距、可视栅格形状及大小。

(12) 在 PCB 编辑窗口内，将各元件封装图逐一移到对应单元电路布线区内，完成元器件的预布局操作。

(13) 布线前确定元件的最终位置。将元件的引脚焊盘对准格点，以方便自动布线以及自动布线后的手工修改(执行"Tools"菜单下的"Interactive placement"中的"Move to Grid"命令，将所有元件引脚焊盘移到格点上)。

(14) 执行"Design"菜单下的"Rules…"命令，定义布线规则，如设置印制导线与焊盘之间的最小间距、印制导线最小宽度、走线转角模式、过孔参数等；采用自动布线时，还需要设置布线拓扑模式、布线层、各(类)节点布线优先权等。

(15) 预布线，对有特殊要求的印制导线，如电源线、地线、容易受干扰的信号线等先预布线并锁定，以获得良好的自动布线效果。

(16) 自动布线。原则上在设置了自动布线规则后，可使用 PCB 编辑软件自动布线功能完成 PCB 板的布线操作，优点是效率高，可迅速完成连线操作，但缺点是布线效果差——连线长、过孔多、电磁兼容性差。因此，在完成了元件基本布局后，主要还是依靠手工布线，在连线过程中，一边连线一边微调元件位置、方向。尽管手工布线速度慢，但布线效果好，如过孔数量少，批量生产成本低，电磁兼容性指标高。

(17) 自动布线后的手工修改。自动布线后，一般均需要手工修改，如调整拐弯很多的连线；适当加宽电源线、地线；手工连接没有布通的连线(或将其作为硬跨线处理)；调整个别元件引脚焊盘(或个别引脚焊盘)的形状，以便手工修改布线；根据需要，在焊盘与印制导线连接处放置泪滴焊盘等，以提高印制板的可靠性。

(18) 执行设计规则检查，找出并调整不满足设计要求的连线、焊盘、过孔等。

(19) 调整丝印层上元件序号(包括注释信息)字体、大小及位置。

(20) 必要时创建网络表文件，并与原理图状态下生成的网络表文件比较，确认 PCB 板上连线的正确性。

(21) 打印输出设计草图和报表，或生成 PCB 制作过程中所需的 Gerber 格式文件。

6.2　PCB 设计前的准备

6.2.1　原理图编辑

原理图编辑是 PCB 设计的前提和基础，实际上编辑原理图的最终目的就是为了编辑 PCB 文件。有关原理图编辑的方法可参阅第 2、3 章内容。

6.2.2　检查并完善原理图

在编辑印制板前，需要进一步检查原理图的完整性，如数字逻辑电路芯片中未用输入端和未用单元的连接是否正确、合理；IC 储能及退耦电容是否已标出。

1. 未用引脚的处理方式

(1) 对于未用的与非门(包括与门)引脚，可采取：

对 TTL 数字 IC 芯片，当电路工作频率不高时，可悬空(视为高电平，但不允许带长开路线)，或与已用输入引脚并联(高频首选)，也可以接芯片电源引脚 VCC(但不推荐)。对于CMOS 数字 IC 来说，未用"与非"、"与"逻辑输入端一律接芯片的电源引脚 VDD。对于"与非"以及"与"逻辑关系的输入引脚，将多余的未用引脚与已用输入引脚并联，在逻辑上没有问题，但除了要求前级电路具有足够强的驱动能力外，也增加了前级电路、输入引脚的功耗。因此，尽量不用这种处理方式，除非输入信号的频率很低，且前级驱动能力足够强。

(2) 对于未用的或非门(包括或门)引脚，一律接地。

2．未用单元电路输入引脚处理

在印制板设计时，最容易忽略未用单元电路输入端的处理(原因是原理图中可能没有给出)。尽管它不影响电路的功能，但却增加了系统的功耗，并可能带来潜在的干扰，应根据电路芯片种类、功能将其输入端接地或电源 VCC(VDD)。

在小规模数字电路芯片中，同一封装内常含有多套电路。例如，在 74HC00 芯片中，就含有四套"2 输入与非门"；在 CD40106 CMOS 芯片中，就含有六套施密特输入反相器。

为降低功耗，并避免因输入端感应电荷引起输出逻辑变化，造成潜在干扰：

(1) 对 CMOS 器件来说，由于输入引脚不能悬空，未用单元输入引脚可就近接地或电源 VDD。

(2) 对 TTL 电路芯片来说，根据器件逻辑功能，悬空、就近接地或电源 VDD，如图6-1(a)～(c)所示；对比较器、运算放大器来说，未用单元的同相输入端与输出端相连，构成电压跟随器，而反相输入端接地，如图 6-1(d)所示。

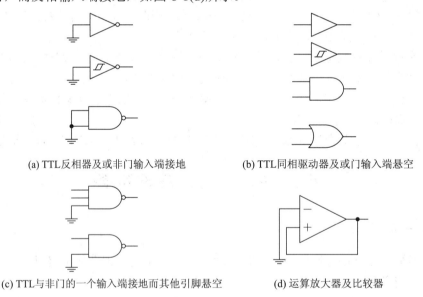

(a) TTL反相器及或非门输入端接地　　　　　(b) TTL同相驱动器及或门输入端悬空

(c) TTL与非门的一个输入端接地而其他引脚悬空　　(d) 运算放大器及比较器

图 6-1　　未用单元电路处理举例

3．IC 去耦电容

为使电路系统工作可靠，应在每一数字集成电路芯片(包括门电路、模拟比较器和抗干扰能力较差的 MCU、CPU、RAM、ROM 芯片)，以及运算放大器、各类传感器、AD 及 DA转换器芯片等的电源和地之间放置由单一小电容、大小双电容或由磁珠与电容构成的 IC 去耦电路，这点最容易被没有经验的线路设计者所忽略。

一方面 IC 去耦电容是该 IC 芯片的储能元件，它吸收了该集成电路内部有关门电路开/

关瞬间引起电流波动而产生的尖峰电压脉冲，避免尖峰脉冲通过电源线、地线干扰系统内的其他元件；另一方面，去耦电容也滤除了叠加在电源上的干扰信号，避免寄生在电源上的干扰信号通过 IC 电源引脚干扰 IC 内部单元电路。去耦电容一般采用瓷片电容或多层瓷片电容，容量在 0.01～0.1 μF 之间。对于容量为 0.1 μF 的瓷片电容，寄生电感约为 5 nH，共振频率约为 7 MHz，可以滤除 10 MHz 以下的高频干扰信号。IC 去耦电容容量选择并不严格，一般按系统工作频率 f 的倒数选择即可。例如，对于工作频率为 10 MHz 的电路系统，去耦电容 C 取 1/f，即 0.1 μF。另一方面，为提高电路的抗干扰能力，每 10 块中小功率数字 IC，还需增加一个 10 μF 左右大容量储能电容，如图 6-2 所示。

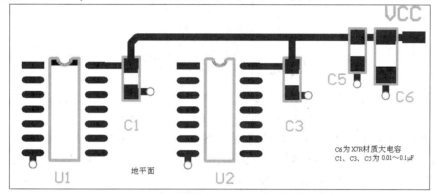

图 6-2　小规模数字 IC 电源引脚去耦电容

原则上在每一数字 IC 芯片的电源和地线间都要加接一个 0.01～0.1 μF 的瓷片电容，在中高密度印制上，没有条件给每一块数字 IC 芯片增加去耦电容时，也必须保证每 4 块 IC 芯片设置一只去耦电容。

对于内部开关元件较多的数字 IC 芯片，如 MCU、CPU、存储器，以及对干扰敏感的模拟器件，如承担微弱信号放大的运算放大器、AD 及 DA 转换芯片、比较器等，必要时采用一只 4.7～10 μF 陶瓷叠层贴片电容、钽电解电容(寄生电感比铝电解小，漏电小，损耗也较小，但击穿后会出现明火，不宜用在对防火、防爆有要求的产品中)或铝电解电容(铝电容由两层铝箔片卷成，寄生电感大，高频特性差，不能有效滤除电源中的高频干扰信号)以及一只 0.01～0.1 μF 的小瓷片电容并联构成大小双电容 IC 芯片去耦元件，如图 6-3 中的 C1～C4。

此外，在电路板电源入口处的电源线和地线间也最好采用大小双电容并联滤波方式，如图 6-3 中的 C5、C6。

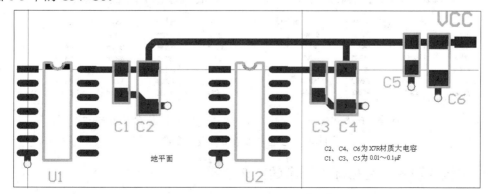

图 6-3　大小双电容去耦电路及布局

随着系统工作频率的不断提高，以及高频 DC-DC 开关电路的大量采用，仅依赖传统单电容或大小双电容并联组成的 IC 去耦电路来消除 IC 电源引脚高频噪声的效果有限。为此，近年来在 PCB 中更倾向于采用铁氧体磁珠和小电容构成 LC 或 LCC 去耦电路，如图 6-4 所示。

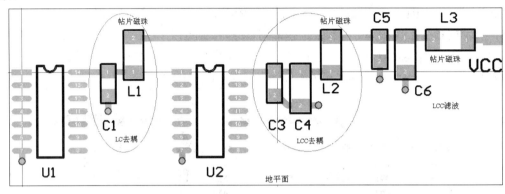

图 6-4　磁珠与电容构成的 IC 去耦电路及布局

铁氧体磁珠与电感略有区别，在低频段主要体现为等效电感 L 与直流电阻 R 串联，但在高频段，磁芯损耗很大，等效阻抗迅速增加，可将大部分高频噪声能量转化为磁芯热量就地消耗掉，这样能有效降低系统内高频噪声信号的幅度。

系统电源必须先经去耦电容滤波后方可送 IC 芯片的电源引脚 VCC，且去耦电容安装位置应尽可能靠近 IC 芯片的电源引脚，如图 6-5(a)、(b)所示。而在图 6-5(c)布局中，电源 VCC 先接 IC 芯片电源引脚，去耦电容滤波效果大打折扣；在图 6-5(d)布局中，IC 去耦电容接在系统电源总线 VCC 上，对 IC 芯片本身去耦效果更差。

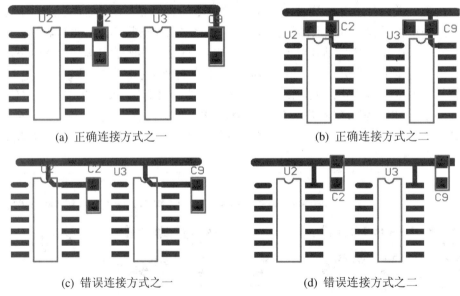

(a) 正确连接方式之一　　　　　　　　(b) 正确连接方式之二

(c) 错误连接方式之一　　　　　　　　(d) 错误连接方式之二

图 6-5　IC 芯片去耦电容及其布局

6.2.3　阅读并理解印制板加工厂家的工艺水平

设计好的 PCB 板数据文件总要送 PCB 印制板厂加工。为此，必须理解 PCB 制作厂家的工艺水平,方能设计出满足加工要求的 PCB 文件。其中最重要的参数有最小线宽、最小钻孔孔径、板厚孔径比、可接收的 PCB 文件格式、表面处理工艺、过孔处理方式等,如表 6-1 所示。

表 6-1　PCB 加工设备工艺参数

编号	项　目	参　数	备　注
1	可接受的 PCB 文件格式		若不接受设计软件文件格式,则必须转换,甚至更换设计软件
2	层数		不能加工设计所需的层数,只能更换加工厂家
3	可加工的基板厚度		
4	可加工的铜箔厚度(OZ)		HOZ(0.5OZ)、1OZ、1.5、2OZ、3OZ
5	可提供(加工)的板材类型		CEM-1、CEM-3、FR4、金属基板等
6	可加工的最大尺寸		
7	可提供板材铜箔厚度(OZ)		HOZ(0.5OZ)、1OZ、1.5、2OZ、3OZ
8	最小线宽/线间距		0.1 mm(目前国内一般可达 4 mil,个别厂家达 3 mil)
9	最小钻孔孔径		0.2 mm(8 mil)
10	最小金属化孔径		0.2 mm
11	板厚孔径比	8:1	1.6 mm 以上的厚板,必须注意该参数,不能以最小钻孔孔径为依据
12	可提供的表面处理工艺		OSP(有机保焊膜)、喷锡、镀(沉)镍、镀(沉)银、镀(沉)金
13	阻焊油颜色		绿油(最常见)、红油、黄油、白油
14	丝印字符最小线宽		0.127 mm(分辨率比最小线宽差)
15	丝印字符颜色		白字、黑字(需与阻焊油颜色匹配)
16	加工精度(包括孔径公差、孔位公差、外形尺寸公差)		

铜膜厚度用 OZ 表示,0.5 OZ(即 HOZ)对应的铜膜厚度为 18 μm(主要用在低电流廉价民品,如遥控器 PCB 板)、1 OZ 对应的铜膜厚度为 35 μm(最常用)、1.5 OZ 对应的铜膜厚度为 50 μm(多用于高密度大电流产品,如高功率密度开关电源 PCB 板)、2 OZ 对应的铜膜厚度为 70 μm。

为保证加工质量,在 PCB 设计过程中,在布线允许的情况下,不要使用极限参数。例如,工艺最小线宽为 3 mil,则在 PCB 设计过程中,在走线允许情况下,最小线宽最好取 4 mil,甚至 5 mil。此外,最小线宽还与铜膜厚度有关,铜膜越厚,最小线宽必须相应增加。例如 1OZ 以下铜膜的最小线宽为 3 mil,则 1.5 OZ 的铜模厚度最小线宽可能会大于 5 mil。

将设计好的 PCB 文件提交 PCB 生产厂家打样时,至少需要明确:板材(FR-4 还是 CEM-3 或其他)、层数(单面、双面或多层)、铜膜厚度(1 OZ 还是 1.5 OZ 或其他,4 层及以上多层板,还需指定内电层、中间信号层铜膜厚度)、最终板厚、阻焊漆(油)颜色(绿油、红油还是白油等)、丝印字符颜色、焊盘表面处理方式(有铅喷锡、无铅喷锡、沉镍、沉金或其他)、过孔处理方式(过孔开窗、塞油)及数量等。

基板厚度主要取决于 PCB 的面积和安装在 PCB 上的元件重量。当 PCB 面积不很大、板上元件重量较轻时,可选择 1.0 mm、1.2 mm、1.6 mm 厚的基板。

6.2.4　元件安装工艺的选择

当安装元件时，应根据多数元件的封装方式、PCB 板大小、生产成本来选择元件安装工艺，如表 6-2 所示。

对于只有贴片元件(SMC、SMD)的 PCB 板，优先选择"单面贴片"(即仅在元件面内放置元件，采用单面回流焊工艺)；对微型电子设备 PCB 板来说，也可以选择"双面贴片"(顶层作为元器件的主要安装面，底层可放置重量较轻的小元件，采用双面回流焊工艺)。

对于贴片元件(SMC、SMD)+穿通安装元件(THC)的 PCB 板，优先选择"单面 SMD+THC 混装"方式(即仅在元件面内放置元件)，加工顺序为先贴片→回流焊，再插件→波峰焊(如果插件元件数量不多，也可以采用手工补焊代替波峰焊)，特点是工艺简单，这是最常用的元件安装方式；对单面 PCB 板，可选择"A 面放 THC，B 面放 SMD"(加工顺序为点胶→贴片→插件→波峰焊)；对微型电子设备 PCB 板来说，"A 面放 SMD+THC，B 面放 SMD"(适用于双面 PCB 板)，加工顺序为 A 面贴片→回流焊，B 面点胶→贴片→插件→波峰焊。

考虑到生产工艺的复杂性以及焊接质量的可靠性，安装时尽量避免采用双面均含有 SMD+THC 的混装方式。

表 6-2　元件安装工艺

元件种类	安装方式	示意图	适用范围	工艺流程与特点
全贴片元件	单面贴装		单面、双面及多层板	刮锡膏→贴片→回流焊。工艺简单，成品率高，是全贴片 PCB 板首选元件放置方式
	双面贴装		双面及多层板	B 面(辅元件面)刮锡膏→贴片→回流焊，翻板→A 面(主元件面)刮锡膏→贴片→回流焊。B 面元件有特殊要求[注1]，两次回流焊，适合高密度 PCB 板。可允许 A 面存在少量 THC 元件，回流焊后可手工插件、焊接
SMD+THC 混装	单面 SMD + THC 混装		双面及多层板	刮锡膏→贴片→回流焊→插件→波峰焊(或手工焊)。工艺简单，成品率高，是 SMD+THC 混装 PCB 板首选元件放置方式
	A 面 THC，B 面 SMD		单面板	B 点胶[注 2]→贴片→固化→A 面插件→波峰焊，是单面 PCB 板唯一可选的元件放置方式
	A 面 THC + SMD，B 面 SMD		双面及多层板	A 面(主元件面)刮锡膏→贴片→回流焊→翻板→B 面点胶[注 2]→贴片→固化→翻板→A 面插件→B 面波峰焊。B 面上元件有特殊要求，回流焊+波峰焊，工艺相对复杂，成本较高，仅用于高密度 PCB 板

[注1]　在两次回流焊工艺中，第二次回流焊时，底部元器件仅靠熔融焊料的表面张力吸附在 PCB 板上，因此 B 面(辅元件面，即底部)上只能放置重量较轻的小尺寸贴片元件，否则必须先用钢网固定后方能波峰焊。

[注2] 并不是所有的贴片元件都适用波峰焊，BGA封装元件、QFP封装元件、引脚间距不足0.5 mm(20mil)的SOP封装元件(如TSSOP封装，引脚间距只有10 mil)、PLCC封装、大尺寸的贴片电容及电阻，以及0402及0201封装的小尺寸电阻与电容等均不宜使用波峰焊接工艺；此外元件底部离PCB板距离(Stand off)超过0.2 mm的贴片元件，也不宜使用波峰焊接工艺(原因是液态焊锡可能会渗透到元件体底部与PCB之间的缝隙，导致元件引脚短路)。对于这类元件，非要放在辅元件面时(BGA封装元件除外)，可在波峰焊接后，通过手工补焊方式完成。由于过波峰焊炉时，锡峰阴影效应(如图6-6所示)的存在，SOP封装元件长边应与走板方向一致，如图6-7(a)所示；当少量SOP封装元件长边与走板方向垂直时，应适当增加阴影一侧SOP元件引脚焊盘的长度(加长20%左右)，如图6-7(b)所示，以保证焊接的可靠性。

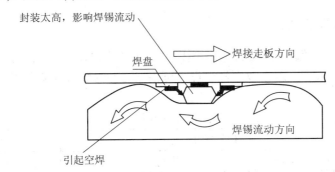

图 6-6 波峰焊阴影效应示意图

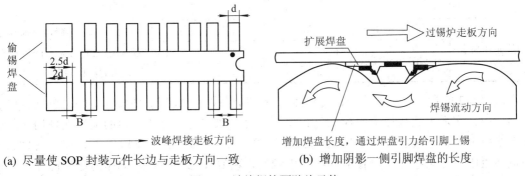

(a) 尽量使 SOP 封装元件长边与走板方向一致   (b) 增加阴影一侧引脚焊盘的长度

图 6-7 波峰焊接面贴片元件

考虑到锡峰阴影效应，对于Stand off不超过0.2 mm、引脚间距在0.5 mm以上的QFP封装元件，采用波峰焊接时，元件对角线必须与走板方向平行，即QFP元件斜45°角放置。

在双面、多层板中，先将所有元件放置在元件面内，实在无法容纳时，将0603、0805、1206封装的电阻及电容移到Bottom Layer面；如果元件面还是无法摆放时，再将引脚间距较大、高度较低、重量较轻的SOT封装元件(二极管、三极管、基准电压源或其他)、SOP封装IC移到Bottom Layer面内，即尽可能避免将引脚间距小、厚度大或重量较大的贴片布局在焊锡面内，这样不仅避免了波峰焊接对贴片IC的限制，也提高了PCB板的可靠性。

当然，本身不允许波峰焊接的元件，如贴片LED芯片肯定不能放在元件面内。

6.3 印制板层数选择及规划

随着器件工艺水平、封装技术的不断进步，电路系统的集成度、工作频率越来越高。

对于复杂的电路系统,单面板、双面板不仅布通率低,而且无法满足 EMC 要求,采用 4、6、8、10,甚至更多层电路板就成为一种必然的选择(由于工艺原因,偶数层印制板性价比较高,因此很少用 3、5、7 层板)。所以,在设计 PCB 前,应根据电路系统的复杂度、工作频率、EMI 性能指标、生产成本等,合理、折中选择电路板的层数。

在多层板中,由于各信号层离地线层的距离不同,电磁屏蔽效果有差异,因此在多层电路板中,各信号层特性不完全相同。此外,电源层与地线层距离不同、完整性不同,电源退耦效果也不尽相同。因此,在多层 PCB 设计过程中,必须认真规划其结构,并确定各信号层的用途。

6.3.1 双面板结构及规划

在中低集成度、中低频(最高工作频率在 50 MHz)电路系统中,可选择双面甚至单面板,以降低 PCB 的生产成本。对于双面板来说,可根据元件封装方式来规划各层的用途,如表 6-3 所示。

表 6-3　双面板规划

元件封装方式	层规划	信号线	电源线	地线	特　　点
贴片元件为主	顶层(Top Layer)	优先	优先	辅助	过孔少;电源线与地线(层)之间有一定的退耦作用;EMC 特性较好
	底层(Bottom Layer)	辅助	辅助	优先(地平面)	
贴片元件很少	顶层(Top Layer)	辅助	辅助	优先(地平面)	便于测试、维修,电源线与地线(层)之间有一定的退耦作用;EMC特性较好
	底层(Bottom Layer)	优先	优先	辅助	

从表 6-3 的规划中可以看出:在双面板中,信号线、电源线、地线并非随意分配到底层或顶层内,实质上还是按单面板规范布线,把另一面作为尽可能完整的地平面使用,只能在地线层中放置少量连线,取代单面板中被迫采用的"飞线"而已。例如,在以贴片元件为主的双面板中,尽量在顶层放置信号线、电源线,将底层(BottomLayer)作为地平面使用,仅将少量无法在顶层连通的信号线放在地线层内,即尽量保持地平面的完整性,以提高系统的 EMC 性能指标。与单面板相比,布线难度并没有显著降低,但 EMC 指标有所提高。因此,在集成度较高、连线复杂的系统中,可能会采用 4 层或以上 PCB 板结构,以提高 PCB 板的 EMC 性能指标。

6.3.2 4 层面板结构及规划

4 层面板有两种结构可供选择,如表 6-4 所示。

表 6-4　4 层面板规划方案

层编号	结构1(常用)	结构2(可选)
第1层(顶层)	信号层1	GND
第2层(中间层)	GND(内地线层)	信号线+电源线
第3层(中间层)	电源层(内电源层)	信号线+电源线
第4层(底层)	信号层2	GND

在结构 1 中，电源层与地线层之间的寄生电容较大，退耦效果好，由于存在两个可用信号层，布线容易，因此适用于集成度高、连线多而工作频率不太高(或 EMC 要求不很高)的电路系统中。由于信号层 1 紧贴内地线层，电磁屏蔽效果较好，是高速信号线、时钟线、同步信号线(如 MCU 或 CPU 存储器读写控制信号线)以及对干扰敏感的模拟信号线等优先布线层；而信号层 2 离内地线层较远，电磁屏蔽效果相对较差，可放置对外电磁辐射量较小的电平控制线、低速信号线等。

在结构 2 中，两地线层将信号线屏蔽，EMI 最小，但由于信号线在中间层走线，不建议在以贴片元件为主的 PCB 板中采用这种结构，否则过孔数量会迅速增加，不仅可靠性会降低，加工成本也会上升。此外，由于两信号层相邻，不同信号层上的非差分连线走向要相互垂直，方能将彼此之间串扰现象降到最低(当然位于相邻信号层内的差分线重叠走线最理想)。三是该结构没有完整的电源层，电源与地线之间的退耦效果相对较差，仅适用于对 EMC 要求高、以穿通元件为主的电路板。

6.3.3　6 层面板结构及规划

6 层面板有多种结构可供选择，应根据 EMI 指标、电路连线复杂度等选择最合理的结构。6 层面板可选结构如表 6-5 所示。

表 6-5　6 层面板可选结构

层编号	结构1 (中低频电路)	结构2 (中高频电路)	结构3 (中高频电路可选)
第1层(顶层)	信号层1	信号层1	GND
第2层(中间层)	信号层2	GND	信号层1
第3层(中间层)	GND	信号层2	POWER
第4层(中间层)	POWER	GND	GND
第5层(中间层)	信号层3	POWER	信号层2
第6层(底层)	信号层4	信号层3	GND

与 4 层面板结构类似，带灰色背景信号层的屏蔽效果最好，应优先放置干扰大或对干扰敏感的信号线。其中结构 1 布线密度高，但 EMI 指标不高，是高密度中低频 6 层 PCB 板的常见结构，但必须保证信号层 1 与信号层 2、信号层 3 与信号层 4 内非差分信号线走线方向垂直，以减小相邻信号层内的信号串扰现象。在结构 2、3 中，可用信号层少，布线密度较低，但 EMI 指标好。因此结构 2 是 6 层高频、高速 PCB 板优选结构之一；而结构 3 仅用于以穿通元件为主的、对 EMI 指标有严格要求的高频电路板中。

在 8、10 及更多层电路板中，可选择的结构也更多。例如在 8 层面板中，可采用"信号-信号-信号-地-电源-信号-信号-信号"(具有 6 个信号层,仅用于高密度中低频电路)、"信号-信号-地-信号-地-电源-信号-信号"(具有 5 个信号层,适用于高密度中高频电路)或"信号-地-信号-地-电源-信号-地-信号"(具有 4 个信号层,多用在高频电路中)等，在此不一一列举。规划多层板各层用途时，必须牢记以下原则：

(1) 至少有一个内电源层和内地线层相邻，以提高电源解耦效果。

(2) 内电源层边框比内地线层边框小20倍板厚以上，以减小边缘效应。

(3) 尽可能避免存在 3 个或 3 个以上信号层相邻，除非电路系统工作频率很低(100 kHz 内)，否则相邻的 3 个信号层中内外两信号层中信号线走向必然平行，线间"互容"、"互感"效应严重。

6.4　PCB 布 局

元件布局是 PCB 设计过程中的关键步骤，其好坏直接影响到布线效果，进而影响 PCB 板的性能指标，严重时可能导致 PCB 板报废。

6.4.1　板尺寸与板边框

在手工布局方式中，可先在机械层内画出 PCB 板的左边框与下边框，然后将左边框与下边框交点作为原点，并在禁止布线层内画出电气左边框及电气下边框，形成元件放置区和布线区，如图 6-8 所示。

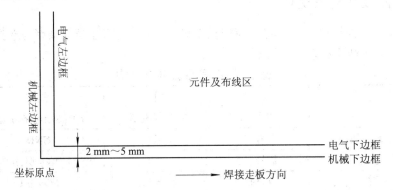

图 6-8　板边框与原点设定

待完成元件布局、布线后再最终确定 PCB 板的机械右边框和上边框、电气右边框和上边框。

对于标准尺寸的 PCB 板以及安装空间已确定的 PCB 板来说，PCB 板的形状(外轮廓线)与各部分尺寸完全确定，设计者不能随意改变其外形尺寸、固定螺丝孔的位置及大小；对于安装空间尚未确定的非标电路板，尽量采用长宽比为 3：2 或 4：3 的矩形结构，如图 6-9 所示。

为防止印制电路板在加工过程中触及布线区内的印制导线或元件引脚焊盘，布线区域要小于印制板的机械边框。每层(元件面、焊锡面及内信号层、内电源/地线层)布线区的导电图形与印制板边缘必须保持一定的距离，对于采用导轨固定的印制电路板上的导电图形与导轨边缘的距离不小于 2.5 mm，如图 6-10 所示。

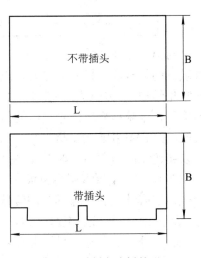

图 6-9　印制电路板外形

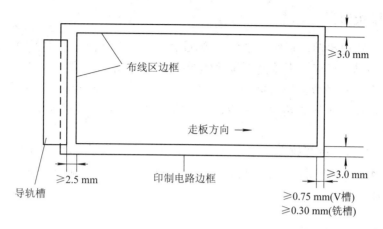

图 6-10　印制电路板外边框与布线区之间的最小距离

　　印制电路板布线区域的大小主要由安装元件类型、数量以及连接这些元件所需的印制导线宽度、安全间距(包括了元件间距、导电图形间距)等因素确定。在印制电路板外形尺寸已确定的情况下，布线区受制造工艺、安全间距、固定方式(通过螺丝或导轨槽)以及装配条件等因素的限制。因此，在没有特别限制的情况下，可在手工调整元件布局，获得布线区大致尺寸后，再从印制电路板外形尺寸相关标准中选定 PCB 板的外形尺寸。

　　在外形尺寸确定的情况下，如果 PCB 左右或上下机械边框(至于是上下还是左右由过焊锡炉时的走板方向确定)与布线区间距不足 3 mm，无法借助传送带导轨传送时，可在 PCB 板的左右或上下增加工艺边(工艺边概念及设置可参阅本章 6.9.1 节)。

　　为避免 PCB 板在加工过程中通过传送带输送时出现卡板现象，对单板来说，板角应设计为 R 型倒角，倒角半径取 1.5～2.5 mm，如图 6-11(a)所示；对于具有工艺边的单板和拼板，倒角应置于工艺边上，如图 6-11(b)所示。

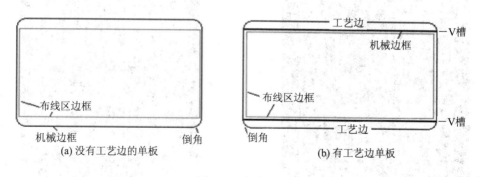

图 6-11　板角形状

6.4.2　布局方式的选择

　　PCB 的布局理论上有手工布局和自动布局两种方式。目前几乎所有的 PCB 软件均提供了元件"自动布局"功能，但不论其自动布局功能如何完善，都无法适应功能各异、种类繁多、工作环境各不相同的电路系统。因此，在 PCB 设计过程中只能依赖、至少主要依赖手工布局方式完成元件的布局操作。

6.4.3　选定排版方向

　　排版方向是指电路前、后级以及信号输入/输出端在电路板上的位置顺序，也包括单元电路内元器件的排列顺序。无论是系统整体(指各单元电路)，还是局部(指单元内部)排版方向的选择对布局、布线效果影响都很大。对整体来说，可按信号流向、电位剃度选择单元电路的排版顺序；就单元电路内部来说，排版方向主要取决于元件封装形式、引脚排列顺序以及电源极性。

　　例如，对于分压式偏置放大电路来说，当三极管封装形式为 SOT-23(管脚排列顺序多为 BCE)、TO-92A(管脚排列顺序为 EBC，呈三角形排列)，基本排版方向如图 6-12 所示，排版效果如图 6-13 所示。

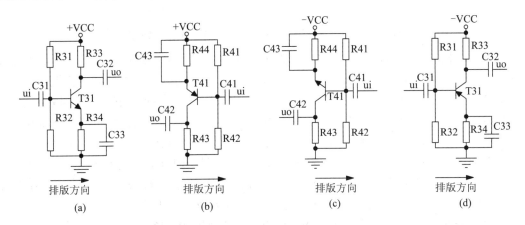

图 6-12　基本排版方向

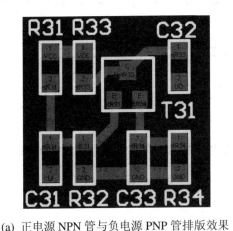

(a) 正电源 NPN 管与负电源 PNP 管排版效果　　　　(b) 正电源 PNP 管与负电源 NPN 管排版效果

图 6-13　排版效果

　　而对于 TO-92B(管脚排列顺序为 EBC，呈一字形排列)封装三极管，排版方向可任意选择。

　　当原理图中某一单元电路元件的排列方向与排版方向不一致时，可通过"选定"→对指定区域进行左右对称操作获得其镜像原理图，使原理图中元件排列方向与排版方向一致，如图 6-14 所示。

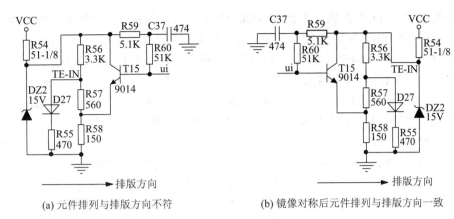

(a) 元件排列与排版方向不符   (b) 镜像对称后元件排列与排版方向一致

图 6-14   对称操作

6.4.4   元件间距

PCB 中的元件间距必须适当：太小，除了不利于插件(贴片)、焊接操作外，也不利于散热；太大，印制板面积会迅速扩大，除了增加成本外，还会使连线长度增加，造成印制导线寄生电阻及电感增大，连线互容增加，导致系统抗干扰能力下降。

元件间距主要由焊接工艺、元件间电位差、自动贴片机吸嘴粗细等因素决定：对于中等布线密度印制板，小元件，如小功率电阻、电容、二极管、三极管等分立元件彼此间距与插件、焊接工艺有关：采用自动贴片+回流焊接工艺时，元件焊盘最小间距可取 25 mil(0.635 mm)，相邻的同类元件间距可适当减小，相邻的异类元件间距要适当增加；采用自动插件+波峰焊接工艺时，元件焊盘最小间距可取 50 mil(1.27 mm)或 75 mil(1.90 mm)，元件高度越大，元件间距要相应增加，以避免波峰焊接阴影效应造成无法上锡；而当采用手工插件或手工焊接时，元件焊盘间距可取大一些，如 50 mil(1.27 mm)、75 mil(1.90 mm)、100 mil(2.54 mm)，否则会因元件排列过于紧密，给插件、焊接操作带来不便。大尺寸元件，如集成电路芯片，元件引脚焊盘间距一般取 100 mil。在高密度印制板上，可适当减小元件引脚焊盘间距。

由于标准穿通封装元件引脚焊盘间距一般为 100 mil(2.54 mm)的整数倍，穿通封装元件引脚焊盘必须位于网格点(标准距离为 100mil)、1/2 或 1/4 格点上，因此布局前，执行"Design"菜单下的 "Option…"命令，在图 6-15 所示窗口内，将元件移动步长固定为 12.5 mil(适用于低压高密度 PCB 板)、25 mil(适用于中等电压中低密度 PCB 板)、50 mil(适用于高压低密度 PCB 板)。

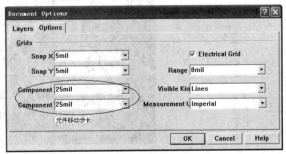

图 6-15   设置元件移动步长

(1) 插头周围 3 mm 范围内不要放置 SMD 封装元件,以避拔插时 SMD 元件受撞击损坏。

(2) 引脚很多的 QFP 封装元件与其他元件间距要足够大,否则无法连线(在 PCB 布局基本完成后,可先尝试对 QFP 封装元件试连线,再根据连线疏密程度,调节周围元件位置)。

(3) 如果板上存在 BGA 封装贴片元件,为便于维修拆卸,其周围 3~5 mm 范围内不应放置元件;此外,在双面贴片工艺中,BGA 封装贴片元件下方也不允许放置贴片元件,否则在热风枪加热拆卸过程中,周围及其背面元件可能因受热移位,甚至脱落。

(4) 对于发热量大的功率元件,元件间距要足够大,以利于大功率元件散热,同时也避免大功率元件通过热辐射方式相互加热,以提高电路系统的热稳定性。

(5) 当元件间电位差较大时,元件间距应不小于最小电气距离及爬电距离要求,以避免出现放电现象,造成电路系统无法工作或损坏器件;带高压元件应尽量远离整机调试时人手容易触及到的部位,避免触电事故。

6.4.5　布局原则

尽管印制板的形状及结构很多、功能各异,元件数目、种类也各不相同,但印制板上的元件布局还是有章可循的,基本原则大致如下。

1．元件位置安排的一般原则

(1) 在 PCB 设计中,如果电路系统同时存在数字电路、模拟电路以及大电流回路,则必须分开布局,使各系统之间的耦合达到最小。

(2) 在同一类型电路(指均是数字电路、模拟电路)中,按信号流向及功能,分块、分区放置元器件。

(3) 各单元电路、单元内元件位置合理,使连线尽可能短;避免信号迂回传送,防止强信号干扰弱信号;电位呈梯度变化,避免相邻元件因电位差过大而出现打火现象,如图 6-16所示。优先安排单元内的核心元件、发热量大以及对热敏感的元件。

在图 6-16 中,R2、R3 接电源 VCC(高压),经过 R2、R3 降压后对地电位小于 10 V,与 D73、D75 电位基本一致,R2、R3 与 U1 的连线可以穿越 D73、D75 引脚焊盘之间的缝隙。反之,如果将 R2、R3 放置在 D73、D75 下方,结果与 VCC 相连的印制导线穿越 D73、D75 引脚焊盘之间的缝隙,势必会造成 D73、D75 焊盘与 VCC 电位差超过允许值。

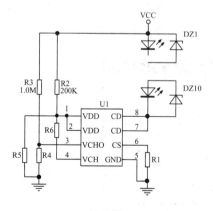

(a) 原理图

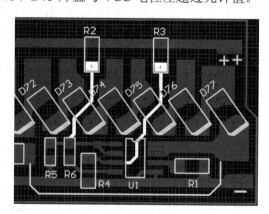

(b) 合理的元件布局

图 6-16　按电位梯度布局特例

(4) 输入信号处理元件、输出信号驱动元件应尽量靠近印制电路板边框，使输入/输出信号走线尽可能短，以减少输入/输出信号可能受到的干扰。

(5) 热敏元件要尽量远离大功率发热元件。

(6) 电路板上重量较大的元件应尽量靠近印制电路板固定支撑点，使印制电路板翘曲度降至最小。如果电路板不能承受，可考虑把这类元件移出印制板，安装到机箱内特制的固定支架上。

(7) 对于需要调节的元件，如电位器、微调电阻、可调电感等的安装位置应充分考虑整机结构要求：对于需要机外调节的元件，其安装位置与调节旋钮在机箱面板上的位置一致；对于机内调节的元件，其放置位置以打开机盖后就能方便调节为原则。

(8) 时钟电路元件尽量靠近芯片的时钟引脚，如图 6-17 所示。数字电路，尤其是单片机控制系统中的时钟电路，最容易产生电磁辐射，干扰系统内其他元器件。因此，布局时，时钟电路元件应尽可能靠在一起，且尽可能靠近单片机芯片时钟信号引脚，以减少时钟电路的连线长度。如果时钟信号需要接到电路板外，则时钟电路应尽可能靠近电路板边缘，使时钟信号引出线最短；如果不需引出，则时钟电路放置没有限制。

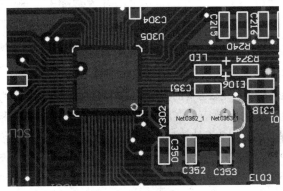

图 6-17　时钟电路元件尽量靠在一起并离 IC 芯片时钟引脚最近

(9) 小元件不应该藏在两个大元件的缝隙中，否则维修时无法拆卸已确认损坏了的小元件。

2．严格控制元件离印制板机械边框的距离

在焊接走板方向上，元件离印制板机械边框的最小距离必须大于 3 mm(120 mil)以上，如果印制板安装空间允许，最好保留 5 mm(200 mil)。对于尺寸固定的 PCB 板，在焊接走板方向上，元件离印制板机械边框距离小于 3 mm，无法保证在焊接过程中夹紧时，将被迫增加工艺边。

在非走板方向上，只要元件焊盘边缘离 PCB 板机械边框距离大于 0.75 mm(借助 V 槽分割)或 0.30 mm(借助铣槽分割)即可。

3．元件放置方向

除微波电路外，在印制板上，元件只能沿水平和垂直两个方向排列(沿圆弧分布的 LED 芯片除外)，否则不利用于元件插件或贴片操作。

(1) 对小尺寸、重量较轻的电阻、电容、电感、二极管等元件，无论是贴片封装还是穿通封装，元器件的长轴应与 PCB 板传送方向垂直，这样可防止在回流焊接过程中元器件在板上漂移或出现"立碑"的现象；也避免过波峰焊炉时因元件一端先焊接凝固而使器件产

生浮高现象，如图 6-18 所示。此外，由于焊接走板方向一般为 PCB 的长边方向，这种排列方式也降低了因 PCB 板受热翘曲或弯曲变形引起元件体断裂的风险。

(2) 对于 SOP、QFP、SOT 贴片元件，采用回流焊接时，元件方向与走板方向平行或垂直均不影响焊接质量，但为避免 PCB 板弯曲变形造成元件断裂，元件长轴最好与走板方向(即 PCB 板长边)垂直，如图 6-19 所示。

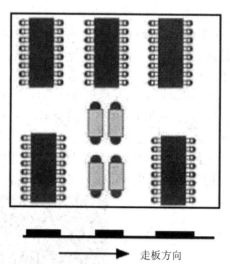

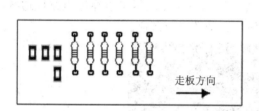

图 6-18 小尺寸轻质量元件轴线与走板方向的关系   图 6-19 回流焊接元件长轴与走板方向关系

(3) 由于波峰焊接存在阴影效应，SOP、SOT 元件长轴最好与走板方向一致，并在 SOP 元件引脚旁设置偷锡焊盘(对于细长的 PCB 板，为避免 PCB 板弯曲变形造成元件断裂，即使采用回流焊接，SOP 封装元件长轴也必须与走板方向垂直)；又由于波峰焊接拖影效应的存在，DIP、SIP 封装元件的长轴方向最好与走板方向垂直，如图 6-20 所示，避免过波峰焊炉时引脚出现桥联。

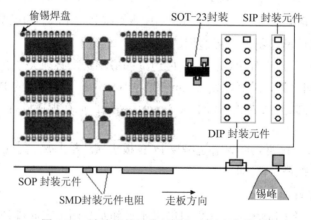

图 6-20 波峰焊接元件长轴与走板方向关系

(4) 对于竖直安装的印制电路板，当采用自然对流冷却方式时，发热量较大的集成电路芯片最好竖直放置，且按发热量大小，由高到低排列，即发热最大的元件要放在印制板的最上方(因为热空气上升，如果发热量大的元件在下方，则其上方的元件将被热空气烘烤)；

当采用风扇强制冷却时，集成电路芯片最好水平放置，发热量大的元件，要放在风扇能直接吹到的位置。

可见元件长轴方向与焊接工艺、PCB 长宽比、冷却方式等因素有关，当彼此之间要求存在冲突时，应权衡利弊选择。

(5) 同类元件、极性元件在板上朝向尽可能一致，以减少贴片、插件过程中不必要的错误，如图 6-21 所示。

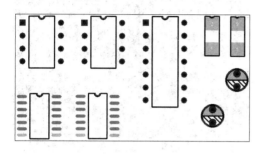 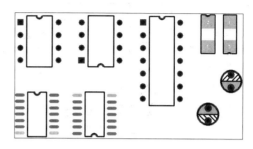

(a) 合理的元件朝向   (b) 不合理的元件朝向

图 6-21 元件朝向的一致性

当然，如果同类元件朝向一致会导致连线严重交叉或走线过长，那么只好放弃，任何时候都必须牢记"电气特性优先"原则。

6.4.6 在布局过程中合理调整原理图中元件的连接关系

为了便于理解电路系统的工作原理，原理图中某些单元电路常按习惯方式绘制，如图 6-22(a)所示，尚不能直接用于排版。因此，排版前需根据连线交叉最少原则对原理图进行拓扑变换，调整元件与连线位置，甚至连接关系，以获得方便排版的单线不交叉原理图。

所谓单线不交叉原理图，是指在同一平面内用导线将元件连接起来，而不出现交叉(或交叉最少)的原理图。图 6-22(a)所示原理电路对应的单线不交叉图如图 6-22(b)所示。在手工设计单面 PCB 板时，绘制单线不交叉原理图非常必要，不过在使用 CAD 软件编辑 PCB 过程中，由于调整元件位置方便、快捷，很多情况下，不再需要绘制单线不交叉原理图，而是直接在 PCB 编辑区内调整元件位置，借助"飞线"是否交叉及多寡来判别元件布局效果的好坏。

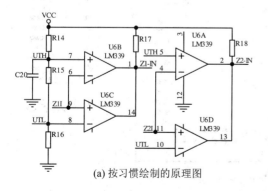 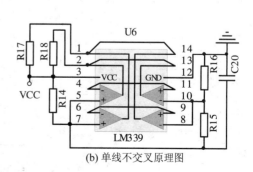

(a) 按习惯绘制的原理图   (b) 单线不交叉原理图

图 6-22 习惯绘制原理图与单线不交叉原理图

一些数字逻辑电路芯片(如 74HC373、74HC273、74HC00、CD40106)、运算放大器(如 LM358、LM324)、比较器(如 LM393、LM339)等内部含有两套或两套以上功能完全相同的电路单元。在原理图设计阶段，设计者往往会随机分配其中的单元，如前级使用第 1 套电路，后级使用第 2 套电路。在布局时应根据"飞线"交叉最少原则(即连线是否方便)重新选择连接方式，如图 6-23 所示。

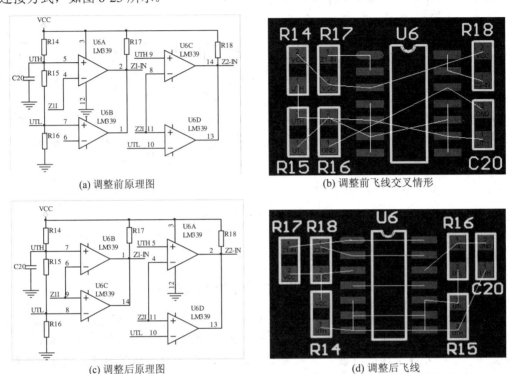

图 6-23　调整同一芯片内的电路套号

又如 MCS-51 兼容 MCU 芯片与 74HC373 锁存器芯片连接，当采用图 6-24(a)所示习惯连接关系时，连线交叉非常严重，但若改为图 6-24 (b)所示的连接关系，则连线几乎没有交叉现象。

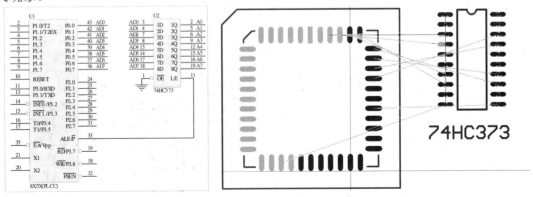

(a) 习惯连线造成"飞线"严重交叉

图 6-24　调整连线关系前后布线效果(1)

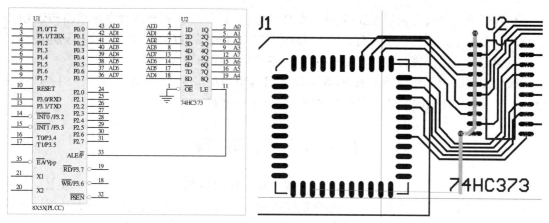

(b) 调整连线关系后的布线效果

图 6-24　调整连线关系前后布线效果(2)

此外，对于某些元件，如 CPU 与存储器数据线或地址线、LED 数码管显示器与笔段码锁存器(如图 6-25 所示)等，当连线交叉严重时，也允许重新调整元件的连接关系。

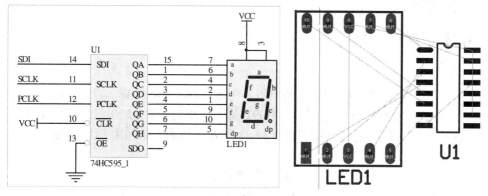

图 6-25　调整连线前

根据"飞线"交叉情况，重新调整 U1 与数码管各笔段之间的连接关系，将会获得连线几乎没有交叉的 PCB 布线效果，如图 6-26 所示。

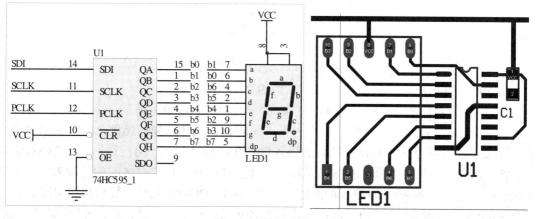

图 6-26　调整连线后

　　尽管调整连接关系前后 LED 数码显示器的笔段码不同，但根据连接关系重新构建 LED 笔段码表并不难。因此，在含有 8 段 LED 或 LCD 数码管的 PCB 板中往往会根据连线交义程度重新定义笔段码锁存器位与 LED 数码管各笔段之间的连接关系。

　　改变原理图中元件连接关系后，需执行 SCH 编辑器窗口内"Design"菜单下的"Update PCB…"命令，使修改后的原理图与 PCB 文件保持一致。

6.5　焊　盘　选　择

　　焊盘也称为连接盘，与元件相关，即焊盘是元件封装图的一部分。在印制板上，仅使用少量孤立焊盘，作为少量飞线、电源/地线或输入/输出信号线的连接盘以及大功率元件固定螺丝孔、印制板固定螺丝孔等。在 PCB 编辑软件，如 Protel 99 SE PCB 编辑器中，元件引脚焊盘的大小、形状均可重新设置。尽管 PCB 元件封装库文件中提供了许多标准封装元器件的封装图，似乎可直接引用，无须关心元件焊盘的设置，但有经验的 PCB 设计工程师会根据元件在 PCB 板上的方向、焊接工艺(回流焊还是手工焊)、焊接质量重新编辑标准封装元件的引脚焊盘。

6.5.1　穿通元件(THC)焊盘

1. 焊盘尺寸

　　穿通元件包括轴向引线元件(如穿通电阻、电感、DO-XX 封装二极管等)和径向引线元件(如穿通封装电解电容、LED 二极管、TO92 封装三极管、TO-220 封装功率元件等)。穿通元件焊盘外径 D、孔径 d1、元件引脚直径 d2 三者之间的关系如图 6-27 所示。

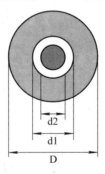

图 6-27　穿通元件引脚焊盘结构

　　在选择焊盘孔径 d1 大小时，受如下规则约束：

　　(1) 为保证元件插装及焊接质量，d1 取元件引脚直径 d2 最大偏差+(8～20 mil)。

　　孔径 d1 太小，过波峰焊炉时，焊锡不容易渗透到元件引脚与焊盘孔壁之间的缝隙，造成焊接不良，甚至导致元件引脚无法插入焊盘孔；反之，孔径 d1 太大，过波峰焊炉时元件容易倾斜、倒伏，严重时液态焊锡甚至从焊盘孔壁与元件引脚之间的缝隙溢出，造成元件面内导电图形短路或安全间距小于设定值。例如 DO-201AD 封装二极管引脚直径为 (1.25 ± 0.05) mm，最大偏差为 1.3 mm，则焊盘孔径 d1 取 1.3 mm + 0.3 mm(12 mil)，即 1.6 mm。当采用机器自动插件时，为避免因偏差造成插装困难，元件引脚直径与焊盘孔径之间的缝隙可适当增加，一般 d1 取元件引脚直径 d2 最大偏差+(16~20) mil。

DIP、TO-92、TO-220 等常见穿通封装元件引脚直径、引脚焊盘孔径、焊盘外径参数如表 6-6 所示。

表 6-6　常见穿通封装元件引脚直径与焊盘孔径关系　　　　　mm(mil)

封装	引脚直径 d2	最小引脚焊盘孔径 d1	焊盘外径 D	备注
DIP	0.38~0.51	0.75(29 mil)	1.25(50 mil)	
Φ3、Φ5 封装	0.45~0.55	0.75(29 mil)	1.25(50 mil)	
TO-92	0.34~0.56	0.75(29 mil)	1.25(50 mil)	
SIP	0.40~0.60	0.80(32 mil)	1.50(60 mil)	
TO-126	0.43~0.65	0.90(35 mil)	1.60(63 mil)	
DO-41	0.71~0.86	1.10(43 mil)	1.80(70 mil)	
DO-201	0.96~1.06	1.30(50 mil)	2.05(80 mil)	
DO-201AD	1.20~1.30	1.50(59 mil)	2.50(100 mil)	
TO-220	0.75~1.02	1.20(47 mil)	1.80(70 mil)	1.60 × 2.50
TO-251	0.75~0.95	1.20(47 mil)	1.80(70 mil)	1.60 × 2.50
1/8 W 以下电阻	0.40~0.56	0.75(29 mil)	1.25(50 mil)	
1/4 W~1/2 W 电阻	0.50~0.60	0.80(32 mil)	1.60(63 mil)	
1W 以上电阻	0.70~0.80	1.00(40 mil)	1.60(63 mil)	

为防止过波峰焊炉时，熔融状态的焊锡从元件引脚与焊盘孔壁之间的缝隙溢到元件面，造成短路，金属外壳元件，如石英晶体振荡器、声表滤波器等焊盘孔 d1 仅略大于元件引脚直径 d2 即可，同时在金属壳元件下方(即元件面内)的阻焊层上用绿油覆盖焊盘铜环，避免波峰焊接时焊锡溢出造成外壳与焊盘短路现象(在 Protel 99 SE 中，强制选中焊盘属性窗口内的 "Force Complete Tenting on Top" 选项，就可以实现元件面内焊盘铜环塞油操作)。

(2) 为方便钻孔或冲孔加工，焊盘孔径 d1 最小为 16 mil(0.4 mm)或 23.5 mil(0.6 mm)。

(3) 由于标准钻头直径已系列化(步进尺寸为 0.05 mm 或 0.1 mm)，因此焊盘孔径 d1 也只能取一系列标准值，如：8 mil(0.20 mm)、10 mil(0.25 mm)、12 mil(0.30 mm)、16 mil(0.40 mm)、20 mil(0.50 mm)、23.5 mil(0.60 mm)、28 mil(0.70 mm)、32 mil(0.80 mm)、36 mil(0.90 mm)、40 mil(1.0 mm)、51 mil(1.3 mm)、63 mil(1.6 mm)、79 mil(2.0 mm)等。

(4) 为提高钻孔工效，尽可能采用圆形焊盘孔，避免采用长方形、正方形等其他异形孔。

焊盘外径 D 与焊盘孔 d1 之间主要受 PCB 板材铜膜与基板附着力、焊盘电流容量等因素的制约。为提高焊盘附着力，避免在焊接、维修过程中，焊盘脱漏，焊盘外径应满足以下条件：

$$D = \begin{cases} (1.5\sim2)d1 & (\text{双面或多层板}) \\ (2\sim3)d1 & (\text{单面板}) \end{cases}$$

单面板中穿通元件引脚焊盘外径 D 与引线孔径 d1 尺寸关系如表 6-7 所示。

表 6-7　最小焊盘直径与引线孔直径关系　　　　　　　　mm

引线孔直径 最小焊盘直径	0.4	0.5	0.6	0.8	0.9	1.0	1.3	1.6	2.0
高精度	0.8	0.9	1.0	1.2	1.3	1.4	1.7	2.2	2.5
普通精度	1.0	1.0	1.2	1.4	1.5	1.6	1.8	2.5	3.0
低精度	1.2	1.2	1.5	1.8	2.0	2.5	3.0	3.5	4.0

在高压电路中，当焊盘直径 D 较大，造成两焊盘间距小于安全间距时，可将圆形焊盘改为椭圆形或长方形焊盘，如图 6-28 所示，考虑到钻孔误差，焊盘铜环最小宽度不小于 0.15 mm。

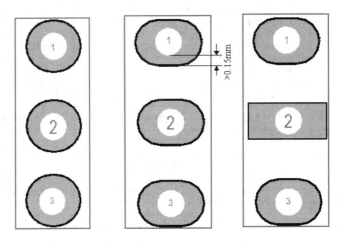

图 6-28　修改焊盘形状来增加焊盘间距

为保证焊盘铜环的完整性，焊盘边缘到 PCB 板外边框的最小距离不小于 0.75 mm。

2. 焊盘中心距(跨距)

穿通封装元件焊盘中心距也称为元件的跨距 L，如图 6-29 所示。

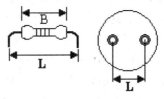

(a) 轴向引线　　(b) 径向引线
图 6-29　穿通封装元件跨距

对于轴向引线元件，如穿通封装电阻、二极管、电感等元件，两焊盘中心距 L 比元件体长度 B 大 4～6 mm。为提高穿通元件的成型工效，除了尽量减少跨距尺寸类型外，还必须采用标准跨距(2.5 mm 的整数倍)，如 5.0 mm、7.5 mm、10 mm(如 1/8 W 及以下功率电阻)、12.5 mm、15 mm、17.5 mm 等，以便采用标准元件成型工具弯脚。

而径向穿通元件，如不同容量及耐压电解电容、工字型电感、LED 二极管(跨距均为 2.5 mm)等，这类元件插件时无需弯脚成型，其跨距大小由元件引脚中心距确定，具体参数可直接测量实物，或从器件数据手册中查到。

3. 穿通元件焊盘特殊处理

当焊盘与大面积敷铜区相连时，不宜采用直接连接方式，如图 6-30(a)所示，除非流过该焊盘铜环的电流超过 5 A 以上；必须采用辐射状连接方式(也称为热焊盘方式)，如图 6-30(b)所示，否则在手工焊接过程中，烙铁头热量会通过敷铜区迅速散失，造成焊点温度偏低，导致虚焊。

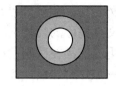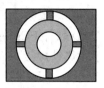

(a) 直接连接　　　　(b) 辐射状连接

图 6-30　穿通元件引脚与大面积敷铜区连接方式

6.5.2　贴片元件焊盘

贴片封装元件引脚焊盘与穿通式安装元件引脚焊盘区别在于：贴片元件引脚焊盘一般位于元件面内，没有焊盘孔(即焊盘孔径尺寸强制设为 0)。

下面简要介绍贴片元件的焊盘设计原则。

1. 确保焊盘左右上下对称

贴片元件焊盘左右上下必须对称，以确保在回流焊工艺中，贴片元件能借助熔融状态下的焊锡表面张力来自动消除贴片操作过程中的偏差，实现自对准，如图 6-31 所示。

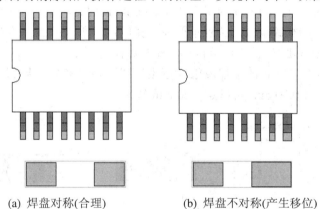

(a) 焊盘对称(合理)　　　　(b) 焊盘不对称(产生移位)

图 6-31　焊盘对称与不对称

为提高自动对准能力，在满足安全间距的条件下，适当增加 SOP、SOIC、QFP 封装元件上下左右焊盘的宽度，如图 6-32 所示。

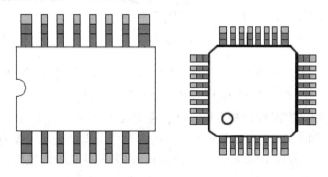

图 6-32　增加贴片元件边脚焊盘的宽度

2．焊盘尺寸选择依据

标准封装贴片元件外轮廓、引脚焊盘尺寸等已标准化，采用回流焊时，一般情况下可采用 CAD 软件 PCB 库文件提供的封装尺寸。但 PCB 库文件中的标准封装尺寸并不一定适用于手工烙铁焊接，而电子产品在试制过程中，未定型前可能需要经历手工烙铁焊接(除非采用点锡膏→手工贴片→加热台加热焊接方式)阶段。因此，下面简要介绍如何将仅适用于回流焊工艺的常见贴片元件标准封装焊盘改造为既适应回流焊、也适应手工焊的通用焊盘尺寸。

1) SMC 封装

SMC 封装元件包括贴片电阻、电容、电感以及二极管等。0805 封装贴片电阻、电容元件长度 L 为(2.00 ± 0.20)mm，宽度 W 为(1.25 ± 0.15)mm，底部金属电极长度 b 为(0.40 ± 0.20)mm，如图 6-33 (b)所示。而在 Protel99 SE 中，焊盘标准尺寸为 1.3 mm × 1.5 mm，两焊盘中心距 d 为 1.9 mm，由此可推断出两焊盘边距 G 为 $1.9 - \dfrac{1.3}{2} \times 2$，即 0.6 mm(当最小线宽、安全间距均取 0.20 mm 时，可在引脚间走一条宽度为 0.20 mm 的导线)，放置元件后，焊盘剩余焊接区长度 C 为 0.55 ± 0.1 mm，如图 6-33(c)所示，不见得就是最合理的焊盘尺寸。考虑图 6-33(d)所示的最坏偏差时，距离 d1>0(为保险起见，d1≥0.2 mm)，由此可知 0805 尺寸焊盘长度不是 1.3 mm 而是 1.0 mm(最多为 1.2 mm，此时最坏情况下 d1 为 0)，否则可能会出现图 6-33 (e)所示的短路现象；为保证回流焊接时，焊盘表面张力能够调正偏离的元件，距离 d2 也必须大于 0(d2 一般取 0.10 mm)，即两焊盘边距 G 为 0.70 mm，反之如果 d2 小于 0，可能会出现图 6-33 (f)所示的虚焊现象。由此回流焊工艺 0805 封装最佳焊盘尺寸为 1.0 mm × 1.4 mm，边距 G 取 0.70 mm(可以走 0.20 mm 线宽)。

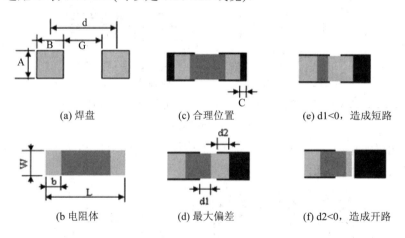

(a) 焊盘　　　　　　(c) 合理位置　　　　　(e) d1<0，造成短路

(b 电阻体　　　　　(d) 最大偏差　　　　　(f) d2<0，造成开路

A 为焊盘宽度;B 为焊盘长度；G 为焊盘边距;C 为放置元件后焊盘剩余长度

图 6-33　SMC 封装元件焊盘结构

当采用手工烙铁推焊时焊盘剩余焊接区长度 C 略显不足，应适当增加焊盘的长度(但不宜减小焊盘边距)，如将 0805 封装贴片电阻、电容元件引脚焊盘尺寸改为 1.3 mm × 1.4 mm)此时两焊盘中心距为 0.65 + 0.70 + 0.65 = 2.0 mm，以方便手工推焊操作，防止虚焊。常见贴片元件尺寸如表 6-8 所示。

表 6-8　常见 SMC 封装元件尺寸　　　　　　　　　mm

规格	元件体长度 L	宽度 W	厚度 t	底部金属电极长度 b
0402	1.00±0.20	0.50±0.15	0.30±0.10	0.25±0.10
0603	1.60±0.20	0.80±0.15	0.40±0.10	0.30±0.20
0805	2.00±0.20	1.25±0.15	0.50±0.10	0.40±0.20
1206	3.20±0.20	1.60±0.15	0.55±0.10	0.50±0.20
1210	3.20±0.20	2.50±0.15	0.55±0.10	0.50±0.20
2010	5.00±0.20	2.50±0.15	0.55±0.10	0.60±0.20
2512	6.40±0.20	3.20±0.20	0.55±0.10	0.60±0.20

　　此外，对于 0805 及以上封装尺寸电阻来说，焊盘边距不能小于电阻背面裸露陶瓷部分的长度(L–2b)，否则耐压会下降。如 0805 电阻的最大工作电压为 150 V，焊盘边距 G≥0.7 mm；如 1206 电阻的最大工作电压为 200 V，焊盘边距 G≥1.5 mm。由此，可推算出回流焊工艺焊盘尺寸及手工推焊工艺推荐焊盘尺寸，如表 6-9 所示。

表 6-9　常见 SMC 封装元件焊盘　　　　　　　　　mm

封装规格	回流焊尺寸				手工推焊推荐尺寸			
	焊盘尺寸	焊盘中心距	焊盘边距	剩余焊接区长度	焊盘尺寸	焊盘中心距	焊盘边距	剩余焊接区长度
0402	0.50×0.70	0.90	0.40	0.20±0.10	0.65×0.70	1.10	0.40	0.35±0.10
0603	0.80×1.00	1.30	0.50	0.25±0.10	1.10×1.00	1.60	0.50	0.55±0.10
0805	1.00×1.40	1.70	0.70	0.35±0.10	1.10×1.40	1.90	0.80	0.50±0.10
1206	1.60×1.80	2.80	1.20	0.60±0.10	1.40×1.80	3.00	1.60	0.60±0.10
1210	1.60×2.60	2.80	1.20	0.60±0.10	1.40×2.60	3.00	1.60	0.60±0.10
2010	1.60×2.60	3.60	3.00	0.60±0.10	1.80×2.60	3.80	3.00	0.80±0.10
2512	1.80×3.50	5.80	4.00	0.60±0.10	2.00×3.50	6.00	4.00	0.80±0.10

　　这种适当增加焊盘长度，使焊盘剩余焊接区长度 C 为 0.8～1.0 mm(30～40 mil)之间，以保证手工推焊操作时焊接质量的原则同样适用于 MELF(Metal Electrode Leadless Face，即金属电极无引线表面)封装器件，如小功率二极管等。

　　2) SMD 封装元件

　　SMD 封装的种类很多，包括 SOP、SOIC、SOT、TSSOP、TQFP、LQFP 等，如图 6-34 和图 6-35 所示。

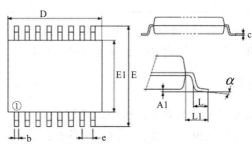

(a) 外形　　　　　　　　　　　　　　　(b) 封装尺寸

图 6-34　SOP、SOIC 封装元件

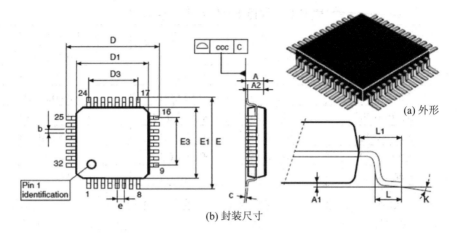

图 6-35　QFP 封装元件

　　这类贴片元件焊盘设计总的原则是：焊盘中心距与引脚中心距 e 保持一致；焊盘宽度等于或略大于引脚宽度 b；焊盘长度 T= b1+L+b2，如图 6-36 所示。

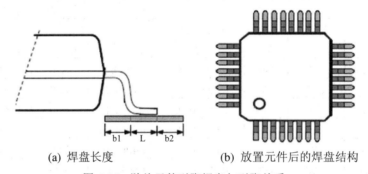

(a) 焊盘长度　　　　　　　　(b) 放置元件后的焊盘结构

图 6-36　贴片元件引脚焊盘与引脚关系

　　其中焊盘扩展长度 b1、b2 与焊接工艺有关，具体情况如表 6-10 所示。在手工焊接操作中，如果 b2 < 0.7 mm，则容易出现虚焊，尤其是引脚宽度、间距很小的 TSSOP、QFP 封装芯片；当扩展长度 b2 < 0.7 mm 时，实践表明手工焊接可靠性很差。

表 6-10　　SMD 封装元件引脚焊盘扩展参数　　　　　mm

焊盘扩展参数	回流焊工艺	手工焊
b1	b1=b2=0.3～0.5	0.5
b2		0.7～1.0

　　为使印制导线与焊盘连接处光滑，避免出现尖角(容易引起辐射)，对 IC 芯片来说，除第 1 引脚焊盘外，其他引脚尽量采用椭圆形焊盘，如图 6-36 (b)所示。

6.5.3　过孔

　　在双面或多层印制电路板中，通过金属化"过孔"使不同层上的印制导电图形实现电气连接。在双面板中，过孔一律为贯通孔；在 4 层及 4 层以上 PCB 板中，过孔可以是贯通孔、埋孔(实现内层与内层导电图形的互连)、盲孔(半通孔，用于实现表面层与内层导电图形之间的互连)。为便于加工，在布线许可情况下，尽可能使用贯通孔，实在困难可考虑用埋孔，尽可能避免使用盲孔(加工精度要求很高，设备昂贵，加工成本高，成品率低)。

1. 过孔尺寸

由于金属化过孔只用于实现不同层导电图形的互连，孔径尺寸可以小一些，但过孔孔径 d 必须保证满足如下三个条件，否则无法加工。

(1) d > 最小钻孔孔径。假设某印制板生产厂家最小钻孔孔径为 0.2 mm，那么小于 0.2 mm 的过孔就无法加工。

(2) 受板厚孔径比 P 的限制，即 PCB 基板厚度与 d 之比值一定小于板厚孔径比 P。例如，某印制板厂可接收的板厚孔径比为 8：1，最小钻孔孔径为 0.2 mm，那么在 1.6 mm 及以下厚度的基板上，最小过孔孔径可取 0.2 mm，但对于 2.0 mm 厚度基板，最小过孔孔径不能小于 0.25 mm。

(3) 过孔外径 D 与孔径 d 之差不能小于最小线宽的 2 倍。假设 PCB 生产工艺决定的最小线宽为 0.15 mm，则 D−d > 2 × 0.15 mm，考虑到钻孔偏差，为提高过孔的可靠性，可取 2 × 0.2 mm。

在实践中，为提高过孔的可靠性，在布线允许情况下，过孔孔径要适当取大一点。例如，当最小孔径为 0.2 mm(8 mil)时，可取 0.25 mm(10 mil)甚至 0.40 mm(16 mil)。具体情况如表 6-11 所示。

表 6-11 过 孔 参 数

可取的最小孔径参数	推荐的过孔参数		
孔径 d/(内层外径 D/外层外径 D)	高密度布线	中密度布线	低密度布线
8mil/(20mil/16mil)	8 mil/(20 mil/16 mil)	10 mil/(22 mil/20 mil)	12 mil/(25 mil/22 mil)
10mil/(22mil/20mil)	10 mil/(22 mil/20 mil)	12 mil/(25 mil/22 mil)	16 mil/(28 mil/24 mil)
12mil/(25mil/22mil)	12 mil/(25 mil/22 mil)	16 mil/(28 mil/24 mil)	20 mil(32 mil/28 mil)
16mil/(28mil/24mil)	16 mil/(28 mil/24 mil)	20 mil(32 mil/28 mil)	20 mil(32 mil/28 mil)
20mil/(32mil/28mil)	20 mil(32 mil/28 mil)	20 mil(32 mil/28 mil)	20 mil(32 mil/28 mil)
23.5mil/(35mil/32mil)	23.5 mil/(35 mil/32 mil)	23.5 mil/(35 mil/32 mil)	23.5 mil/(35 mil/32 mil)

对于实现信号互连的过孔参数可按表 6-11 选取，而对于电流较大的电源、地线过孔参数可适当取大一些。例如在某 4 层板上，信号互连过孔孔径取 10 mil，外径为 25 mil，则电源、地线过孔孔径最好取 20 mil，外径取 32 mil。不过，为避免在 PCB 板钻孔过程中更换钻头，PCB 板上过孔规格尽可能相同，对于电流较大的过孔，可通过增加过孔数量方式提高电流容量。

为降低过波峰焊炉时，液态焊锡从过孔处溢出，造成元件面(TopLayer)内导电图形桥连短路风险，过孔孔径一般不宜大于 0.5 mm。因此，孔径 d/(内层外径 D/外层外径 D)常用参数分别为 20 mi/32 mil/28 mil(低密度布线)、16 mil/28 mil/24 mil(中密度布线)、12 mil/25 mil /22 mil(高密度布线)。

过孔在工艺上有两种处理方式：其一是过孔开窗，过孔铜膜表面处理方式与焊盘类似，此时过孔阻焊层(Solder)同样向外扩展，以避免阻焊漆污染过孔铜环；其二是过孔塞油，即用阻焊漆将过孔覆盖掉(在过孔属性窗口内，选中 "Solder Mask" 选项框内的 "Tenting" 项)，优点是可防止波峰焊接时，液态焊锡从过孔处溢出。为避免漏漆，需要进行过孔塞油处理的 PCB 板，过孔孔径也不宜大于 0.5 mm。

2．过孔寄生参数

过孔对地平面存在寄生电容 C、其本身也存在寄生电感 L。

$$C = \frac{0.0551 \times \varepsilon_r \times T \times d_1}{D - d_1}$$

式中，ε_r 为基板介电常数，T 为基板厚度(mm)，D 为过孔外直，d_1 为孔径。

$$L = 0.2 \times h \times \left(\ln \frac{4h}{d} + 1 \right)$$

式中，h 为过孔长度(mm)，对于贯通孔来说，h 就是基板厚度；d 为过孔直径(mm)；L 为过孔电感(nH)。

例如，当 h = 1.2 mm，孔径 d = 0.4 mm 时，过孔寄生电感 L = 0.84nH。可见在中低频电路中，过孔寄生参数对电路影响不大，但在 100 MHz 以上的高频电路中，寄生感抗高达 0.52 Ω 以上。

3．过孔放置原则

过孔不能放在表面贴装元件的连接盘上(SOT-89、TO-252、TO-263 等封装导热焊盘除外)，并尽量远离表面贴装元件的连接盘，如图 6-37(a)所示，否则在回流焊接过程中，松香融化后锡膏中的锡末将随松香从过孔流到 PCB 板背面，致使焊盘因缺少焊料出现虚焊或造成电路板背面导电图形短接等不良现象。

也不允许将过孔放置在焊盘间距较小的贴片元件两焊盘之间，如图 6-37 (b)所示，否则容易造成短路现象。

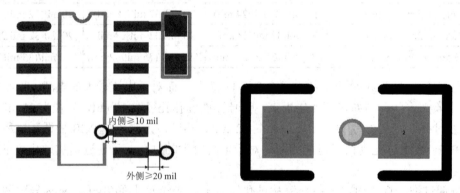

(a) 过孔离焊盘最小间距　　　　　　　(b) 过孔不允许放在贴片元件两焊盘之间

图 6-37　过孔位置

在同一电路板上，过孔尺寸规格尽量一致，对于与电源、地线相连的导电图形，可用 2～3 个过孔连接，以增加过孔的电流容量，保证连接的可靠性，如图 6-38(a)所示；或使用信号过孔、电源/地线过孔两种规格，以提高电源、地线的电流容量，如图 6-38(b)所示。

为使印制导线与焊盘、过孔的连接处过渡圆滑，避免出现尖角，在完成布线后，可在焊盘、过孔与导线连接处放置泪滴焊盘或泪滴过孔。

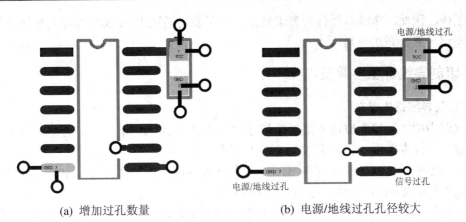

(a) 增加过孔数量　　　　　(b) 电源/地线过孔孔径较大

图 6-38　电源/地线过孔处理方式

过孔最小间距受钻孔工艺限制，相同网络节点过孔间距一般不宜小于 0.2 mm，不同网络节点过孔间距一般不能小于 0.3 mm。

6.5.4　测试盘

测试盘与一般焊盘类似，可以是方形或圆形，考虑到探针弯曲变形，直径一般不小于 1.0 mm，但不允许将测试盘放在元件焊盘上，否则焊接后其表面不再平整，无法保证探针接触良好；测试盘离元件引脚焊盘之间的距离最好大于 0.3 mm，以防止焊接过程中焊锡溢出到测试盘上，破坏测试盘表面的平整性。

测试盘间距由测试设备探针最小间距确定，但一般不宜小于 0.5 mm，否则在测试过程中可能因探针弯曲引起短路。

测试盘可以无孔，也可以有孔，由于测试盘孔不用安装元件，孔径可以较小(一般与过孔孔径相同)，因此有时也用过孔(Via)充当测试盘。不过，用 Via 充当测试盘时，必须在 Via 属性窗口内选中"TestPoint"项及所在层(Top 还是 Bottom)，同时过孔外径 D 必须满足测试盘大小要求。

测试盘一般位于连线上，如果连线较密，无法放置时，也应重新调整连线，使测试盘在连线上，如图 6-39 所示。

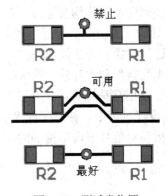

图 6-39　测试盘位置

对于不含高度超过 5.5 mm 的双面、多层 PCB 板，测试盘最好放在元件面内，否则只能放在焊锡面内。当测试盘放在焊锡面内时，过波峰焊炉前可能需要特殊处理，避免测试盘粘连焊锡。

6.6　布　　　线

所谓"布线"，就是利用印制导线完成原理图中元件的连接关系。与布局类似，布线也是印制板设计过程中的关键环节，不良的布线可能会降低电路系统抗干扰性能指标，甚至不能工作。因此，布线对操作者要求较高，除了要灵活运用 PCB 软件相关布线功能外，还必须牢记一般的布线规则。

6.6.1 印制导线寄生参数及串扰

1. 印制导线寄生参数

原理图中的"导线"被认为是"理想导线"(电阻率为 0；电流分布与频率无关，不考虑趋肤效应；没有寄生电感)，而实际印制导线存在：

(1) 直流电阻 R_{DC}。R_{DC} 与频率无关，仅与印制导线几何尺寸有关，即与印制导线宽度 w、铜膜厚度 h 成反比，与印制导线长度 l 成正比。

(2) 交流电阻 r_{AC}。在高频电路中，趋肤效应不能忽略，电流密度在导体截面上的分布不再均匀，交流阻抗 r_{AC} 表示因趋肤效应引起的附加导线阻抗。显然，r_{AC} 随频率的升高而增加。

(3) 导线自感 L。任何导线都存在自感 L，导线长度 l 越大、宽度 w 越小，导线自感 L 就越大。

由此可见：导线的复阻抗不可能为 0，电流流过任何导线都会产生电压差。只有在低频、小电流状态下，才能将印制导线勉强视为"理想导线"；而在高频状态下，导线不仅感抗会迅速增加，也会因趋肤效应使阻抗增加，最终使导线电抗迅速上升。

因此，在布线过程中，连线要短，即尽可能减小印制导线的长度；只要布线密度允许，线宽应尽可能大，尤其是高频大电流印制导线、电源线及地线。也正如此，在高频电路中，往往采用地线层(或网)代替地线。

2. 印制导线之间的"串扰"

任何两条导线均会通过"互容"(导线与导线之间存在寄生电容)和"互感"相互影响，即 A 导线上的交变信号通过"互容"和"互感"传输到物理上不相连的 B 导线上，反之亦然。这种现象称为线间"串扰"。

"互容"和"互感"的大小与两条导线相对位置及间距有关。在线间距一定的情况下，两条导线相互垂直时，"互容"和"互感"均最小，此时线间"串扰"效应最弱。因此在 PCB 设计过程中，在双面或多层电路板上布线时，必须确保没有被内地线层或内电源层隔开的相邻两信号层内不相干的(泛指非差分导线)印制导线走向相互垂直，如图 6-40 所示。

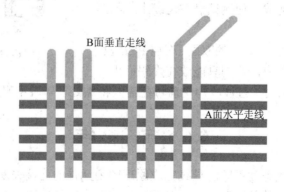

图 6-40　相邻两信号层内不相干信号正交走线

平行走线时，线间"互容"和"互感"的大小与线间距、平行走线长度有关，线间距越小、平行走线长度越大，"串扰"现象就越严重。为此，同一层内两条不相干的信号线平行走线时，线间距最好强制遵守 3 W 走线规则。

当两条宽度为 W 的印制导线间距不小于 2 W 时(或宽度为 W 的两条印制导线中心距为 3 W，如图 6-41 所示)，实验及理论计算表明能将线间"串扰"效应减小 70% 左右，这就是所谓的"3 W 走线规则"。"3 W 走线规则"也可以理解为线宽为 W 的两条印制导线间距不小于 2 W。

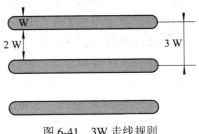

图 6-41　3W 走线规则

在布线过程中，对时钟线(容易干扰其他信号线)、高速数据输出线，以及对干扰敏感的信号线，如同步控制线、高速数据输入线、复位信号线、存储器读写选通控制信号线、模拟信号输入线等必须强制遵守 3 W 走线规则。

在高速 PCB 设计中，必须严格控制非差分导线平行走线的长度，以降低"串扰"效应。

在中高密度布线环境中，为提高布线密度，对于高速数据输入/输出线，可在两条信号线之间插入一端接地的屏蔽线，以减小线间"互容"效应，从而削弱线间"串扰"现象，如图 6-42 所示。

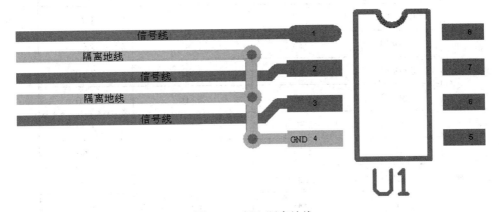

图 6-42　插入隔离地线

在多层板中，干扰源(如时钟线)与对干扰敏感的信号线应分别位于内地线层的两侧，一方面内地线层能有效降低"互容"，另一方面也增大了彼此之间的距离。

6.6.2　最小线宽选择

印制导线宽度由流过印制导线的电流、铜箔厚度、PCB 工艺允许的最小线宽等因素决定；而线间距由线间绝缘电阻、电位差、线间串扰、安规标准、PCB 加工工艺允许的最小线间距等因素决定。

1. 线宽选择原则

同一电路板内，电源线、地线、信号线三者的关系是：地线宽度 > 电源线宽度 > 信号线宽度。

1) 大电流印制导线宽度选择原则——"毫米/安培"经验

对于流过大电流的信号线、电源线、地线，印制导线最小宽度与流过导线的电流大小有关：线宽太小，则印制导线寄生电阻大，印制导线上的电压降也就大，会影响电路性能，严重时会使印制导线发热而损坏；相反，印制导线太宽，则布线密度低，板面积增加，除了增加成本外，也不利于小型化。

在导线温升限定为 3℃以内时，电流负荷以 20 A/mm² 计算。即当覆铜箔厚度为 50 μm 时，则 1 mm(约 40 mil)线宽的电流负荷约为 1 A，这就是所谓的"毫米安培"经验，其含义是 1 mm 线宽的电流负荷能力为 1 A。

在中高密度 PCB 板中，导线温升可限定为 10℃以内，电流负荷以 52 A/mm² 计算，三种常见铜箔厚度 PCB 板中导线宽度与电流容量的关系如表 6-12 所示。

表 6-12 导线宽度与电流容量(温升 10℃以内)的关系

线宽 /(mm/mil)	电流容量/A		
	1 OZ(35 μm)	1.5 OZ(50 μm)	2 OZ(70 μm)
0.15/6	0.20	0.50	0.70
0.20/8	0.55	0.70	0.90
0.30/12	0.80	1.10	1.30
0.40/16	1.10	1.35	1.70
0.50/20	1.35	1.60	2.00
0.60/24	1.60	1.90	2.30
0.80/32	2.00	2.40	2.80
1.00/40	2.30	2.60	3.20
1.20/50	2.70	3.00	3.60
1.50/60	3.20	3.50	4.20
2.00/80	4.00	4.30	5.10
2.50/100	4.50	5.10	6.00

对多层板来说，由于内导电层散热不好，内信号层印制导线电流容量只能按外层容量的 0.7～0.8 选取，即内信号层上大电流印制导线宽度必须适当增加。例如，当铜膜厚度为 35 μm 时，假设流过印制导线最大电流为 2.0 A，则在外层时最小线宽可取 0.8 mm，而在内层时，最小线宽不能小于 1.2 mm。

大功率设备印制板上的地线和电源，根据电流大小，可适当增加线宽。不过在大功率设备中，不可能完全依赖增加印制导线宽度以满足电流容量的要求，否则电路板面积会很大。在这种情况下，可选用铜箔更厚的覆铜板(增加成本)，或考虑在阻焊层(Sloder)内沿大电流印制导线走向布一条比印制导线小 10 mil 的导线，如图 6-43 所示，焊接时通过敷锡方式来增加印制导线的厚度，提高印制导线的截面积(当然这样做会加大焊料的消耗)。

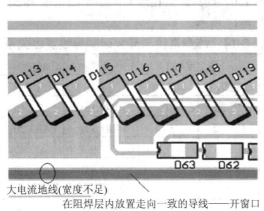

大电流地线(宽度不足)
在阻焊层内放置走向一致的导线——开窗口

图 6-43　大电流印制导线阻焊层内开窗

2．小电流信号线的选择原则

在低压、小电流数字电路中，最小线宽、最小线间距受 PCB 工艺、可靠性等因素制约，原则上可按表 6-13 选择。

表 6-13　低压小电流 PCB 板上最小线宽与最小线间距

布线密度	最小线宽 /mil	最小线间距 /mil	特　　点
低密度 PCB 板	15	15	可在间距为 100 mil、焊盘直径为 50 mil 的 DIP 封装的两焊盘间走 1 条导线。线条宽度较大，可靠性高
中等密度 PCB 板	10	10	可在间距为 100 mil、焊盘直径为 50 mil 的 DIP 封装的两焊盘间走 2 条导线。线条宽度适中，可靠性较高
高密度 PCB 板	6～7	6～7	可在间距为 100 mil、焊盘直径为 50 mil 的 DIP 封装的两焊盘间走 3 条导线。线条宽度较小
超高密度 PCB 板	3～5	4～5	可在间距为 100 mil、焊盘直径为 50 mil 的 DIP 封装的两焊盘间走 4 条导线。线条宽度很小

当然，为增加 PCB 板的可靠性，降低寄生阻抗，在空间允许的情况下，线宽越大越好。

2．印制导线宽度与焊盘直径之间的关系

印制导线宽度除了与电流容量、PCB 工艺水平相关外，还与焊盘直径有关，否则不仅影响美观，也容易造成虚焊。

焊盘直径 D 与印制导线宽度 W 的关系大致为

$$W=\frac{1}{3}D \sim \frac{2}{3}D$$

焊盘孔径 d 既与元件引脚大小有关，又与印制导线宽度 W 有关。为避免焊盘孔处导线有效宽度小于线宽 W，三者之间应满足

$$D-d \geqslant W$$

例如，焊盘直径为 62 mil，则与焊盘相连的印制导线宽度为 20～40 mil。典型焊盘尺寸与印制导线宽度关系如表 6-14 所示。

表 6-14　焊盘直径与最大印制导线宽度关系

焊盘/mil(mm)		导线宽度/mil		焊盘/mil(mm)		导线宽度/mil	
直径	孔径	范围	典型值	直径	孔径	范围	典型值
40(1.02)	20(0.51)	7～20	10	85(2.16)	55(1.40)	30～55	40
45(1.15)	23.5(0.60)	10～25	15	70(1.77)	47(1.20)	25～50	35
50(1.27)	28(0.71)	15～35	30	75(1.90)	51(1.30)		
50(1.27)	31.5(0.80)			95(2.41)	60(1.50)	35～60	45
55(1.40)	35(0.90)			110(2.80)	63(1.60)	40～65	50
62(1.57)	37(0.95)	20～40	30	125(3.12)	75(1.90)	45～85	65
65(1.65)	40(1.00)			150(3.81)	85(2.16)	50～100	75

6.6.3　最小布线间距选择

在 PCB 板上，电位不同的导电图形(包括印制导线、印制导线与焊盘、焊盘与焊盘)之间最小距离由最坏情况下导电图形之间的绝缘电阻和击穿电压决定，并且与下列因素有关：

(1) 两导电图形间的电位差。当导电图形的空间距离不足时，会导致局部放电，造成元件、设置损坏，引起火灾，甚至触电事故，即电位不同的导电图形间距必须满足最小电气距离和爬电距离要求。

电气距离是两导电体在空气中允许的最短距离，而爬电距离是两导电体沿绝缘材料表面允许的最短距离，如图 6-44 所示。

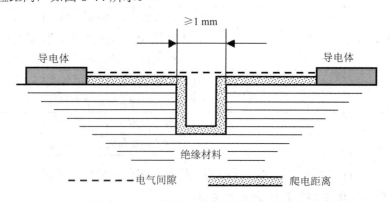

图 6-44　电气距离与爬电距离概念示意图

爬电距离不仅与绝缘材料本身特性(如覆铜板材质、有无阻焊油及阻焊油特性)有关，还与材料表面洁净度有关，显然当绝缘材料表面受到污染时，在相同漏电流下，爬电距离应相应增加。

(2) 电子产品类型、用途及必须遵守的安规标准。根据电器工作电压高低、供电方式及避免触电事故采取的保护措施，将电子产品分为 0 类电器、I 类电器、II 类电器、III 类电器等，电位差相同的导电图形，在不同类型电器中对应的电气距离、爬电距离并不相同；同一类电器，用途不同(如家用、工业、医疗等)，要求遵守的安规标准也不同；相同类型、用途电器，在不同国家(或地区)要求执行的安规标准也不同。

(3) 在 PCB 板上的位置。相同电位差的导电图形，位于与市电相连(包括经过自耦变压器降压或升压后与电网相连)的一次侧(也称为初级侧)电路时，电气间距、爬电间距均比位于与电网不相连的二次侧电路(也称为次级侧，如 AC-DC 变换器的次级、经工频隔离变压器降压、升压后的次级)，以及靠直流电源供电的超低电压电路。

(4) PCB 生产工艺的制约。对于不与电网相连的超低压安全电路中，尽管导电图形间电位差不大，理论上电气距离、爬电距离可以很小，两导电图形最小间距由工艺允许的最小线宽决定，例如，在数字电路印制板上，无须考虑击穿电压限制，只要生产工艺允许，线间距可以很小(与最小线宽相同，目前国内多数印制板厂工艺水平最小线宽为 3~4 mil)。基于可靠性方面考虑，在空间允许条件下，安全间距应适当取大一些，原因是当线间距小于 10 mil(0.254 mm)时，在 PCB 板生产过程中，PCB 板上的导电图形容易出现粘连现象，影响 PCB 板的成品率。实践表明：当导电图形安全间距与最小线宽在 10 mil 以内时，在印制板生产过程中，粘连、断线现象不可避免，成品率偏低，必须经过"飞针"测试工序，把存在粘连、断线现象的 PCB 板剔除出来后，才能进入贴片、插件工艺；而当导电图形安全间距与最小线宽大于 12 mil(0.30 mm)时，成品率较高，几乎可以省去"飞针"测试工序。另一方面，间距越大，即使 PCB 板表面有尘埃，漏电流也不会明显增加。

(5) 对于印制导线来说，在其他条件(电位差、漏电流)不变的情况下，导线间距还与导线平行走线的长度有关，平行走线的长度越大，导线间距应相应增加，才能满足电气距离和爬电距离的要求。

1．安规定义的绝缘等级

根据防电击能力的强弱，将绝缘等级分为：

(1) 工作绝缘，有时也称为操作绝缘或功能绝缘(Functional Insulation)，是设备正常工作所需的绝缘，如开关电源电路中一次侧内部、二次内部带电体之间的绝缘。

(2) 基本绝缘(Basic Insulation)是指有危险电压，但对使用者没有直接危害部件之间的绝缘，如开关电源电路中初级侧 L、N 之间，L 或 N 与 PE(保护地)之间。

(3) 双重绝缘(Double Insulation)是指有危险电压，且对使用者可能构成直接危害部件之间的绝缘，如一次侧与金属外壳、一次侧与二次侧之间。在基本绝缘基础上，增加辅助绝缘手段就能达到双重绝缘功能。

(4) 辅助绝缘(Supplementary Insulation)是指构成双重绝缘组件或材料，例如在变压器一次侧与二次侧绕组之间，增加 3 层绝缘胶带、引线套管等方式构成辅助绝缘手段，使一次侧与二次侧之间实现双重绝缘。增加辅助绝缘的目的在于一旦基本绝缘失效后，仍然可以借助辅助绝缘防止可能产生的触电事故。又如在没有保护地的 AC-DC 变换器中，采用绝缘性能良好、坚硬塑料外壳，即可实现一次侧与外壳之间的双重绝缘。

(5) 加强绝缘(Reinforced Insulation) 是指通过单一结构达到双重绝缘效果，防止带有危险电压部件对使用者可能造成的直接危害，如一次侧与金属外壳之间。

2．导电图形最小间距取值原则

在 PCB 板布局、布线过程中，可根据产品所属类别、用途、执行的安规标准，以及两导电体之间的工作电压(即正常工作时两导电体之间可能存在的最大电压差)、所处位置(绝缘等级)来选择两导电图形的最小间距。

对于非电源产品，如果没有明确执行哪一安规标准，可参考被广泛采用的印制板设计通用标准 IPC-2221 安全间距规范。IPC-2221 标准定义的最小间距与导电图形电压差之间关系如表 6-15 所示。

表 6-15　IPC-2221 标准定义的导电图形电压差与最小间距　　　　　mm

电压差(V)	裸 板			组 装		
	内层	无涂层外层	有涂层外层	带保形涂层外层	带涂层外部元件引脚	带保形涂层元件引脚
15	0.05	0.10	0.05	0.13	0.13	0.13
30	0.05	0.10	0.05	0.13	0.25	0.13
50	0.10	0.60	0.13	0.13	0.40	0.13
100	0.10	0.60	0.13	0.13	0.50	0.13
150	0.20	0.60	0.40	0.40	0.80	0.40
170	0.20	1.25	0.40	0.40	0.80	0.40
250	0.20	1.25	0.40	0.40	0.80	0.40
300	0.20	1.25	0.40	0.40	0.80	0.80
500	0.25	2.50	0.80	0.80	1.50	0.80

对于电源类、机电类产品，可根据执行的安规标准，查出一次侧、二次侧，以及输入电源线与保护地之间导电图形的电位差与线间距关系。电源类、机电类产品安规标准很多，例如被广泛采用的信息类电源产品 EN60950-1 安规标准定义的一次侧最小爬电距离如表 6-16 所示。

表 6-16　EN60950-1 安规定义的最小爬电距离　　　　　mm

工作电压/V	工作绝缘、基本绝缘及附加绝缘					
	污染等级 1	污染等级 2			污染等级 3	
	材料组别	材料组别			材料组别	
	I 、II、IIIa、IIIb	I	II	IIIa 或 IIIb	I	II	IIIa 或 IIIb
≤50		0.6	0.9	1.2	1.5	1.7	1.9
100		0.7	1.0	1.4	1.8	2.0	2.2
125		0.8	1.1	1.5	1.9	2.1	2.4
150		0.8	1.1	1.6	2.0	2.2	2.5
200		1.0	1.4	2.0	2.5	2.8	3.2
250	查该标准其他表格，如 2K	1.3	1.8	2.5	3.2	3.6	4.0
300		1.6	2.2	3.2	4.0	4.5	5.0
400		2.0	2.8	4.0	5.0	5.6	6.3
600		3.2	4.5	6.3	6.0	9.6	10.0
800		4.0	5.6	8.0	10.0	11.0	12.5
1000		5.0	6.1	10.0	12.5	14.0	16.0

表中材料组别按覆铜板(Comparative Tracking Index，CTI)指数大小分类，CTI 指数含义类似于 PTI(耐漏电压起痕指数)，可从覆铜板生产厂家提供的 PCB 板材参数表中查到，具体如下：

Ⅰ组材料	CTI> 600V	典型材料，如高导热 FR4、CEM-3
Ⅱ组材料	400V≤CTI< 600V	
Ⅲa 组材料	175V≤CTI< 400V	典型材料，如通用 FR4、CEM-3
Ⅲb 组材料	100V≤CTI< 175V	

如果没有明确执行的安规标准，也可以采用 IPC-9592(计算机与通讯工业电源转换器安全规范)给出的导电图形电位差 V_{PK}(峰-峰值)与安全间距 C_d(mm)的关系，近似估算出导电图形的最小间距。

$$C_d(mm) = 0.10 + 0.005 \times V_{PK}$$

此外，在电源产品中，一次侧与二次侧、一次侧与保护地(PE)、一次侧内 L、N 之间的等部位间距有特殊要求，如表 6-17 所示。

表 6-17　特殊部位电气距离/爬电距离(输入电压<300Vrms)

部位 爬电距离	保险丝前 L-N	保险丝前 L 及 N 与 PE 之间	一次侧交流 对直流	一次侧直流地 (热地)对 PE	一次侧 与二次侧	二次侧地(冷地) 对 PE
EN60950	2.0/2.5 mm	2.0/2.5 mm	2.0/2.0 mm	3.2/3.2 mm	6.4/6.4 mm	2.0 mm
EN60065	2.0/2.5 mm	2.0/2.5 mm	2.0/2.0 mm	3.2/3.2 mm	6.4/6.4 mm	2.0 mm
GB8898	3.0/3.0 mm	3.0/3.0 mm	3.0/3.0 mm	6.0/6.0 mm	6.0/6.0 mm	2.0 mm

为保证在最坏情况下，初级与次级间绝缘电压达到规定值，如果受空间限制，初、次级间的爬电距离达不到要求时，可考虑在初级与次级之间开 1.0 mm 宽度的安全槽，如图 6-45 所示。

当然，在布线过程中，除初级-次级、LN 与保护地 PE 外，受空间限制而不能满足最小间距要求时，即使两导电图形短路，也不会造成严重后果。如在元件损坏、PCB 板印制导线脱落，甚至烧焦起痕、保险丝损毁、触电等严重事故的情况下，也可以适当减少导电图形间距。

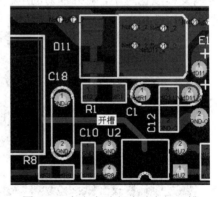

图 6-45　初级与次级电路之间开槽

6.6.4　印制导线走线控制

1. 印制导线转角

印制导线转折点内角不能小于 90°，以避免在转角处出现尖角，一般应选择 135°或圆角，如图 6-46 所示。由于工艺原因，在印制导线的小尖角处，印制导线有效宽度将变小，电阻增加，且容易产生电磁辐射(也正因如此，在射频电路中转折处尽可能采用圆角)；另一方面，小于 135°的转角，会使印制导线总长度增加，也不利于减小印制导线的寄生电阻和寄生电感。

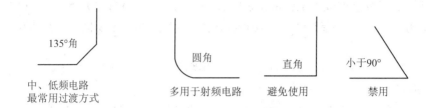

图 6-46　走线转折方式

2. 同一印制导线宽度应均匀一致

在印制板上，不同信号线宽度可根据电流大小、工作频率高低选择不同的线宽，但同一印制导线在走线过程中，应均匀一致，不能在信号前进方向上突然变小，如图 6-47 所示，否则会恶化 EMI 指标。

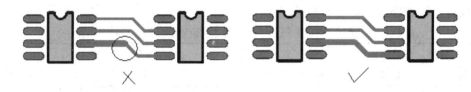

图 6-47　连线突变

3. 走线尽可能短

走线越短，被干扰的可能性就越小；此外，走线越短，寄生电阻、寄生电感也越小，信号畸变程度也越小，对外辐射的电磁信号幅度也越小。例如，图 6-48(a)的 U202 下方连线偏长，可修改为图 6-48(b)所示的形式。

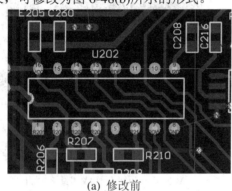
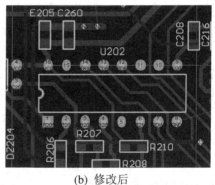

(a) 修改前　　　　　　　　　　　　　　　　　　　(b) 修改后

图 6-48　走线尽可能短

尤其要注意控制强干扰源导线(如开关电源主回路电源线/地线、开关节点连线、时钟信号线等)，以及对干扰敏感信号线(如三极管基极、MOS 栅极、同步触发控制信号、微弱模拟信号输入线等)的走线长度。例如，在图 6-49 所示的开关电源电路中，流过主回路电源线(VCC)/地线(GND)的信号属于高频、高压、大电流脉冲信号；而变压器次级引脚到次级整流二极管正极之间的连线属于次级回路开关节点，布线长度必须尽可能短，否则对外电磁辐射量会很大。

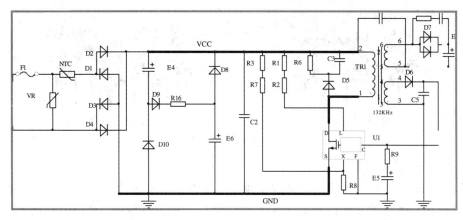

图 6-49　尽可能缩短强干扰源印制导线的长度

4. 焊盘、过孔处的连线

对于圆形焊盘、过孔来说，必须从焊盘中心引线，使印制导线与焊盘或过孔交点的切线垂直，如图 6-50(a)所示。在方形焊盘处引线时，引线与焊盘长轴方向最好相同，以保证导线与焊盘连接处导线宽度不因钻蚀现象而减小，如图 6-50(b)所示。

此外，小尺寸贴片元件，如 0603、0805、1206 等两焊盘连线增加的热容尽可能相同，以避免在焊接过程中可能出现的移位、立碑等不良现象。图 6-50(c)列举了几种典型因连线不当而引起的贴片元件引脚焊盘热容不对称现象及其改进方法。

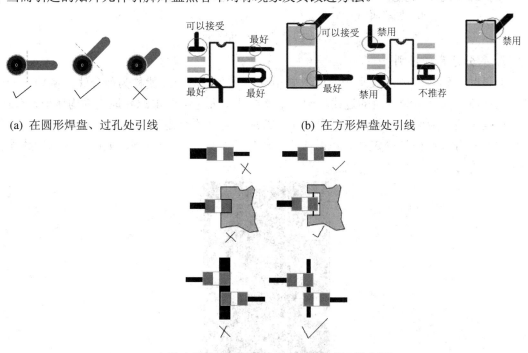

(a) 在圆形焊盘、过孔处引线　　　　　　(b) 在方形焊盘处引线

(c) 小尺寸元件焊盘因连线增加的热容尽可能相同

图 6-50　焊盘引线方式

5. 避免走线分支

在连线过程中，尽量避免走线出现分支，以降低 EMI。例如，在图 6-51(a)中电源线 2VCC1

走线就存在分支，必须修改。

(a) 走线有分支　　　　　　　　　　(b) 修改后走线没有分支

图 6-51　尽量避免走线出现分支

6. 尽量减小环路面积

回路面积越小，穿过回路的总磁通就越小，磁通变化量也就越小，感应干扰就越小。例如，将图 6-52(a)中所示的白线走线改为图 6-52(b)所示的形态后，回路面积减少，抗干扰能力将有所提高。

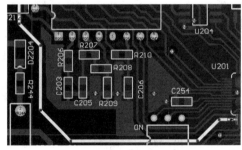
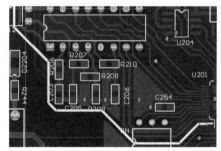

(a) 回路面积大　　　　　　　　　　(b) 回路面积小

图 6-52　尽量减小回路面积

7. 差分线走线规则

如果两条导线的电流大小相等而流向相反，那么这两导线就称为差分线。例如，同一负载的连线、同一电源绕组的连线、同一电路板或单元电路的电源和地线等均属于差分线。

根据电磁感应原理，同信号层内的差分线应尽可能平行走线，如图 6-53 所示；相邻信号层内的差分线最好重叠走线，以减少电磁辐射干扰，这对于高频、大电流印制导线尤其必要。

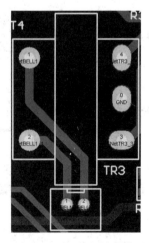

图 6-53　变压器同一绕组连接线并行走线

6.6.5 单面板中跨接线设置原则

在单面印制板中，对于交叉的印制导线，如果不能借助元件引脚缝隙走线来避免交叉，则必须借助跨接线(硬质镀银线)连接。在 PCB 上设置跨接线时，必须遵循如下原则：

(1) 通过精心调整元件布局，把跨接线数目减到最小。

(2) 尽可能避免断开强干扰源或对干扰敏感的印制导线；尽可能避免断开大电流印制导线；尽可能避免断开高频信号线。

(3) 跨接线尽可能短。

(4) 跨接线之间不能交叉。

(5) 跨接线位置不能与印制板上相邻的其他印制导线平行，以减小"串扰"效应。

(6) 跨接线跨距种类尽量少，在低压高密度 PCB 板上，仅使用 6.5 mm 跨距的跳线；在高压中低密度 PCB 板上，仅使用 10.0 mm 跨距的跳线。

(7) 跨接线应以元件形式出现，不宜借助间距为特定值的两个独立焊盘实现，以避免在编辑过程以外改变了跨距。

6.7 地线/电源线布局规则

6.7.1 地线概念及地线分类

接地是电路和设备最基本的要求之一，是保证电路板或设备正常工作的必要条件，接地也是解决电路系统 EMI 问题的重要手段，此外接地还是保护操作者安全、避免触电事故的重要措施。良好的接地设计可保证电路系统内各单元电路、单元电路内的元件有一个共同的电位参考点，保证电路系统工作正常，减小电路系统产生的电磁干扰通过电源线污染电网(传导干扰)或发射到电路系统外的空间中(辐射干扰)，另一方面也避免了外部电磁干扰脉冲影响电路系统本身的工作状态。

接地种类很多，可分为三大类。

1. 安全类接地线

设置安全接地的主要目的是为了保护设备自身及操作者的安全，包括保护地、防雷地、机壳地、交流地。

(1) 保护地。在三插式电源插头中，相线 L、零线 N 通过 Y 安规电容接保护地 PE，如图 6-54 所示，保护地 PE(用黄绿线连接)通过插座接大地，这样能给 L、N 线上的共模干扰信号提供对地泄放通路，而且，当金属外壳也接大地时，一旦一次侧带电部件与金属外壳短路，就强制外壳电位为 0，并强迫配电箱漏电保护开关动作，从而避免触电事故。

PCB 板上的保护地(PE)一般通过防松脱螺丝接机壳机，然后再接大地。

(2) 防雷地。防雷地可以是设备金属支架接地点或建筑物防雷设施接地点，防雷地与大地相连。

(3) 交流地。交流地就是交流输入线的 N 端，如图 6-54 所示，接三相四线制供电系统的中线，由于 N 端是单相交流电回路的一部分，因此 N 端对大地电位不为 0，且波动幅度较大。交流地不能与保护地 PE 短路，也无须通过 Y 安规电容接保护地 PE。

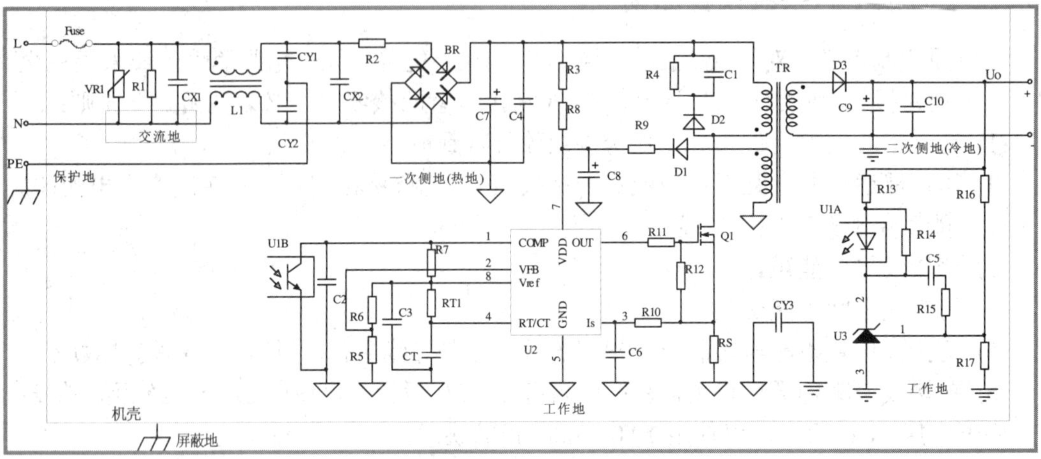

图 6-54　AC-DC 变换器地线概念

2．保证系统正常工作的接地

这类接地的目的是为了保证系统内的各单元电路、单元电路内各元器件有公共的电位参考点，使电路系统能正常工作，如可以感知数字 IC 输入信号是高电平还是低电平、模拟电路信号的大小等。

这类接地种类很多，如一次侧内的工作地(如图 6-54 中 PWM 控制芯片的 GND 引脚)、二次侧内的工作地、一次侧地(热地，即一次侧整流桥负极)、二次侧地(冷地，即二次侧输出滤波电容负极)、系统地、功率地、电位基准地等，其中工作地又可分为模拟地和数字地。

这类地可以接大地，也可以不接大地(浮地，即悬空)，甚至根本不允许直接接大地(如图 6-54 中的一次侧地)。

如果将图 6-54 所示的电路安装在金属外壳中，并将一次侧保护地 PE、二次侧工作地均接到机壳上，便形成了Ⅰ类电器，特征是带有接地保护，借助基本绝缘就达到安规要求。

如果去除图 6-54 所示电路中的 Y 安规电容 CY1、CY2 及保护地 PE，并将二次侧地(即输出地)悬空，就形成了Ⅱ类电器(通过双重绝缘或加强绝缘手段防止触电事故)或 0 类电器(仅有基本绝缘的金属壳电器，一旦基本绝缘失效，只靠使用环境避免触电事故)。这类电器不仅安全性有所下降，EMI 干扰也会增加。

靠直流电源供电的超低压电器设备，工作地是否需要接大地视情况而定：如果有金属机壳，且使用环境接大地非常方便，可将工作地接金属机壳地，使用时将机壳地接大地；反之，接大地不方便时，则工作地最好悬空，否则金属机壳可能变成接收天线，共模高频干扰更严重。当然，如果是塑料外壳，则工作地肯定要悬空。

3．为减小 EMI 的接地

这类接地包括了屏蔽接地、滤波接地(如穿心电容外壳接地)、静电屏蔽接地等。这类接地往往通过接地线接大地。

6.7.2　地线与电源线共阻抗干扰及消除方式

"地"是指电路中各节点电位的参考点，在原理图中具有相同网络标号的"接地"符号表示这些接地点之间没有电位差。然而在 PCB 板中不同接地点只能通过印制导线连接，直流电阻、寄生电感不可能为零，因此当有电流经过时，必然存在电位差，这就是印制板设计中遇到的共阻抗干扰问题。下面以图 6-55 所示电路为例，说明共阻抗干扰成因及消除方法。

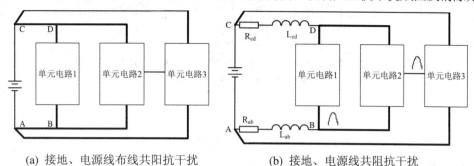

(a) 接地、电源线布线共阳抗干扰　　　　　　　(b) 接地、电源线共阳抗干扰

图 6-55　地线(电源线)共阻抗干扰

在图 6-55 中，单元电路 1 与单元电路 2 共用同一地线段 AB，考虑寄生电感后 AB 段印制导线集总参数等效为直流电阻 R_{ab} 和寄生电感 L_{ab}。其中直流电阻

$$R_{ab} = \rho \frac{l}{dw}$$

与印制导线长度 l、宽度 w、铜箔厚度 d 及电阻率 ρ 有关。对于铜箔厚度 d = 50 μm(假设电阻率 $\rho = 2.0 \times 10^{-5}$ Ωmm)、宽度 w = 1.27 mm(50 mil)、长度 l = 10 cm 的印制导线来说，直流串联电阻 $R_{ab} \approx 0.031$ Ω。如果单元电路 1 的工作电流为 1A，则 B 点对地的直流压降约为 31 mV。

寄生电感 L_{ab} 可用长导线自感近似，而远离其他导体的长导线(即长度远大于线径)寄生电感 L≈80 nH/m，则长度 l = 0.1 m 的 AB 段寄生电感 l = 8 nH。如果单元电路 1 的工作频率为 10 MHz，则 AB 段感抗 $Z_{Lab} \approx 0.5$ Ω。可见在高频状态下，印制导线寄生感抗远大于寄生阻抗。即使高频电流不大，如峰-峰值仅为 100 mA，但高频电压峰-峰值也将达到 50 mV。

当单元电路 1 为数字电路时，在逻辑转换过程中，假设电流变化量为 24 mA，信号上升、下降时间均为 5 ns，则 AB 段两端电压为

$$U = L \frac{di}{dt} = 8nH \times \frac{24 \ mA}{5 \ ns} = 38.4 \ mV$$

如果单元电路 2 的输出作为单元电路 3 的输入，且单元电路 3 的地线接电源负极，则单元电路 1 的工作电流波动在 B 点形成的压降将叠加到单元电路 2 的输出端(相当于单元电路 2 的地电位被抬高了)，从而影响单元电路 3，这就是所谓的地线共阻抗干扰现象。

共地阻抗对电路的影响是显而易见的：如果单元电路 3 为模拟放大器，那么在输出端就会检测到被放大了的干扰信号，使输出信号失真。如果单元电路 3 为数字电路，则在干扰幅度不大的情况下，会使单元电路 3 的输入端噪声容限下降，严重时会引起逻辑错误，造成电路误动作。

这种共阻抗干扰也同样会出现在电源线上，如图 6-55 中的 CD 段。

为避免地线、电源线的共阻抗干扰，在印制板上布线时可采取如下措施加以克服：

(1) 在中低频(<1 MHz)电路中，系统内不同单元电路之间、同一单元内不同元件之间尽量采用单点接地形式，如图 6-56 所示。

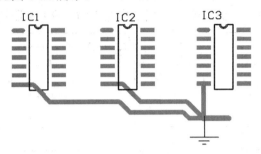

图 6-56　单点接地形式

在高频电路中，最高信号频率对应的波长 λ 很小。根据电磁场理论，连线长度(包括接地线长度)必须小于 λ/20，否则连线阻抗就不能忽略。当连线长度接近 λ/4 时，其阻抗接近无穷大，只能采用多点就近接到地平面方式，以减少地线长度，降低接地阻抗，如图 6-57 所示。

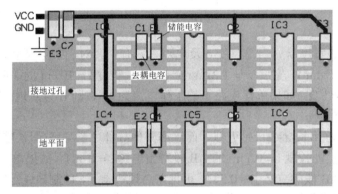

图 6-57　多点就近接地平面

图 6-57 所示地线(接地平面)、电源线布局方式在双面板中得到了广泛应用，尽管不同 IC(或单元电路)电源线 VCC 有公共线段，理论上存在共阻抗干扰，但增加储能、去耦电容后，每一 IC 或单元电路瞬态大电流由储能电容 E、去耦电容 C 提供，电源共阻抗干扰现象并不明显；所有 IC 或单元电路地线引脚借助过孔就近接入地平面，形成多点接地方式，消除了共地阻抗干扰，不仅可用于中低频电路，也可以用于中高频电路。

(2) 地线宽度要大，长度要短，以减小寄生电阻和寄生电感。在双面板中，最好采用大面积接地方式，或采用含内地线层、内电源层的多层板。

(3) 为减少电源线共阻抗干扰，可在单元电路电源输入端(包括单元电路内的 IC 电源引脚)增加储能小电容(1～22 μF，容量大小与该单元电路或 IC 芯片瞬时功率有关)，如图 6-57 所示。

6.7.3　接地方式

1. 一字型接地方式

在中低频、小功率电路板上可采用一字型地，将本级接地元件尽可能就近安排在公共地线的一小段内，呈一字型排列，如图 6-58 所示，其特点是美观、元件排列均匀有序。

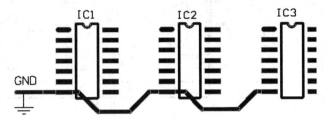

图 6-58　一字型接地方式

在一字型接地方式中，对干扰敏感的单元电路应优先安排在最靠近公共接地参考点，如图 6-58 中的 IC1，抗干扰能力最强的单元电路离公共接地参考点最远。

对于接地电流大小来说，功率越大的单元离公共接地参考点越近，如图 6-58 所示，IC1 接地电流最大，IC3 接地电流最小。

2. 单点接地方式

无论是低频、中频模拟电路，还是数字电路，单元内每一个接地元件都应采取单点接地方式，如图 6-56 所示，这是防止共地阻抗干扰唯一有效的办法。

然而，在印制板上不可能把本级所有接地元件引脚插入同一焊盘孔内，形成原理图中"单点接地"的形式，排版时只能用岛形焊盘模拟单点接地效果，如图 6-59 所示。

3. 分支接地

当接地元件较多时，一字型接地方式占用公共地线段较长；当不可避免地存在共阻抗干扰现象时，可采用多分支接地方式，然后再将不同接地分支汇集到公共接地点上，如图 6-60 所示。

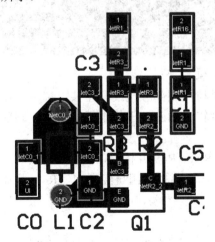

图 6-59　岛形接地焊盘

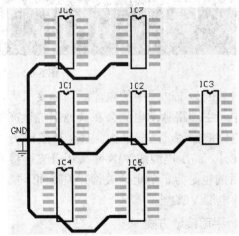

图 6-60　分支接地方式

可见分支接地方式实际上是一字型接地与单点接地方式的组合，常用于中低频电路中。

在开关电源初级回路中，控制电路部分的所有接地元件采用单点接地方式后，与功率开关管源极 S 的电流检测电阻接地端通过分支接地方式连接到整流桥与滤波电容的负极(该处为公共接地参考点)，如图 6-61 所示。

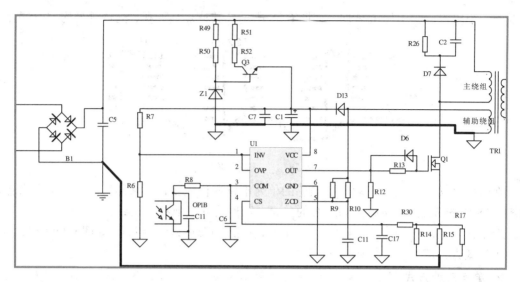

图 6-61　分支接地示意图

实际排版结果如图 6-62 所示，实测表明该排版方式具有良好的电磁兼容性能。

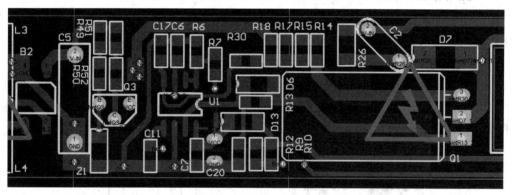

图 6-62　实际排版结果

　　这是因为主回路中的电流脉动幅度很大，如果与控制部分地线存在共阻抗，则在开关过程中，主回路脉动电流会在共地阻抗上产生幅度较大的脉动干扰电压，结果控制部分电路地电位被抬高，造成串扰，甚至自激。

　　此外，高压电源线 VIN 也采用分支连接方式：R51、R49 并接后，单独接高频滤波电容 C5，目的也是为了防止开关管开关瞬间干扰脉动电压，借助共阻抗经 R51、R49 叠加到控制芯片电源 VCC 上。

4. 平面接地方式

　　一字型接地、单点接地、分支接地等仅适用于中低频电路中，而在高频电路中只能采用多点就近接入地平面的方式。原因是在高频电路中，器件工作频率很高，波长很短($\lambda = C/f$，其中 C 为 PCB 介质内的电磁波传播速度，比真空中光速 C 略小)。例如，当工作频率为 100 MHz 时，波长 $\lambda < 3$ m。根据电磁理论，连线长度必须小于 $\lambda/20$，否则寄生感抗的影响就不能忽略，最大连线长度小于 150 mm。因此，在高频电路中，一般采用多点就近接入地平面的方式，以减少接地阻抗，如图 6-57 所示。

为了更好地理解多点就近接地方式,图6-63给出了双面PCB就近多点接地的排版实例。

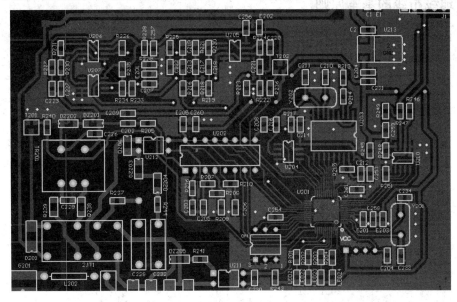

(a) 元件面

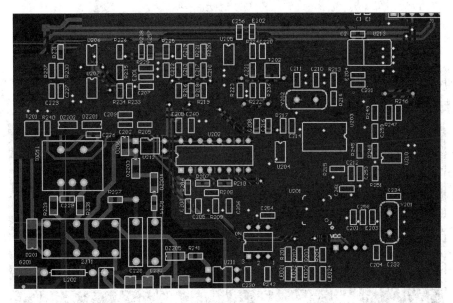

(b) 焊锡面

图 6-63　多点就近接地排版实例

从图 6-63 中可以看出:该 PCB 板以贴片元件为主,因此元件面是信号线、电源线的主布线层;将焊锡面作为地线层,仅放置了无法在元件面内布通的少量信号线与电源线,尽可能保持地线层的完整性。从实际排版效果看,地线层基本上是完整的,仅存在少量空洞,也没有被连线分割,是一块电磁兼容性能优良的 PCB 板。

元件面内需要接地元件,可通过穿通元件接地引脚焊盘与平面地线层相连,也可借助过孔与地线层相连。

6.7.4　地线布线的基本原则

1. 尽量减小电源与地线之间形成的回路面积

在布线过程中，必须尽量减少电源与地线之间的回路面积以及信号线与地线之间的回路面积，尽可能避免出现环形天线效应，如图 6-64 所示。

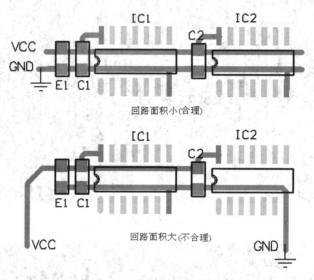

图 6-64　回路面积控制示意图

又如，对于图 6-62 所示的开关电源初级回路，没有经验的初学者很容易布出类似图 6-65 所示的排版结果。

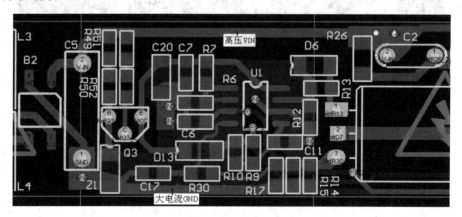

图 6-65　电源线 VIN 与源极 S 电流检测电阻接地线构成了大面积回路

实验表明这种排版结果对外电磁辐射量很高，而位于电源线 VIN 与大电流接地线框内的控制电路到处都感应到干扰信号。

2. 保证干扰源与地线层边框最小间距

在含有地平面的双面或多层板中，干扰源离地线层外边框的最小距离应不小于 20H(H 为两层之间的距离，在双面板中 H 就是板厚)，以减少电磁辐射量——这就是所谓的"20H"原则。在图 6-66 中，假设双面 PCB 板厚度 H = 1.0 mm，则高频信号源，如晶振电路离边框距离应大于 1.0 mm × 20，即 20 mm。

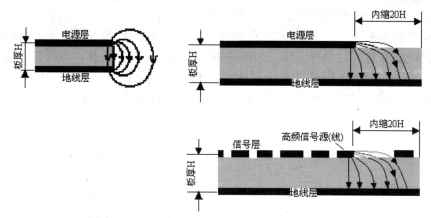

图 6-66　辐射源与地线层最小间距

在含有内电源层、内地线层的高速 PCB 中，内电源层边框与内地线层边框也需要遵守 "20H" 原则，以减少电磁辐射量。

3. 保证地线层的完整性

在单面、双面板中，设置跳线或过孔时，优先选择慢速信号线，甚至小电流电源线，不要轻易断开地线。

在多层板中，设有内地线层和内电源层，信号层中所有需要接地的导电图形，可通过穿通式元件接地引脚焊盘孔或金属化过孔与内地线层相连；所有需要接电源的导电图形，也是通过穿通式元件电源引脚焊盘孔或金属化过孔与内电源层相连。为保证电磁兼容性指标，尽可能避免在内地线层、电源层上布线。当有少量连线实在无法在信号层内布线，非要在内电源层或地线层走线时，应优先使用内电源层，而不是地线层，即尽可能不要破坏地线层的完整性。

4. PCB 板金属外壳元件尽可能接地

如果 PCB 板存在金属外壳元件，如石英晶体振荡器、声表滤波器、带金属屏蔽壳的各类传感器、高灵敏度放大器等，在 PCB 板上最好将这些器件或模块的金属外壳接地，且接地线(点)面积尽可能大，对于周长较大的金属屏蔽壳，还要多点接地。

6.8 PCB 功率贴片元件散热设计

随着 SOT-23、SOT89、SOT223、TO252、TO263、MBS、SMA、SMB、SMC、SOD 等贴片封装功率元器件在电子产品中的广泛应用，以及 3014、3528、3535、5050、5630、6070 等贴片封装 LED 芯片在 LED 照明灯具中的普及，PCB 散热设计技巧越来越受到 PCB 设计者的重视。

在 PCB 板上，贴片功率元件散热设计的原则是：在保证安全间距情况下，利用敷铜区 (Polygon Plane)或填充区(Fill)，甚至导线等导电图形增加元件导热引脚焊盘的面积，一方面扩大了导热引脚的散热面积；另一方面减小了横向热阻，有利于将功率元件产生的热量传送到 PCB 板的背面。这一原则同样适用于铝基、铜基以及陶瓷基板，毕竟铜的导热系数远大于绝缘层的导热系数。

下面通过几个例子介绍贴片功率元件的散热设计方法。

在图 6-67 所示的中小功率继电器驱动电路中，对于没有经验的设计者，为保险起见，建议使用 TO-92 穿通封装的开关管，而不使用 SOT-23 封装开关管。但只要适当增加 BJT 三极管 C 极(或 MOS 管 D 极)焊盘的面积(管芯一般直接粘贴在 C 或 D 极上)，使用 SOT-23 封装开关管完全可行，继电器长时间吸合期间开关管的温升并不明显。

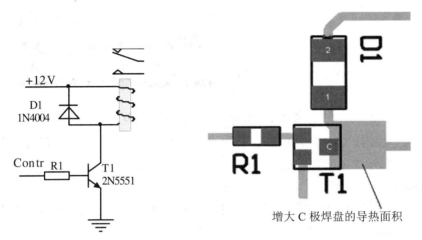

图 6-67　增大散热引脚焊盘的面积实例

在 PCB 板上，如果受空间限制，无法进一步扩展功率元件导热引脚焊盘面积时，可在高热焊盘的另一面放置一定大小的散热岛，并通过多个金属化过孔将上、下两面散热岛连在一起，强化散热效果，如图 6-68 所示。

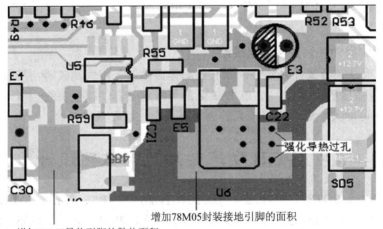

图 6-68　在功率元件导热焊盘的上下两面增加散热岛

在 LED 照明球泡铝基 PCB 上，也同样需要充分利用铜膜加强 LED 芯片的散热效果，降低 LED 芯片的结温，可延缓 LED 芯片的光衰进程。在其他条件相同的情况下，实测结果表明，图 6-69(b)所示排版方式中 LED 芯片焊盘的表面温度比图 6-69(a)所示排版方式低了 3℃左右，可见导热效果非常显著。

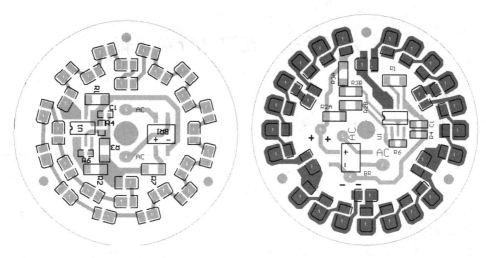

(a) 没有扩展引脚焊盘面积　　　　　　(b) 充分利用铜膜扩展引脚焊盘面积

图 6-69　铝基 LED 照明球泡散热设计图例

在 LED 照明灯管中，充分利用 PCB 板上铜膜扩展 LED 芯片焊盘面积，强化散热效果后，使用 FR-4 玻纤板一样可以达到价格昂贵的铝基板的散热效果。某灯具厂家要求分析能否用 FR-4 板材代替铝基板材。在观察了该型号灯具 PCB 板后，发现原设计者没有意识到利用 PCB 板上铜膜来改善 LED 芯片的散热效果，如图 6-70(a)所示。由于单颗 LED 芯片的工作电压只有 3～4 V，压差很小，线间距取 0.3 mm 就能满足批量生产的工艺要求，为此可充分利用铜膜扩展其焊盘，如图 6-70 (b)所示。测试表明，改进后的排版方式用 FR-4 玻纤板的焊盘温度与改进前用铝基板相差不足 0.4℃,可见没有必要使用铝基板，从而降低了 LED 灯具的成本，并提高了 LED 灯具的绝缘等级。

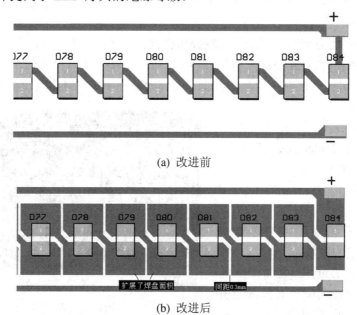

图 6-70　LED 照明灯管散热设计图例

6.9　PCB 工艺边设计与拼板

6.9.1　工艺边设计

对于外形尺寸已固定的电路板来说，在元件布局过程中，当走板方向上元件焊盘边缘离 PCB 板机械边框小于 3.0 mm 时，需要增加工艺边，以便在 PCB 生产、插件、焊接过程中能借助传送带传送，如图 6-71 所示。

工艺边宽度取值原则是工艺边外沿到 PCB 布线区焊盘边缘的最小间距为 5.0 mm(具体数值由 PCB 生产厂家传送夹具决定，但一般不少于 3.0 mm)。例如当布线区内焊盘边缘与机械边框间距为 1.0 mm 时，增加的工艺边宽度可取 4.0 mm。考虑到 V 槽分板时的机械误差，布线区边线与机械边框的最小间距必须大于 0.3 mm。

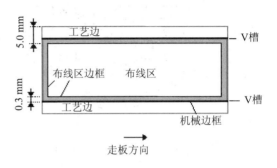

图 6-71　增加工艺边

6.9.2　拼板设计

由于 PCB 生产厂家标准夹具尺寸有限。当 PCB 板长、宽尺寸小于特定某一特定值(一般为 50 mm × 50 mm)时，就需要将多块 PCB 拼接在一起，这就是所谓的拼板设计。当然，将多块小尺寸 PCB 拼接在一起，也是为了提高生产效率。

1. 无缝隙拼板

当 PCB 板外形为方形时，可采用无缝隙拼板方式，借助 V 槽分割。下面通过具体实例介绍无缝隙拼板操作过程(假设单元板尺寸为 1725 mil × 960 mil，拼板数量为 3 × 4)：

(1) 在单元板机械边框左下角放置一个过孔作为基准点，并将原点设在基准点上，如图 6-72 所示。

(2) 在 PCB 编辑状态下，执行 "Tools" 菜单下的 "Preference…" 命令，在 "Option" 标签内，去掉 "Editing Options" 选项框内 "Protect Locked Object" 选项前的 "√" 号，即暂时不保护被锁定对象，否则执行 "选中" 操作时，将忽略被锁定的对象。

(3) 执行 "Edit" 菜单下的 "Select\All" 命令，选中单元板内的所有图件(包括元件、印制导线、过孔及敷铜区等)。

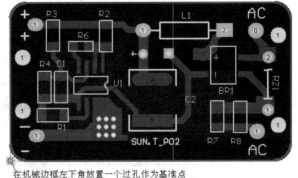

在机械边框左下角放置一个过孔作为基准点

图 6-72　设置基准点

(4) 执行 "Edit" 菜单下的 "Select\Toggle Select" 命令，取消为基准点标志过孔的 "选中" 状态。

(5) 执行 "Edit" 菜单下的 "Cut" 命令，将光标移到基准点过孔上，并单击。

(6) 执行 "Edit" 菜单下的 "Paste Special…"(特殊粘贴)命令，在图 6-73 所示窗口内，选中 "元件序号重复" 项，并单击 "Paste Array…"(阵列粘贴)按钮。

(7) 在图 6-74 所示的窗口内，选择 "Linear"(线性)粘贴方式，并定义粘贴数量(与列数相同)和 X 方向的距离(在无隙拼板操作中，X 方向距离与单板长度相同)，Y 方向距离为 0。

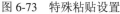

图 6-73　特殊粘贴设置

图 6-74　沿水平(X)方向阵列粘贴设置

(8) 单击 "OK" 按钮后，即可观察到图 6-75 所示的粘贴结果，这时仍处于选中状态。

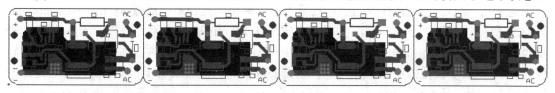

图 6-75　完成水平方向阵列粘贴

(9) 重复步骤(5)～(7)，执行 Y 方向上的阵列粘贴，就获得了 3×4 拼板图，如图 6-76 所示。在 Y 方向上进行阵列粘贴时，定义粘贴数量(为 3，与行数相同)和 Y 方向的距离(在无隙拼板操作中，Y 方向距离与单元板宽度相同)，X 方向的距离为 0。

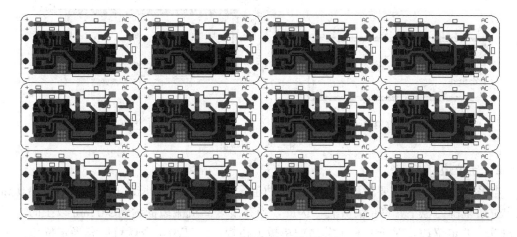

图 6-76　完成 XY 方向阵列粘贴

(10) 增加工艺边、删除作为基准点的过孔后，就得到了最终的拼板结果。

2. 有缝隙拼板

由于 V 槽分割只能走直线，且 V 槽最短一般不能小于 50 mm，对于外形为曲线或短折线的 PCB 拼板，只能采用有缝隙拼板方式，借助铣刀分割，如图 6-77 所示的圆与圆环拼板。拼板缝隙一般不能太小，否则铣刀无法加工。拼板缝隙大小与 PCB 生产厂家工艺有关，有的厂家要求拼板缝隙不能小于 2.0 mm，有的厂家可以缩小到 1.6 mm。

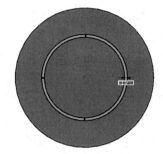

图 6-77　有缝隙拼板

6.10　定位孔与光学基准点设计

6.10.1　定位孔及定位边

PCB 板在丝印、刮锡膏、贴片等操作过程中，需要固紧定位，目前常用针定位或边定位方式。当采用针定位方式时，需要定位孔；反之，当采用边定位时，需要定位边(也称为夹持边)。

1. 定位孔

定位孔一般设在 PCB 板长边上，数量不少于两个，孔径 φ 一般取 3.0 mm±0.5 mm，距离 PCB 机械边框不小于 5.0 mm，并要求在定位孔 2.0 mm 范围内不允许放置元件(如果孔径 φ 为 3.0 mm，则以孔径为圆心，半径 3.5 mm 范围内不能放置元件，如图 6-78(a)所示。定位孔与 PCB 板非接地固定螺丝孔类似，也需要放置在机械层或禁止布线层内，并通过画圆工具绘制，而不是由孤立焊盘构成，属于非金属化孔。因此，满足条件的 PCB 板上的非接地固定螺丝孔也可以充当定位孔。

对于具有工艺边的单板和拼板，定位孔可放在工艺边上，如图 6-78 (b)所示。

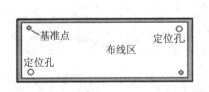

(a) 定位孔在 PCB 板内部

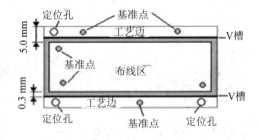

(b) 定位空在工艺边上

图 6-78　定位孔

2. 定位边

当采用边定位时，需要设置定位边。定位边也设置在 PCB 板的长边上，宽度不少于 3.0 mm，在定位边范围内也不允许放置元件。因此，当布线区离机械边框达到 3.0 mm 以上时，无须考虑额外的定位边。对于具有工艺边的单板或拼板，工艺边本身就可以充当定位边。正因如此，并不一定需要设置定位孔，除非必须采用针定位方式。

对于具有工艺边的单板或拼板，可在工艺边上设置定位孔，以方便选择针定位或边定位方式，反正工艺边上不会有导电图形，在完成了元件焊接、测试后，分板时工艺边总是被丢弃。

3. PCB 板固定螺丝孔

如果 PCB 板依靠螺丝固定，则必须在 PCB 板上给出固定螺丝孔的尺寸及位置。对于大功率元件固定螺丝孔、印制板固定螺丝孔，其尺寸与固定螺丝规格有关(一般均采用标准尺寸的螺丝、螺帽)，电路板常用固定螺丝规格、孔径及工作绝缘对应的禁止布线区参数，如表 6-18 所示。

表 6-18　常用固定螺丝规格　　　　　　　　　　　　　　mm

螺丝种类	规格	螺丝孔径	禁止布线区
螺钉	M2	2.4±0.1	φ6.1
	M2.5	2.9±0.1	φ6.6
	M3	3.4±0.1	φ8.6
	M4	4.5±0.1	φ10.6
	M5	5.5±0.1	φ12.0
自攻螺丝	ST2.2	2.4±0.1	φ6.6
	ST2.6	2.8±0.1	φ6.6
	ST2.9	3.1±0.1	φ6.6
	ST3.5	3.7±0.1	φ9.6
	ST4.2	4.5±0.1	φ10.6

例如，对于 ST2.6 自攻螺丝来说，孔径 φ 为 2.8 mm，螺丝头直径为 φ5.0 mm，当禁止布线区取 φ6.6 mm 时，假设临近导电图形(印制导线或引脚焊盘)边缘与禁止布线圆外切，那么导电图形与螺丝头间距为 1.3 mm，仅可作为工作绝缘。

对于通过金属支架接地的固定螺丝孔，属于金属化孔，需用孤立焊盘实现；而对于非接地的固定螺丝孔，属于非金属孔，需在机械层或禁止布线层内(可以选择机械层，也可以选择禁止布线层，一般与 PCB 板边框相同)，通过画圆工具绘制。为保证螺丝孔定位准确，建议绘制固定螺丝封装图，如图 6-79 所示，并保存到 PCB 元件库文件中。

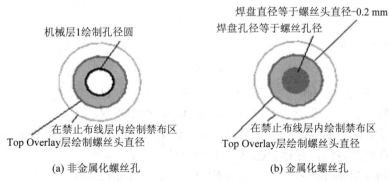

(a) 非金属化螺丝孔　　　　　　　　(b) 金属化螺丝孔

图 6-79　固定螺丝孔结构

6.10.2　光学基准点

基准点是刮锡(也称为锡膏印刷)操作、贴片操作的光学定位点,在含有表面安装器件的 PCB 板上必须设置一定数目的基准点。对于单面贴片的 PCB 板,仅需在 Top Layer(元件面)内设基准点;而对于双面贴片的 PCB 板,还需要在 Bottom Layer 面内设置基准点。

1. 基准点种类

(1) 用于 PCB 板定位的位于 PCB 板对角线上不对称的 3 个基准点,如图 6-78 所示的布线区内的 3 个基准点。如果 PCB 板有工艺边,也可以在工艺边上放置 3 个定位基准点,在图 6-78 所示的工艺边上就设置了 3 个基准点。

位于 PCB 板布线区内的基准点,离 PCB 板机械边框距离不少于 5.0 mm,如果不能保证,也可以取消布线区内的基准点,而仅保留工艺边上的基准点。

(2) 引线中心距≤0.5 mm(20 mil)的 QFP 封装以及中心距≤0.8 mm(31 mil)的 BGA 封装等器件,在通过该元件中心点对角线上需要设置两个光学定位基准点,如图 6-80 所示,以便在贴片过程中对其精确定位。

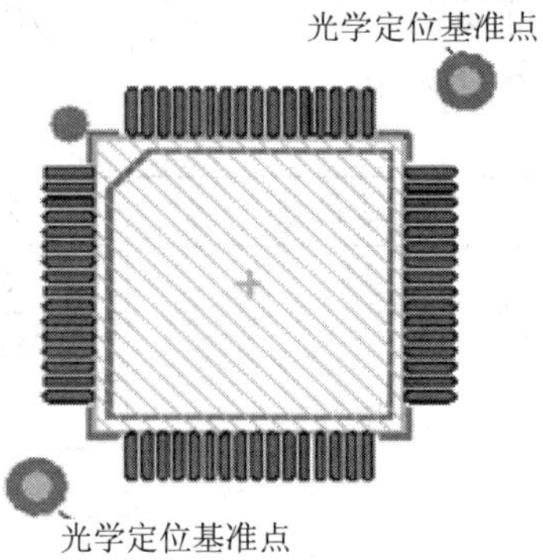

图 6-80　高密度 QFP 封装元件对角线上的基准点

2. 基准点形状

常见的基准点形状大致有以下三种形式:

(1) 在铜膜厚度小于 3.0 mm 的 FR-4、CEM-3 等基板上,通用基准点形状一般为没有阻焊油覆盖的实心圆形铜膜(直径 Φ 为 40 mil)。为提高对比度,周围设有宽度为 20~25 mil 的阻焊环(阻焊层开窗),如图 6-81(a)所示。

(2) 在通用基准点的阻焊环外再增加一个宽度为 10 mil 的金属保护环,构成增强型基准点,如图 6-81(b)所示。

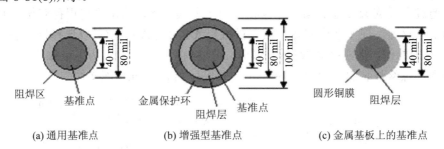

(a) 通用基准点　　　　　　(b) 增强型基准点　　　　　　(c) 金属基板上的基准点

图 6-81　基准点形状

(3) 在铝基、铜基或铜膜厚度在 3OZ 以上 FR-4 材质的 PCB 板上,基准点优选形状是直径为 80 mil 的铜膜,并在铜膜上设有直径为 40 mil 的阻焊窗。

为保证光学基准点的准确性,基准点应以元件形式出现,需要借助 PCB 封装图编辑器创建光学基准点的封装图,并存放在 PCB 库文件中。

图 6-81(a)所示的通用基准点可由焊盘构成,参数如图 6-82 所示。

显然,在元件面内以通用基准点为圆心,借助中心画圆法工具,在通用基准点上放置一个半径为 40 mil、线条宽度为 10 mil 的圆环后,便获得图 6-81(b)所示的增强型基准点。

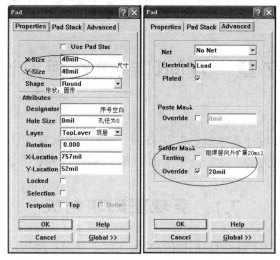

图 6-82　可作为基准点的焊盘参数

对于图 6-81(c)所示的光学基准点，可按如下步骤生成：在元件面(Top Layer)内先利用画全圆工具(Full Circle)绘制一个半径为 20 mil、线条宽度为 40 mil 的圆，以便获得直径为 80 mil 的圆形铜膜；接着在顶层阻焊层(Top Solder)内，利用画全圆工具(Full Circle)再绘制一个半径为 10 mil、线条宽度为 20 mil 的同心圆，生成一个直径为 40 mil 的实心圆，完成阻焊层开窗，这样就获得了金属基板所需的光学基准点。

3. 基准点放置位置

由基准点特性可以看出，基准点不能放在大面积敷铜区内；采用导轨传送 PCB 板时，基准点不能放在导轨夹持边内，否则基准点可能被夹具遮挡；采用边定位时，基准点也同样不能放在定位边内。

习　　题

6-1　电路系统中既存在贴片元件，又存在穿通元件，请指出用双面或多面板 PCB 作为元件安装载体时，元件如何放置可使工艺最简单。

6-2　在以贴片元件为主的中高频双面板中，信号线、电源线应尽量放在哪一面内？另一面做什么用？

6-3　向 PCB 生产厂家下单制作 PCB 板时，在工艺清单上必须明确哪些内容？

6-4　在多层板中各信号层地位相同吗？同一印制导线可否随意放置在不同的信号层内？

6-5　IC 储能、去耦电容如何选择？放置位置有什么要求？

6-6　解释线间串扰效应的成因。如何减少线间串扰效应？

6-7　为什么说在中低频电路系统中最好使用单点接地方式，而在中高频电路系统中又不允许使用单点接地方式？

6-8　过孔为什么不能放在贴片元件引脚焊盘上？

6-9　最小线宽与线间距由什么因素决定？

6-10　如何提高功率贴片元件的散热效果？

第 7 章　双面印制电路板设计举例

上一章介绍了 PCB 设计基本概念以及 Protel 99 SE 中 PCB 编辑器的基本操作方法，本章以图 2-96 所示原理图为例，逐一介绍双面 PCB 的编辑过程、方法及注意事项。

7.1　原理图到印制板

PCB 编辑、设计是电子设计自动化(EDA)最关键的环节。换句话说，原理图编辑是 PCB 编辑、设计的前提和基础。对于同一电路系统来说，原理图中元器件电气连接与 PCB 中元器件连接关系应完全相同，只是原理图中的元器件用"电气图形符号"表示，而 PCB 中的元器件用"封装图"描述，可见原理图中已包含了元器件的电气连接关系。完成了原理图编辑后，在 Protel 99 SE 中，可通过如下方法之一将原理图中元器件及电气连接关系迅速、准确地转化为 PCB 中元器件封装图的连接关系，无须在 PCB 中逐一输入元器件封装图。

(1) 通过"更新"方式将原理图中元器件及电气连接关系信息传递到 PCB 文件中。

在 Protel 99 SE 原理图编辑状态下，执行"Design"(设计)菜单下的"Update PCB…"(更新 PCB)命令，即可将原理图中元器件及电气连接关系信息传递到 PCB 文件中(如果 PCB 文件不存在，则软件将建立空白的 PCB 文件，然后再装入元件封装图及电气连接关系)。原因是 Protel 99 SE 原理图文件(.Sch)与印制板文件(.PCB)具有动态同步更新功能。

(2) 通过"网络表"文件(.Net)将元件封装图及电气连接关系信息传递到 PCB 文件中。

在原理图编辑状态下，执行"Design"(设计)菜单下的"Create Netlist…"命令，生成含有原理图元件电气连接关系信息的网络表文件(.Net)，然后将网络文件装入 PCB 文件中。"网络表"文件(.Net)是 Protel 98 及更低版本环境下，原理图文件(.Sch)与印制板文件(.PCB)之间连接的纽带，Protel 99、Protel 99 SE 也依然保留这一功能。

在编辑印制板文件前，必须先编辑好原理图文件，有关原理图文件的编辑方法已在第 2、3 章介绍过了，这里不再重复。

7.1.1　利用 PCB 向导生成包含布线区的印制板文件

利用 Protel 99 提供的 PCB 文件创建向导(PCB Wizard)可迅速生成含有布线区、标注尺寸的 PCB 文件，然后再通过更新或装入网络表文件方式将原理图中元件封装图及电气连接关系信息传送到新生成的 PCB 文件中。

1. 启动 PCB Wizard

在 Protel 99、Protel 99 SE 状态下，执行"File"菜单下的"New"命令，在新文档选择窗口内单击"Wizards"标签；然后在图 7-1 所示窗口内，双击"Printed Circuit Board Wizard"(印制板向导)文件图标，即可弹出图 7-2 所示的 PCB 生成向导。

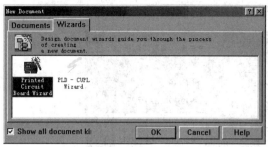

图 7-1　向导列表

图 7-2　PCB 向导

2. 选择印制板类型

单击图 7-2 中的"Next"按钮，在图 7-3 所示窗口内，选择度量单位(英制单位还是公制单位)及印制板种类后，单击"Next"按钮。

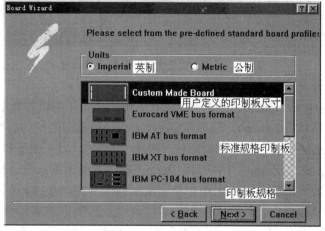

图 7-3　选择印制板规格

PCB 向导提供了 10 种类型边框的印制板，其中：

- Custom Made Board：用户自定义类型。
- Eurocard VME bus format：欧规 VME Bus 适配卡。
- IBM AT bus format：IBM AT 总线适配卡。
- IBM XT bus format：IBM XT 总线适配卡。
- IBM PC-104 bus format：IBM PC-104 总线适配卡。
- IBM &Apple PCI bus format：PCI 总线适配卡。
- IBM PCMCIA bus format：IBM PCMCIA 总线适配卡。
- IBM PS/2 bus format：IBM PS/2 总线适配卡。
- Standard bus format：标准总线适配卡。
- SUN Standard bus format：SUN 标准总线适配卡。

建议选择英制单位(即 mil)，因为多数元件标准封装图以 mil 为单位。对于非标准规格印制板，可选择"Custom Made Board"(用户自定义)。

3. 选择印制板尺寸参数

在图 7-3 所示的印制板类型列表内，选择"Custom Made Board"(用户自定义)类型印制板后，单击"Next"按钮，进入图 7-4 所示的印制板外形结构、尺寸选择窗。

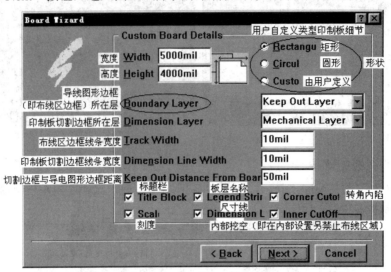

图 7-4　用户自定义类型印制板尺寸设置

图中各项含义如下：

● Width：矩形(Rectangular)，用户自定义(Custom)类型印制板的宽度。

● Height：矩形(Rectangular)，用户自定义(Custom)类型印制板的高度。

　　在没有特殊要求的情况下，印制板形状一般选"矩形"，以方便下料切割；当安装空间有特殊要求时，可选择"Custom"(用户自定义)，在随后出现的提示框内再选择边框线形状，即可获得各种形状的异形板；尺寸大小由电路复杂程度决定，在布局前可适当取大一些，最终尺寸要等到布局结束后，结合印制板安装位置以及印制电路板外形尺寸参照国家标准GB 9316—88 规定选择。

　　在图 7-4 所示窗口内，选择"Rectangular"或"Circular"后，即可在"Width"、"Height"文本盒内输入印制板边框宽、高尺寸(或单击"Next"按钮后，在图 7-5 所示窗口内输入外形尺寸)。

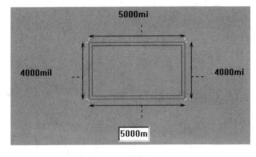

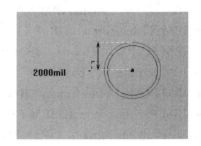

(a)　矩形印制板尺寸　　　　　　　　　　　　(b)　圆形印制板尺寸

图 7-5　矩形及圆形印制板尺寸

　　值得注意的是，当选择"Custom"(用户自定义)类型时，必须先在"Width"、"Height"文本盒内输入印制板边框宽、高尺寸，然后单击"Next"按钮，在图 7-6 所示窗口内选择边框形状，当选择"Arc"(圆弧)边框时，还需进一步指定圆弧弓形的高度。

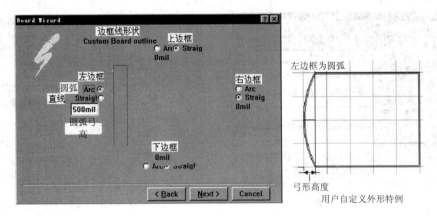

图 7-6　自定义类型印制板边框及特例

● Boundary Layer：导电图形边框(即布线区边框)层，缺省时位于"Keep Out Layer"(禁止布线层)内，无须改变。

● Dimension Layer：外边框(印制板切割边框)，缺省时位于"Mechanical Layer 4"(机械层 4)内，一般也不用改变。

● Keep Out Distance From Board：禁止布线层内到导电图形边框与机械层内印制板外边框的距离(缺省为 50 mil，即 1.27 mm)。考虑到切割时的误差，最好将外边框与布线区边框之间的距离改为 100 mil。

● Legend String：禁止/允许出现"板层名称"。

● Corner Cutoff：禁止/允许"缺角"。设置"缺角"的目的是为了便于放置印制板固定螺丝孔，当允许"缺角"时，单击"Next"按钮后，将给出图 7-7 所示的缺角尺寸选择框。

● Inner Cutoff：禁止/允许"内部挖空"。利用"内部挖空"功能即可方便地在印制板布线区内设置一禁止布线区。当选择"内部挖空"时，单击"Next"按钮后，还将给出图 7-8 所示的"内部挖空"区域尺寸选择框。

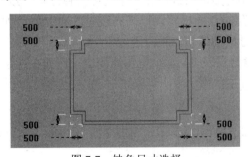

图 7-7　缺角尺寸选择

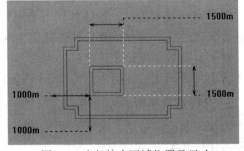

图 7-8　内部挖空区域位置及尺寸

● Title Block：禁止/允许出现"标题栏"。当"标题栏"选项处于选中状态时，单击"Next"按钮后，还将给出图 7-9 所示的标题栏设置框。

值得注意的是，除"Custom Made Board"(用户自定义)类型外，其他 9 种类型印制板的外形结构、尺寸参数等已标准化。例如，在图 7-3 所示的印制板类型列表内选择"IBM &Apple PCI Bus Format"类型，单击"Next"按钮后，只需在图 7-10 所示窗口内指定 PCI 总线适配卡的种类。

单击"Next"按钮后，直接进入图 7-9 所示的标题栏设置窗。

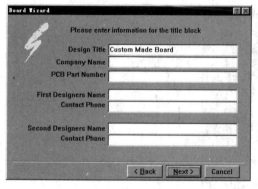

图 7-9　标题栏设置窗　　　　　　　　图 7-10　PCI 总线适配卡种类选择

4. 确定印制板信号层

单击图 7-9 所示窗口内的 "Next" 按钮，在图 7-11 所示的印制板信号层选择窗内选择印制板层数。

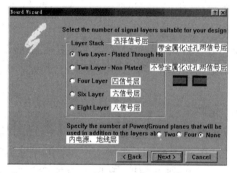

图 7-11　选择印制板结构

由于 Protel 99 SE PCB 生成向导信号层列表内，没有提供单面板。因此，对单面板来说，可选择不带金属化过孔的两信号层印制板，并在随后的布线操作中禁止在元件面内走线。

对于双面板来说，一般选择具有金属化过孔的双面板，以提高布线时的布通率。如果没有金属化过孔，而仅依靠元件引脚实现两信号层的连接，很难连线。

对于复杂数字电路系统，可采用 2~8 个信号层及 2~4 个电源地线层。例如在四层板中，常用带金属化过孔的两信号层和两电源地址层。

5. 选择过孔类型

选择印制板信号层、内电源/地线层后，单击 "Next" 按钮，在图 7-12 所示窗口内，选择金属化过孔类型。

图 7-12　过孔类型

　　在双面板中，只能选择穿通形式过孔。即使在四层以上电路板中，也应尽量避免使用盲孔或掩埋孔。

6. 选择多数元件封装方式

　　选择过孔类型后，单击"Next"按钮，在图 7-13 所示窗口内，根据电路板上多数元件封装形式选择元件安装类型。

　　表面安装元件占用电路面积小，在小型、微型化电子设备中得到了广泛应用。

　　选择穿通式封装元件时，还需在图 7-14 所示窗口内指定两元件引脚(100 mil)之间的走线数目。

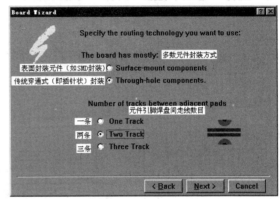

图 7-13　选择多数元件安装类型　　　　　图 7-14　选择穿通式封装引脚焊盘间走线数目

　　焊盘间走线数目最多为两条，否则安全间距很难保证，焊接过程容易造成短路。

7. 设置布线规则

　　设置了多数元件封装方式后，单击"Next"按钮，在图 7-15 所示窗口内，设置印制导线最小宽度、"过孔"最小外径、"过孔"最小孔径、导电图形最小间距(安全间距)等布线参数。

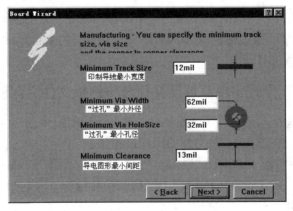

图 7-15　布线规则

8. 保存模板

　　单击"Next"按钮后，将显示图 7-16 所示对话窗，询问是否将该模板作为样板保存。

　　单击"Next"按钮，并单击图 7-17 所示的"Finish"按钮，即可完成印制板创建操作过程，并显示图 7-18 所示的印制板边框。

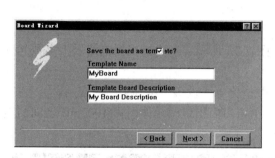

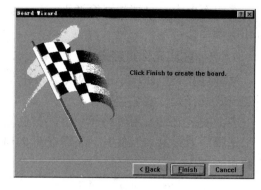

图 7-16　保存模板　　　　　　　　　　图 7-17　完成印制板导入提示

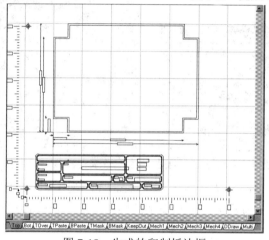

图 7-18　生成的印制板边框

当然，在以上操作中，均可以单击"Back"(返回)按钮，退到上一设置窗口，修改有关设置项。

可见，通过印制板向导生成的 PCB 文件，不仅含有边框，而且还有对准孔、尺寸等信息。

生成印制板后，即可通过更新或装入网络表文件方式将原理图中元件封装形式及连接关系信息传送到印制板文件中。

7.1.2　通过"更新"方式实现原理图文件与印制板文件之间的信息交换

在原理图编辑状态下，通过"Update PCB…"(更新 PCB)命令，将原理图中元器件封装图及电气连接关系信息传递到 PCB 文件的操作过程如下：

(1) 在原理图编辑状态下，执行"Design"(设计)菜单下的"Update PCB…"(更新 PCB)命令，在图 7-19 所示的"Update Design"(更新设计)对话窗口内，指定有关选项内容。

各选项设置依据如下：

① 选择"I/O 端口、网络标号"连接范围。

根据原理图结构，单击"Connectivity"(连接)下拉按钮，选择 I/O 端口、网络标号的作用范围：

● 对于单张电原理图来说，可以选择"Sheet Symbol/Port Connections"、"Net Labels and Port Global"或"Only Port Global"方式中的任一种。

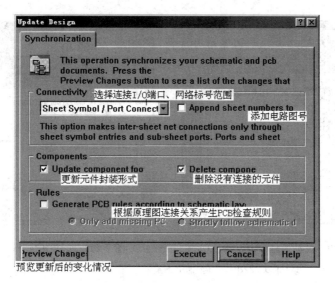

图 7-19　"Update Design" (更新设计)对话窗

● 对于由多张原理图组成的层次电路原理图来说：

➤ 如果在整个设计项目(.prj)中，只用方块电路 I/O 端口表示上、下层电路之间的连接关系，也就是说，子电路中所有的 I/O 端口与上一层原理图中方块电路 I/O 端口——对应，此外就再也没有使用 I/O 端口表示同一原理图中节点的连接关系，则将 "Connectivity" (连接)设为 "Sheet Symbol /Port Connections"。

➤ 如果网络标号及 I/O 端口在整个设计项目内有效，即不同子电路中所有网络标号、I/O 端口相同的节点均认为电气上相连，则将 "Connectivity" (连接)设为 "Net Labels and Port Global"。

➤ 如果 I/O 端口在整个设计项目内有效，而网络标号只在子电路图内有效，则在原理图编辑过程中，应严格遵守同一设计项目内不同子电路图之间只通过 I/O 端口相连，不通过网络标号连接，即网络标号只表示同一电路图内节点之间的连接关系时，则将 "Connectivity" (连接)设为 "Only Port Global"。

② "Components" (元件)选择。

当 "Update component footprint" 选项处于选中状态时，将更新 PCB 文件中的元件封装图；当 "Delete components" 选项处于选中状态时，将忽略原理图中没有连接的孤立元件。

③ 根据需要选中 "Generate PCB rules according to schematic layer" 选项及其下面的选项。

(2) 预览更新情况。单击 "Preview Change" (变化预览)按钮，观察更新后发生的改变，如图 7-20 所示。

如果原理图不正确，则图 7-20 中的错误列表窗口内将列出错误原因，同时更新列表窗下将提示错误总数，并在 "Update Design" (更新设计)窗口内，增加 "Warnings" (警告)标签，如图 7-21 所示。

这时必须认真分析错误列表窗口内的提示信息，找出出错原因，并按下 "Cancel" 按钮，放弃更新，返回原理图编辑状态，更正后再执行更新操作，直到更新信息列表窗内没有错误提示信息为止。

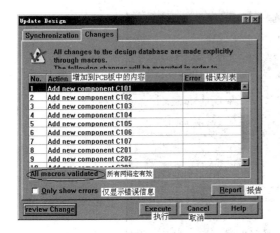

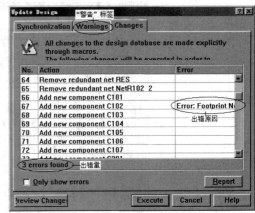

图 7-20　更新信息　　　　　　　　　图 7-21　原理图不正确时的更新信息

常见的出错信息、原因以及处理方式如下：

● Component not found(找不到元件封装图)。原因是原理图中指定的元件封装形式在封装图形库文件(.Lib)中找不到或未装入相应的封装图库文件。ADVPCB.Ddb 文件包内的 PCB Footprint.Lib 文件包含了绝大多数元件的封装图形，但如果原理图中某一元件封装形式特殊，在 PCB Footprint.Lib 图形库文件中找不到，就需要装入非常用元件封装图形库文件包。当然如果常用元件封装图都找不到，则肯定没有装入相应的元件封装图库文件。

解决办法是：单击"Cancel"按钮，取消更新操作。在"设计文件管理器"窗口内，单击 PCB 文件图标，进入 PCB 编辑状态，通过"Add/Remove"命令，装入相应元件封装图形库文件包。

● Node not found(找不到元件某一焊盘)。原因可能是元件电气图形符号引脚编号与元件封装图引脚编号不一致。例如，有些三极管电气图形符号引脚编号为 E、B、C，而 ADVPCB.Ddb 文件包内的 PCB Footprint.Lib 常用元件封装图形库文件中的 TO-92A 的引脚编号为 1、2、3，彼此不统一。

解决办法是：修改三极管电气图形符号的引脚编号，并更新原理图。又如，当小型发光二极管采用 SIP2(引脚间距为 100 mil)封装形式时，由于 LED 发光二极管电气图形符号引脚编号为 A、K，而 SIP2 封装形式引脚编号为 1、2，这时可能需要创建小型发光二极管专用封装图(参阅 8.2 节"制作元件封装图举例")。

● Footprint XX not found in Library(元件封装图形库中没有 XX 封装形式)。原因是元件封装图形库文件列表中没有对应元件的封装图，例如，PCB Footprint.Lib 中就没有小型发光二极管 LED 可用的封装图，解决办法是编辑 PCB Footprint.Lib 文件，并在其中创建 LED 的封装图，然后再执行更新 PCB 命令；或者原理图中给出的元件封装形式拼写不正确，例如，将极性电容 Electro1 的封装形式写作"RB0.2/0.4"，解决办法是返回原理图修正元件封装形式。

(3) 执行更新。当图 7-20 所示的更新信息列表窗内没有错误提示时，即可单击"Execute"(执行)按钮，更新 PCB 文件。

如果不检查错误，就立即单击"Execute"(执行)按钮，则当原理图存在错误时，将给出图 7-22 所示的提示信息。

图 7-22　原理图存在缺陷不能更新时的提示

　　需要注意的是：执行"Design"菜单下的"Update PCB…"命令后，如果原理图文件所在的文件夹内没有 PCB 文件，将自动生成一个新的 PCB 文件(文件名与原理图文件相同)，如图 7-23 所示；如果当前文件夹内已存在一个 PCB 文件，将更新该 PCB 文件，使原理图内元件电气连接关系、封装形式等与 PCB 文件保持一致(更新后不改变未修改部分的连线)；如果原理图文件所在文件夹内存在两个或两个以上的 PCB 文件，将给出图 7-24 的所示提示信息，要求操作者选择并确认更新哪一 PCB 文件。因此，在 Protel 99 SE 中，可随时通过"更新"操作，使原理图文件(.Sch)与印制板文件(.Pcb)保持一致。

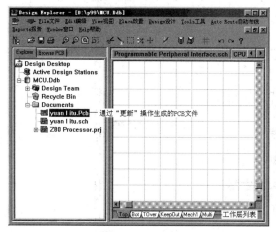 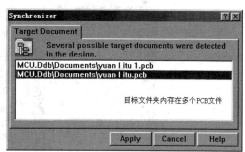

　　　图 7-23　执行"更新"命令自动生成的 PCB 文件　　　　　　图 7-24　选择需要更新的 PCB 文件

　　如果图 7-20 中没有错误，则更新后，原理图文件中的元件封装图将呈现在 PCB 文件编辑区内，如图 7-25 所示，可见在 Protel 99 SE 中并不一定需要网络表文件。

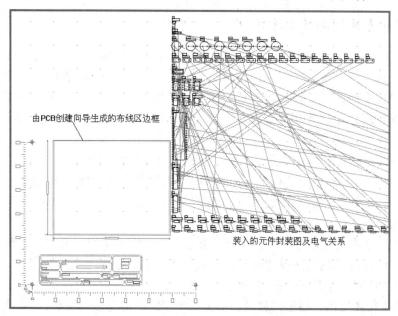

图 7-25　更新"PCB 创建向导"生成的 PCB 文件

　　如果执行"Update PCB…"命令时，原理图文件(.Sch)所在文件夹下没有 PCB 文件(更新时将自动创建一个空白的 PCB 文件)，或原来的 PCB 文件没有布线区边框，则执行"Update

PCB…”(更新 PCB)命令时也能将原理图中元件封装及电气连接关系信息装入 PCB 文件内，如图 7-26 所示，只是 PCB 编辑区内没有出现布线区边框。

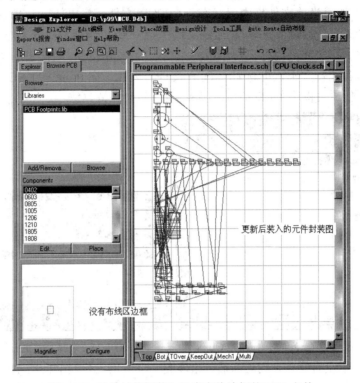

图 7-26   元件封装图装入没有布线边框的 PCB 文件

7.1.3　在禁止布线层内绘制布线区

对于没有布线区边框的 PCB 文件，可在执行“Update PCB…”命令前或后，用“导线”、“圆弧”等工具在禁止布线层(Keep Out Layer)内，画出一个封闭的图形，作为印制电路板布线区。在设置布线区时，尺寸可以适当大一些，以方便手工调整元件布局操作，待完成了元件布局操作后，根据印制板标准尺寸系列、印制板安装位置，确定布线区的最终形状和尺寸。

在禁止布线层内绘制印制电路板布线区边框的操作过程如下：

(1) 单击印制板编辑区下边框的“Keep Out”按钮，切换到禁止布线层。

(2) 在禁止布线层内绘制布线区边框时，单击“导线”工具后，原则上可不断重复“单击、移动”操作方式画出一个封闭的多边形框。

但由于电路边框直线段较长，为了便于观察，往往缩小了很多倍显示，精确定位困难，因此在禁止布线层内绘制电路板边框时，可采用如下步骤进行：

(1) 单击“放置”工具栏中的“导线”工具。

(2) 在禁止布线层内，通过“移动、单击鼠标左键固定起点，移动、单击鼠标左键固定终点，单击鼠标右键结束”的操作方式分别画出四条直线段，如图 7-27 所示。

在绘制这四条边框线时，可以暂时不必关心其准确位置和长度，甚至可以不关心这四条线段是否构成一个封闭的矩形框。

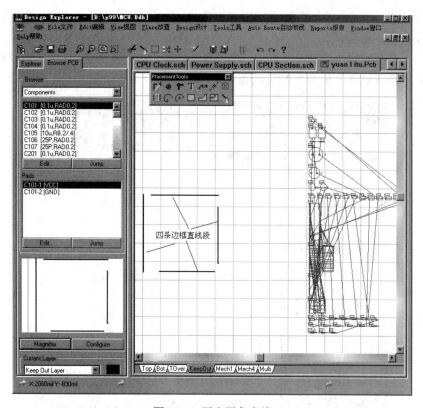

图 7-27　画出四条直线

(3) 单击"放置"工具栏内的"设置原点"工具(或执行"Edit"菜单下的"Origin\Set"命令)，将光标移到绘图区内适当位置，并单击鼠标左键，设置绘图区原点。

(4) 将鼠标移到直线上，双击鼠标左键，进入"导线"选项属性设置窗，修改直线段的起点和终点坐标，如图 7-28 所示，然后单击"OK"按钮退出。

图 7-28　修改直线选项属性设置窗

在本例中，布线区尺寸暂定为 8000 mil × 6000 mil，因此下边框线段的起点坐标(X，Y)为(0，0)，终点坐标(X,Y)为(8000，0)；右边框线段的起点坐标(X，Y)为(8000，0)，终点坐

标(X，Y)为(8000，6000)；上边框线段的起点坐标(X，Y)为(8000，6000)，终点坐标(X，Y)
为(0，6000)；左边框线段的起点坐标(X，Y)为(6000，0)，终点坐标(X，Y)为(0，0)。

　　用同样的操作方法修改另外三条边框(上边框及左、右边框)的起点和终点坐标后，即可
获得一个封闭的矩形框，如图 7-29 所示。

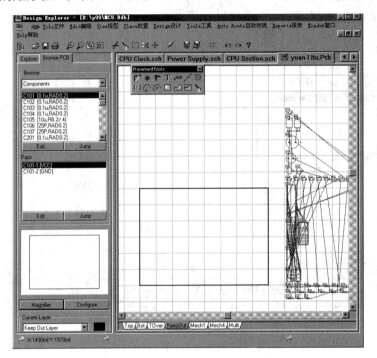

图 7-29　修改四条直线段起点和终点坐标后获得的矩形框

7.1.4　通过网络表装入元件封装图

　　Protel 99 SE 依然保留通过网络表文件(.Net)装入元件封装图的功能，操作过程如下：

1. 装入网络文件前的准备工作

　　(1) 编辑好原理图文件并生成网络表文件(.Net)。

　　有关原理图编辑方法、网络表文件创建过程已在第 2、3 章中介绍过了，这里不再重复。

　　(2) 执行"File"菜单下的"New…"命令，在新文档选择窗口内选择"PCB Document"
(印制板文件)类型，单击"OK"按钮生成新的 PCB 文件。

　　(3) 在"设计文件管理器"窗口内，单击生成的 PCB 文件，进入 PCB 编辑状态。

2. 重新设置绘图区原点

　　单击"放置"工具栏内的"设置原点"工具(或执行"Edit"菜单下的"Origin\Set"命
令)，将光标移到绘图区内适当位置，并单击鼠标左键，设置绘图区原点。

3. 在禁止布线层内设置布线区边框

　　(1) 单击 PCB 编辑区下边框上的"KeepOut"按钮，切换到禁止布线层。

　　(2) 利用"放置"工具栏内的"导线"、"圆弧"工具绘制出一个封闭图形，作为布线区，
如图 7-30 所示。具体操作过程前面已介绍过，这里不再重复。

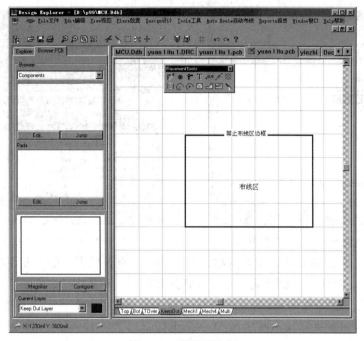

图 7-30　布线区边框

4. 装入网络表文件

在禁止布线层内设置了电路板布线区边框后，即可通过如下步骤装入网络表文件：

(1) 执行"Design"菜单下的"Netlist..."命令，在图 7-31 所示窗口内装入原理图网络表文件。

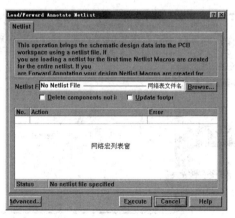

图 7-31　装入原理图网络表文件

(2) 单击图 7-31 中"Netlist File"文本框右侧的"Browse"(浏览)按钮，在图 7-32 所示的"Select"(选择)窗口内当前设计文件包中找出并单击网络表文件，然后单击"OK"按钮返回，即可在图 7-31 所示的网络宏列表窗内看到已装入的元件、焊盘等信息，如图 7-33 所示。

如果网络表文件不在当前设计文件包内，可单击"Add..."按钮，从其他设计文件包内或目录下找出体现原理图元件电气连接关系的网络表文件。

(3) 根据情况选择图 7-33 中的"Delete components not in netlist"(删除没有连接的元件)和"Update foot print"(更新元件封装图)选项。

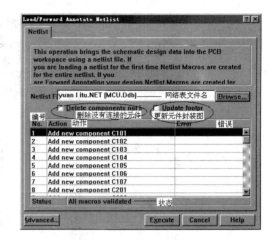

图 7-32　选择装入网络表文件窗口　　　　　　图 7-33　装入网络表文件后

(4) 在网络宏列表窗口内，检查网络表文件装入后有无错误。如果发现错误，要具体分析，并加以修正。例如，当发现某一元件没有封装图时，可单击"Cancel"按钮，取消网络表文件装入过程，返回原理图。在元件属性窗口内给出元件封装图后，再生成网络表文件，然后转到 PCB 编辑器重新装入网络表，直到在图 7-33 所示的网络宏列表窗口内没有出现错误为止。

网络宏列表窗内常见的出错信息、原因以及处理方式与通过"更新"方式将原理图中元件的连接关系转化为 PCB 文件元件关系相同。

(5) 当图 7-33 中网络宏列表窗口内没有出现错误信息时，即可单击"Execute"按钮，装入网络表文件，结果如图 7-34 所示。可见装入网络表文件后，所有元件均叠放在布线区。

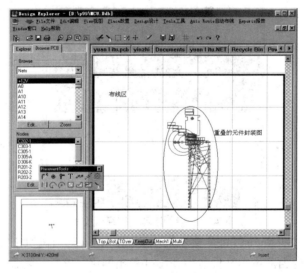

图 7-34　装入网络表后的结果

在"Browse"(浏览)选项框内，选择"Component"(元件)作为浏览对象，即可看到原理图中的元件已出现在浏览选项框内的浏览对象列表中，表明原理图中的元件封装图已自动装入 PCB 编辑区。

装入网络表文件后，最好单击主工具栏内的"存盘"工具(或执行"File"菜单下的"Save"

命令)，将装入了网络表后的印制板文件存盘。在随后进行的自动布局操作中，万一出现印制板面积不够，无法按设定距离排列元件时，就可以关闭当前正在编辑的印制板文件(即不保存退出)，然后在"文件管理器"窗口单击印制板文件，避免从头开始。

5. 分离重叠在一起的元件

对于通过"更新"方式生成的 PCB 文件来说，在禁止布线层内画出印制板布线区后，原则上可用手工方法将图7-29中每一元件的封装图逐一移到布线区内(当然，在移动过程中，必要时可旋转元件朝向)；也可以使用"自动布局"命令，将元件封装图移到布线区内。但通过装入"网络表文件"方式更新或生成 PCB 文件中元件的电气连接关系时，装入网络表文件后，所有元件封装图重叠放在布线区内，如图 7-34 所示，不便手工调整元件布局，需通过"自动布局"命令，将布线框内重叠在一起的元件彼此分开，以便浏览和手工预布局(这一操作的目的仅仅是为了使重叠在一起的元件彼此分离，无须设置自动布局参数)。操作过程如下：

(1) 执行"Tools"菜单内的"Auto Place…"(自动布局)命令。

(2) 在图 7-35 所示自动方式窗口内，分别选择"菊花链状"方式和"快速放置"方式。

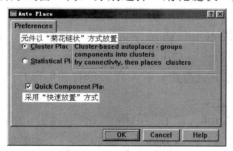

图 7-35 设置自动布局方式

(3) 单击"OK"按钮，启动自动布局过程，使重叠在一起的元件彼此分离，如图 7-36 所示，为随后进行的手工预布局提供方便。

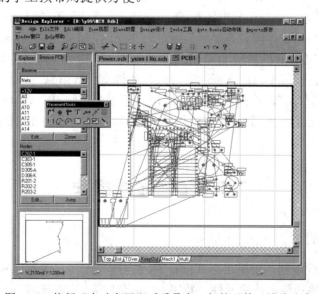

图 7-36 执行"自动布局"后重叠在一起的元件已彼此分离

7.2　设置工作层

执行"Design"菜单下的"Update PCB…"命令(或执行"File"菜单下的"New…"命令)生成的 PCB 文件，仅自动打开了 Top(元件面)、Bottom(焊锡面)、KeepOut(禁止布线层)、Mech1(机械层 1)及 Multi(多层重叠)。在布局、布线前，需要根据原理图连线的复杂程度、抗干扰性能指标高低、印制板生产设备及工艺水平、成本等因素，确定印制电路板的层数，原则上能用单面板就不要用双面板；能用双面板就不用多层板。原因是电路板层数越多，对印制板生产设备、工艺的要求就越高，工序也就越多，导致成本上升。

由于在图 2-96 所示电路系统中集成电路芯片较多，需要使用双面电路板，操作过程如下：

执行"Design"菜单下的"Options"命令，并在弹出的"Document Options"(文档选项)窗内，单击"Layers"标签，选择工作层。

由于是双面板，只需选择信号层中的"Top"(顶层，即元件面)、"Bottom"(底层，即焊锡面)，关闭中间信号层。

为了降低 PCB 生产成本，只在元件面上设置丝印层(除非有特殊要求)。因此，在"SilkScreen"选项框内，只选择"Top"。

假设所有元件均采用传统穿通式安置方式，没有使用贴片式元件，因此也就不用 Paste Mask(焊锡膏)层。

打开阻焊层选项框的"Bottom"(底层)和"Top"(顶层)，即两面都要上阻焊漆。

在"Other"选项框内，选中"Conne"(元件连接关系)选项，以便在 PCB 编辑区内显示出表示元件电气连接关系的"飞线"，因为在手工调整布局时，通过"飞线"即可直观地判断是否需要旋转元件方向、调整元件位置。

同时也要选择"DRC Error"(设计规则检查)复选项，这样在移动元件、印制导线、焊盘、过孔等操作过程中，当两个导电图形(印制导线、焊盘或过孔)间距小于设定安全间距时，与这两个节点相连的导线、焊盘等显示为绿色，提示这两个导电图形间距不够。

一般需要打开 Mech1(机械层 1)和 Mech4(机械层 4)，以便在机械层 4 内绘制电路板机械边框、对准孔，在机械层 1 内放置标注尺寸或说明性文字等信息。

单击"Options"标签，选择可视栅格大小(一般设为 20 mil)、形状(线条)以及格点锁定距离(一般设为 10 mil)，然后单击"OK"按钮，关闭"Document Options"(文档选项)设置窗。

7.3　元件布局操作

7.3.1　手工预布局

按元件布局一般规则，用手工方式安排并固定核心元件、输入信号处理芯片、输出信号驱动芯片、大功率元件、热敏元件、数字 IC 退耦电容、电源滤波电容、时钟电路元件等的位置，为自动布局做准备(但一块电气性能优良、电磁兼容性能高、热稳定性好、工作可靠的印制电路板并不能采用 CAD 软件中的自动布局功能，只能靠手工布局)。

在 PCB 编辑器窗口内，通过移动、旋转元件等操作方法，可将特定元件封装图移到指定位置，操作方法与在 SCH 编辑器窗口内移动、旋转元件的操作方法完全相同。例如，将鼠标移到 PCB 窗口内某一元件上，按下鼠标左键不放，移动鼠标，即可将鼠标下的元件移到另一位置，然后松手。当然，也可以利用"Edit"菜单下的"Move"(移动)或"Drag"(拖动)命令，移动元件。

在移动元件操作过程中，即元件处于活动状态后，按空格键可使元件按逆时针方向旋转某一角度(缺省时为 90°，但旋转角的大小可通过"Tools\Preferences"命令重新设置)；按下 X、Y 键可使元件左右或上下对称。但在 PCB 印制电路板编辑过程中，对元件进行对称操作时一定要慎重，否则会使元件，尤其是集成电路芯片左右或上下颠倒，如图 7-37 所示。在 PCB 中，对元件进行对称操作后，插件时将发现：从元件面插件时，芯片引脚编号与印制板上元件封装图的引脚编号不一致——这不仅无法实现电路功能，而且还可能烧毁电路芯片。

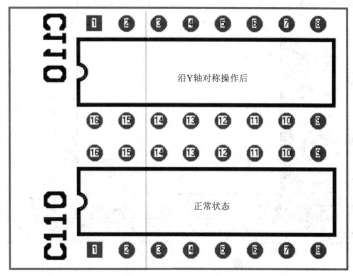

图 7-37　集成电路芯片对称操作的后果

在调整元件位置过程中，可以通过"View"菜单下的"Connections"系列命令，如"Connections\Hiden All"(隐藏所有飞线)、"Connections\Show All"(显示所有飞线)；"Connections\Hiden Net"(隐藏与特定节点相连的飞线)、"Connections\Show Net"(显示与特定节点相连的飞线)；"Connections\Hiden Component Nets"(隐藏与特定元件相连的飞线)、"Connections\Show Component Nets"(显示与特定元件相连的飞线)命令关闭/允许飞线的显示。允许飞线显示时，在元件移动、旋转调整过程中，可以直观地判断调整效果，即在调整元件位置、朝向时，飞线交叉越少，布线长度就越短，表明调整效果越好，调整元件位置的目的之一就是使飞线交叉尽可能少；飞线越直，则连线越短。

1. 粗调元件位置

当印制板上元件数目较多、连线较复杂时，先按元件布局规则大致调节印制板上的元件位置，操作过程如下：

(1) 执行"View"菜单下的"Connections\Hiden All"命令，隐藏所有飞线。

(2) 单击"Browse"(浏览选项)按钮，在浏览对象列表窗内选择"Components"(元件)作为浏览对象，此时 PCB 编辑器窗口状态如图 7-38 所示。

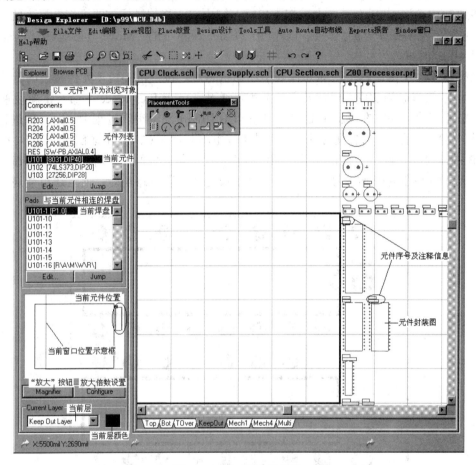

图 7-38   以元件作为浏览

(3) 按上面列举的元件布局规则，优先安排核心元件及重要元件(U101、U102、U103、U104)的放置位置。

由于核心元件及重要元件数量有限，外形较大，在 PCB 编辑区内很容易找到，因此，可直接将鼠标移到核心及各重要元件上，按下鼠标左键不放，将元件移到 PCB 编辑区内指定位置，在移动过程中，根据需要可旋转元件方向。

在移动元件操作过程中，将鼠标移到窗口左下角"编辑区浏览窗"内的"当前窗口位置示意框"(其大小与 PCB 编辑区窗口缩放倍数有关)内，按下鼠标左键不放，移动鼠标，即可迅速、方便地观察 PCB 编辑区内任一区域。

当然也可以通过如下方法在缩小的编辑区内查找特定元件序号：

● 单击"Browse PCB"窗口内的"Magnifier"(放大)工具，将"放大镜"移到编辑区内某一特定位置，即可在"浏览"窗内观察到放大镜下的 PCB 局部区域，如图 7-39 所示。

● 在"元件"列表窗内，找出并单击特定元件后，再单击该列表窗下的"Jump"按钮，即可在屏幕上观察到该元件(显示为黄色)及附近区域,如图 7-40 所示。接着单击主工具栏内"全图浏览"(Show Entire Document)工具,使布线区完整地显示在屏幕上;然后将鼠标移到该元件(显示为黄色)上,按下左键不放,即可迅速将该元件移到特定位置。

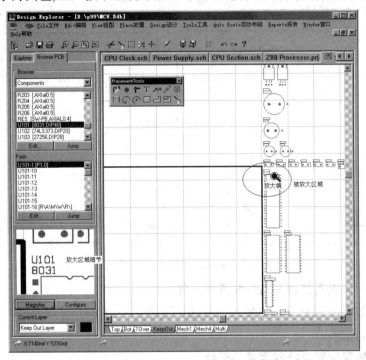

图 7-39　利用"放大镜"观察局部区域

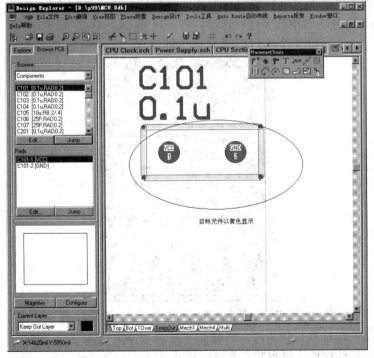

图 7-40　跳转到特定元件

(4) 完成了核心元件及各重要元件的初步定位(如图 7-41 所示)后，按同样方法将放置位置有特殊要求的元件，如时钟电路(Y101、C106、C107)、输出信号驱动芯片(U201、202)、复位按钮(RES)、电源整流二极管(D301～D04)、三端稳压集成块(U301、U302)等移到指定位置，如图 7-42 所示。

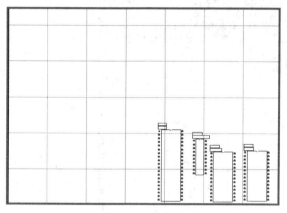

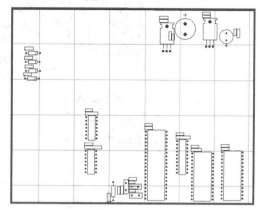

图 7-41　初步确定核心元件放置位置后的 PCB　　　图 7-42　初步确定了放置位置有特殊要求的元件

(5) 执行"View"菜单下的"Connections\Show All"命令，显示所有飞线。

2. 进一步细调放置位置有特殊要求的元件

借助"飞线"，利用移动、旋转操作方法，对图 7-42 中的元件放置位置做进一步调节，使飞线交叉尽可能少。

3. 固定对放置位置有特殊要求的元件

确定了核心元件、重要元件以及对放置位置有特殊要求元件的位置后，可直接逐一双击这些元件，在图 7-43 所示的元件属性窗口内，选中"Locked"选项，单击"OK"按钮退出元件属性窗口，以固定元件在 PCB 编辑区内的位置。

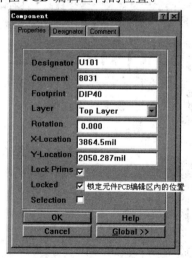

图 7-43　锁定元件在 PCB 编辑区内的位置

当需要固定的元件数目较多时，可先标记待固定的所有元件，再通过"全局"选项按钮，使所有选中元件均处于锁定状态。操作过程如下：

(1) 用主工具栏内的"标记"工具或"Edit\Select\Toggle Selection"命令选中所有需要固定的元件。

(2) 将鼠标移到标记块内任一元件上，双击鼠标左键，激活元件选项属性设置窗。

(3) 在"Properties"(属性)标签窗口内，选中"Locked"(锁定)选项，如图 7-43 所示。

(4) 单击元件属性窗口内的"Global>>"(全局)按钮。

(5) 将"Attributes To Match By"(匹配条件)选项框内的"Selection"选项设置为"Same"，即修改所有处于选中状态的元件属性。

(6) 单击"Copy Attributes"(复制特性)选项框内的"Locked"(锁定)选框，使该选框内出现"√"(表示复制元件锁定属性)。

(7) 单击"OK"按钮，关闭元件属性选项设置窗，即可固定所有选中元件的位置。

(8) 单击主工具栏内的"解除选中"。

7.3.2　元件分类

自动布局、布线前，最好先执行"Design"菜单下的"Classes…"命令，对有特殊要求

图 7-44　元件分类

的元件、节点进行分类，以便在自动布局、自动布线参数设置中，对特定类型的元件、节点选择不同的布局、布线方式。下面以元件分类为例，介绍元件、节点分类操作过程。

(1) 单击"Design"菜单下的"Classes…"命令，在图 7-44 所示窗口内，单击"Component"标签，对元件进行分类。

(2) 单击"Add…"按钮，在图 7-45 所示窗口中未分组元件列表框内选择一个或一批元件后(单击某一元件后，按下 Shift 键不放，再单击另一元件，即可同时选中相邻的元件；按下 Ctrl 键不放，不断单击目标，即可同时选中彼此不相邻的多个元件)，再单击"添加选中"按钮，即可将左窗口中未分组元件加入到右窗口中组的元件列表内，在"Name"文本盒内输入类名，如图 7-46 所示。

图 7-45　编辑组内元件

图 7-46　新生成的元件组

(3) 单击"Close"按钮返回，即可将整流二极管 D301～D304 放入到 Class1 元件组中。

必要时，重复上述操作，对其他元件再分组。单击图 7-46 中某元件组后，再单击"Edit"按钮，即可编辑组内元件。

7.3.3　设置自动布局参数

在自动布局操作前，必须先设置自动布局参数，操作过程如下：

1. 设置元件自动布局间距

在 PCB 编辑状态下，单击"Design"(设计)菜单下的"Rules…"(规则)命令；在"Design Rules"(设计规则)窗口内，单击"Placement"(放置规则)标签，然后在图 7-47 所示窗口内，单击"Rule Classes"(规则分类)列表窗内的"Component Clearance Constraint"(元件间距)设置项，即可观察到元件间距设置信息。

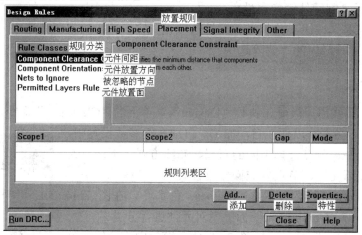

图 7-47　设置元件放置间距

单击"Add…"按钮，可增加新的放置规则；在规则列表窗口内，单击某一特定规则后，单击"Delete"按钮，即可删除选定的规则；单击"Properties"按钮，可编辑选定的规则。

当没有指定元件放置间距时，自动布局时默认的元件间距为 10 mil。根据需要，单击图 7-47 中的"Add…"按钮，在图 7-48 所示窗口内，即可增加自动布局过程中元件间距的约束规则。

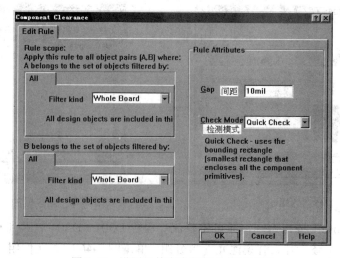

图 7-48　设置元件安全间距及作用范围

按元件布局规则重新设置元件间距，当元件间距太大时，自动布局时部分元件将被迫放在布线区外；为了提高布局速度，检测模式可取"Quick Check"(快速检测)。

2. 设置元件放置方向

在图 7-47 所示窗口中，单击规则分类窗口下的"Component Orientations Rule"(元件放置方向)，在图 7-49 所示窗口内，重新设定、修改元件放置方向。

单击"Add…"按钮，在图 7-50 所示窗口中，即可增加新的放置规则。

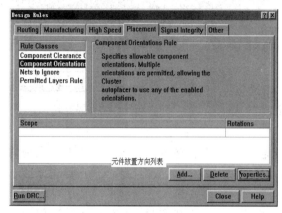

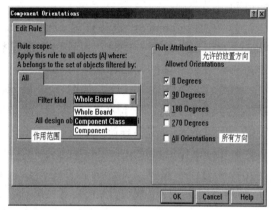

图 7-49　元件放置方向设置窗　　　　　　　图 7-50　设置元件放置方向

在作用范围列表窗内，选择"Component Class"(元件类)时，必须先通过"Design"(设计)菜单下的"Classes…"命令对元件分类。

3. 设置元件放置面

在双面板、多面板中，元件一般放置在元件面上，无须特别指定。但在单面板中，表面封装器件 SMD 只能放在焊锡面上，因此需要指定元件放在元件面上还是焊锡面上。

在图 7-47 所示窗口中，单击规则分类窗口下的"Component Orientations Rule"(元件放置方向)，在图 7-51 所示窗口内，重新设定、修改元件放置方向。

按如下步骤操作后，自动布局时，指定元件将放在焊锡面内：单击图 7-51 所示窗口内的"Add…"按钮；在图 7-52 所示窗口内，单击"Filter kind"列表盒右侧下拉按钮，并选中"Component"(元件)；在随后出现的元件列表框内，找出并单击目标元件；选中"Rule Attributes"(规则属性)窗口内的"Bottom Layer"复选项，再单击"OK"按钮关闭。

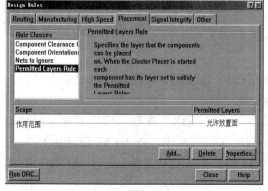

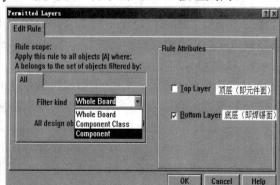

图 7-51　元件放置面信息　　　　　　　　图 7-52　设置元件放置面

7.3.4　自动布局

确定并固定了关键元件位置后，即可进行"自动布局"，操作过程如下：

(1) 执行"Tools"菜单内的"Auto Place"(自动放置)命令。

(2) 在图 7-53 所示窗口内，选择自动布局方式和自动布局选项。

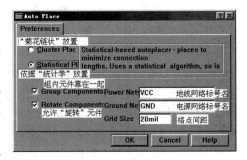

① 在"Preferences"选项框内，选择"Statistical Place"(统计学)放置方式时，以连线距离是否最短作为布局效果好坏的判断标准。

"统计学"放置方式选项如图 7-53 所示，可通过禁止/允许某些选项干预布局结果，因此布局效果较好，但耗时长，需要等待。

图 7-53　选择自动布局方式

● Group Components(元件组)选项：当该选项处于选中状态时，网络表文件中关系密切的元件视为一个整体，即作为元件组对待，布局时尽量靠在一起。因此，一般要选择该选项，使组内的元件位置彼此相邻。

● Rotate Components(旋转元件)选项：当该选项处于选中状态时，在自动布局过程中将根据连线最短原则，对元件进行必要的旋转。

● 在 Power Nes(电源网络)文本框内输入电源网络标号名，如 VCC。

● 在"Ground Nets"(地线网络)文本框内输入地线网络标号名，如 GND。

● Grid Size(格点间距)文本盒内输入自动布局时栅格之间的距离，缺省时为 20 mil，即 0.508 mm。一般不用修改，当栅格间距太大时，元件布局后可能超出布线区。

② 在"Preferences"选项框内，选择"Cluster Place"放置方式时，自动布局选项如图 7-54 所示，可见，采用"菊花链状"放置方式时，以"元件组"作为放置依据，即只将组内元件放在一起，因此布局速度较快。

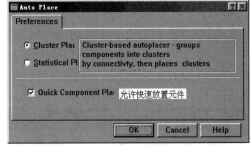

由于不论采用何种放置方式，自动布局效果都不理想，最终还是需要手工调整元件布局，才能得到符合电磁兼容性要求、热稳定性好、布局合理的印制板。因此，建议采用"菊花链状"放置方式，并启用"快速放置元件"选项(如图 7-54 所示)，以缩短自动布局时间。此外用"统计学"

图 7-54　"菊花链状"放置方式选项

放置方式进行自动布局时，位于布线区外的元件不会自动移到布线区内，甚至放在离布线区很远的地方，会给手工调节元件布局带来不便。

(3) 选择元件放置方式和有关自动布局选项后，单击"OK"按钮，即可启动元件自动布局过程。在以"统计学"作为元件放置方式的自动布局过程中，Protel 99 自动在 PCB 文件所在文件夹内创建 Place n(n 为 1，2，3…)临时文件，存放自动布局状态和最终结果，如图 7-55 所示。

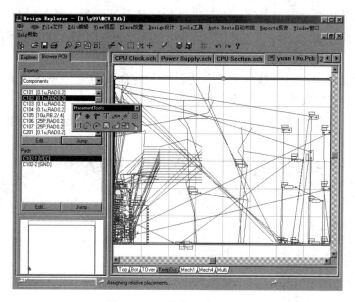

图 7-55　元件自动布局状态

在自动布局过程中，将不断调整元件摆放位置，以便获得最佳的布局效果。因此，在自动布局过程中，要进行大量而复杂的计算，耗时从几秒到几十分钟不等，需耐心等待(等待时间的长短与计算机的档次、原理图复杂程度、元件放置方式以及自动布局选项设置有关)，最好不要强行关闭图 7-55 所示的布局状态窗口，终止自动布局过程，除非用户仅仅是为了通过"自动布局"操作，将重叠在一起的元件分开。

(4) 元件自动布局操作结束后，将自动更新 PCB 元件窗口内的元件位置，如图 7-56 所示。

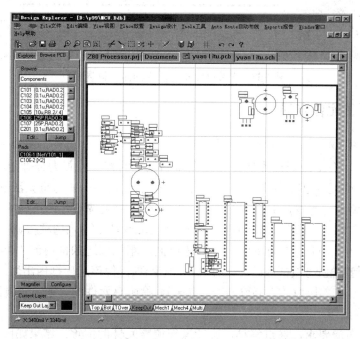

图 7-56　采用"菊花链状"放置方式的自动布局结果

　　布局后，在印制板中用"飞线"表示元件的连接关系，但飞线仅仅是一种示意性连线，并不是真正的印制导线。此外，飞线也不能删除，但可以通过"View"菜单下的"Connections"系列命令隐藏与特定节点、元件相连的一组飞线或全部飞线。

　　在自动布局过程中，当布线区太小，无法按设定距离放置原理图内的所有元件封装图时，布局结束后，将发现个别元件放在禁止布线区外，如图 7-57 所示。

　　解决办法是：在禁止布线层内，修改构成布线区直线段、圆弧的长度，增大边框后，再自动布局。

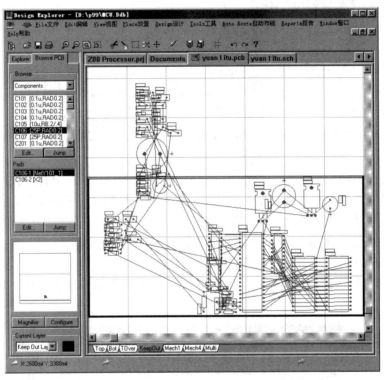

图 7-57　布线区太小无法容纳元件封装图

7.3.5　手工调整元件布局

1. 粗调元件位置

　　经过预布局、自动布局操作后，元件在印制板上的相对位置大致确定，但还有许多不尽如人意之处，如元件分布不均匀，个别元件外轮廓线重叠——这将无法安装，IC 退耦电容与 IC 芯片距离太远等等，尚需手工做进一步调整。手工调整元件布局的操作过程如下：

　　(1) 双击元件，在元件属性窗口内，单击"Global>>"(全局)选项按钮；在"Properties"(属性)标签窗口内，单击"Locked"(锁定)选项框，删除该选项框内的"√"；单击"Copy Attributes"(复制特性)选项框内的"Locked"(锁定)项，使该选项框内出现"√"(表示复制元件锁定属性)；再单击"OK"按钮退出，即可解除所有元件的"锁定"属性，以便对元件进行移动、旋转操作。

　　(2) 按元件布局要求，通过移动、旋转操作调整元件的位置，结果如图 7-58 所示。

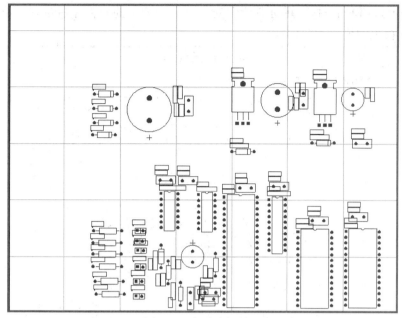

图 7-58 初步布局结果

2. 元件位置精确调整

经过预布局、自动布局及手工粗调等操作后，印制板上元件的位置已基本确定，如图 7-58 所示，但元件最终位置、朝向尚未最后确定，还需要通过移动、旋转、整体对齐等操作方式，仔细调节元件位置，并执行元件引脚焊盘对准格点操作后，才能连线。精密调节元件位置的操作过程如下：

(1) 暂时隐藏元件序号、注释信息。

为了便于调整元件布局和连线，可暂时隐藏元件序号、型号(或大小)等说明性文字信息，操作方法如下：

① 将鼠标移到 PCB 编辑区内任一元件上，双击鼠标左键，激活元件属性选项设置窗。

② 单击元件属性窗口内的"Global>>"(全局)按钮。

③ 单击"Designator"(序号)标签，并选中"Hidden"(隐藏)选项框，使该选项框内出现"√"；单击"Copy Attributes"(复制特性)选项框内的"Hidden"(隐藏)，使该选项框内出现"√"(表示复制元件序号隐藏属性)。

④ 单击"Comment"(注释信息)标签，并选中"Hidden"(隐藏)选项；单击"Copy Attributes"(复制特性)选项框内的"Hidden"(隐藏)，使该选项框内出现"√"(表示复制元件序号隐藏属性)。

⑤ 单击"OK"按钮，关闭元件属性选项设置窗，即可隐藏所有元件序号及型号(或大小)等注释信息。

(2) 执行"View"菜单下的"Connections\Show All"命令，显示所有飞线，如图 7-59 所示。

从图 7-59 中可以看出：一些元件朝向不正确使飞线交叉偏多，这必须通过旋转操作调整元件放置方向，以减少交叉飞线的数目；很多元件上、下、左、右没有对齐，必须经过选定、对齐操作，使同一排上的元件上下对齐，同一列上的元件左右对齐，使飞线尽可能直(否则 PCB 板上的连线也弯曲)。

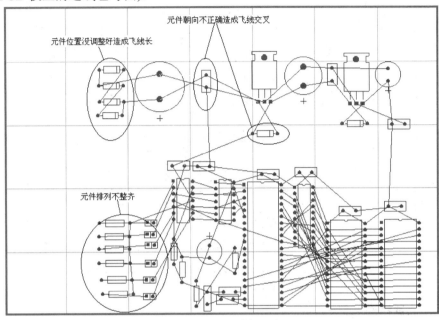

图 7-59　显示所有飞线

　　旋转、对齐操作方法与 SCH 编辑器相同，这里不再详细介绍。例如，选定了图 7-59 中电阻 R201～R206 后，执行"Tools\Align Components\Align…"命令，在如图 7-60 所示"Align Components"(排列元件)设置窗口内指定排列方式，再单击"OK"按钮关闭，即可使已选定的元件按设定的方式重新排列。

　　经过反复平移、旋转、对齐操作后，即可获得图 7-61 所示的调整结果，可见同一行上的元件已靠上或下对齐，同一列上的元件已靠左或右对齐；交叉的飞线数目已很少。可以认为，手工调整布局基本结束。

图 7-60　排列元件设置窗

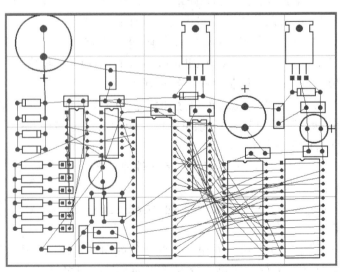

图 7-61　调整结果

(3) 元件引脚焊盘对准格点。完成手工调整元件布局后，自动布线前，必须将元件引脚焊盘移到栅格点上，使连线与焊盘之间的夹角为 135°或 180°，以保证连线与元件引脚焊盘连接处电阻不至于突然增大。

操作方法：执行"Tools"菜单下的"Align Components\Move To Grid…"(移到栅格点)命令，在图 7-62 所示窗口内，指定元件移动距离，即可将所有元件引脚焊盘移到栅格点上。

图 7-62　设置移动距离

(4) 选择电路板外形尺寸。根据布局结果及印制电路板外形尺寸国家标准 GB 9316—88 规定，选择电路板外形尺寸，并重新调整电路板上的布线区大小。

GB 9316—88 规定了通用单面板、双面板及多层印制电路板外形尺寸系列(但不包括箱柜中使用的插件式印制电路板)。一般情况下，印制电路板外形为矩形，如图 7-63 所示，该尺寸系列是电路板最大外形尺寸，而不是布线区尺寸。

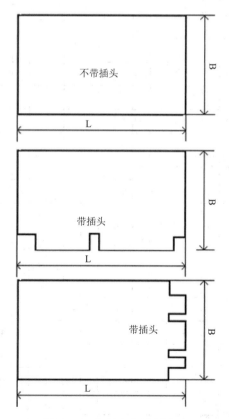

图 7-63　印制电路板外形

GB 9316-88 推荐的印制电路板外形尺寸如表 7-1 所示，其中"●"为优先采用尺寸，而"○"为可采用尺寸。

表 7-1　GB 9316—88 规定的印制板外形尺寸　　　　　　　mm

B \ L	20	25	30	35	40	45	50	55	60	70	80	90	100	110	120	130	140	150	160	180	200	220	240	260	280	300	320	360	400	450
25	○																													
30	●	●																												
35	○	○	○																											
40	●	●	●	○																										
45	○	○	○	○	○																									
50	○	○	○	○	○	○																								
55	●	●	●	○	●	○	○																							
60	●	○	●	○	●	○	○	●																						
70			○	○	○	○	○	○																						
80			●	○	●	○	○	●	●	○																				
90			○	○	○	○	○	○	○	○																				
100					●	○	○	●	●	○	●																			
110							○	○	○	○	○	○																		
120							○	●	●	○	●	○	○	○																
130							○	○	○	○	○	○	○	○																
140							○	○	○	○	○	○	●	○	○															
150							○	○	○	○	○	○	○	○	○	○														
160							○	●	●	○	●	○	●	○	●	○	○													
180								○	○	○	○	○	○	○	○	○	○													
200													●	○	●	○	●	○	●											
220													○	○	○	○	○	○	○	●										
240															●	○	○	○	●	○										
260															○	○	○	○	○	○										
280															○	○	○	○	○	●										
300																	○	○	○	○	●									
320																			●	○	●	○	●	○						
360																			○	○	○	○	○	○	○					
400																						○	●	○	○	●	●			
450																									○	○	○	○	○	
500																													●	○

为防止印制电路板外形加工过程中触及印制导线或元件引脚焊盘，布线区要小于印制电路板外形尺寸。每层(元件面、焊锡面及内信号层、内电源/地线层)布线区的导电图形与印制板边缘距离必须大于 1.25 mm(可取 50 mil)，对于采用导轨固定的印制电路板上的导电图形与导轨边缘的距离要大于 2.5 mm(可取 100 mil)，如图 7-64 所示。

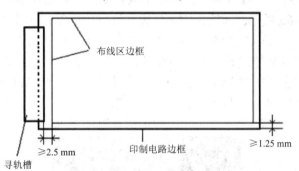

图 7-64　印制电路板外边框与布线区之间的最小距离

印制电路板布线区域的大小主要由安装元件类型、数量以及连接这些元件所需的印制导线所决定。在印制电路板外形尺寸已确定的情况下，布线区受制造工艺、固定方式(通过螺丝或导轨槽)以及装配条件等因素限制。因此，在没有特别限制的情况下，可用手工调整元件布局，获得布线区大致尺寸后，再从印制电路板外形尺寸国家标准 GB 9316—88 中选定外形尺寸。如在本例中，布线区大致尺寸为 4800 mil × 3600 mil(即 122 mm × 91 mm)，从表 7-1 中查出与该尺寸最接近的推荐使用的印制板外形尺寸为 140 mm × 100 mm，因此选择 140 mm × 100 mm(即 5510 mil × 3940 mil)作为印制板最终外形尺寸。

(5) 根据印制板最终尺寸，利用"导线"、"圆弧"等工具在机械层 4 内分别绘制出印制电路板外边框和对准孔，如图 7-65 所示。

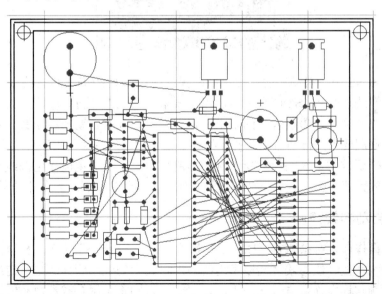

图 7-65　在机械层 4 内画出了印制板边框(双线)和对准孔

完成元件布局，设定布线区大小以及印制板机械边框、定位对准孔后，就可以进入布线操作。

7.4　布线及布线规则

布线就是依据一般的布线规则，通过手工或自动方式，用印制导线完成原理图中元件的连接关系，如图 7-66 所示。布线是印制板设计过程中的关键环节之一，并非"连通"即可，不良的布线可能降低电路系统抗干扰性能指标，甚至不能工作。与布局类似，布线也有手工布线、自动布线两种方式，但在布线过程中，主要依靠手工或自动与手工相结合方式实现 PCB 板的连线操作；在高频、微波电路中甚至只能用手工布线方式实现元器件间的互连，尽管许多主流 PCB 设计软件均提供了自动布线功能，但无论其布通率有多高、功能有多完善，都不可能完全满足特定 PCB 板的电磁兼容性要求。

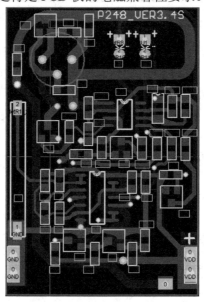

图 7-66　用印制导线实现元件间的连接

在 Protel 99 SE 中，自动布线过程包括设置自动布线参数(即布线条件)、自动布线前的预处理、自动布线、手工修改四个环节。当主要依靠自动布线方式完成元器件的互连时，则必须根据电路特征、电磁兼容性的要求，仔细设置相关的自动布线参数，否则自动布线效果不能达到预期要求。自动布线前的预处理是指利用布线规律，用手工或自动布线功能，优先放置有特殊要求的连线，如易受干扰的印制导线、承受大电流的电源线和地线等；在时钟电路下方放置填充区，避免自动布线时其他信号线经过时钟电路的下方等。

7.4.1　设置自动布线规则

自动布线操作前，必须执行"Design"菜单下的"Rules…"命令，检查并修改有关布线规则，如走线宽度、线与线之间以及连线与焊盘之间的最小距离、平行走线最大长度、走线方向、敷铜与焊盘连接方式等是否满足要求，否则将采用缺省参数布线，但缺省设置难以满足各式各样印制电路板的布线要求。"Design Rules"(设计规则)设置窗包含"Routing"(布线参数)、"Manufacturing"(制造规则)、"High Speed"(高速驱动，主要用于高频电路设计)、"Placement"(放置)、"Signal Integrity"(信号完整性分析)及"Other"(其他约束)标签，如图 7-67 所示。

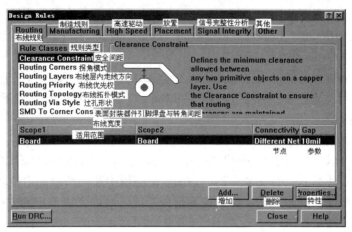

图 7-67　"Design Rules"设置窗

1. 设置布线参数

1) 导线与焊盘(包括过孔)之间的最小距离

执行"Design"菜单下的"Rules…"命令，在设计规则窗口内，单击"Routing"(布线参数)标签；在图 7-67 所示窗口内，单击"Rules Classes"(规则类型)列表窗下的"Clearance Constraint"(安全间距)规则，即可重新设定不同节点导电图形(导线与焊盘及过孔)之间的最小距离。

从图 7-67 中看出：系统默认的安全间距为 10 mil(即 0.254 mm)，适用范围是整个电路板所有不同的网络节点，可根据需要重新设置：

● 单击图 7-67 中"Properties"(特性)按钮，在图 7-68 所示窗口内重新设置电路板上不同节点导电图形之间的最小距离。

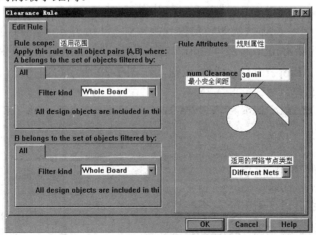

图 7-68　安全间距设置窗

在"Rule scope(适用范围)"选项内，可以选择"Whole Board"(整个电路板)，"Layer"(某一层)、"Net"(某一节点)或"Net Class"(某类节点，但需先通过"Design"菜单下的

"Classes…"命令预先定义)、"Component"(某一元件)、"Component Class"(某类元件，也需要先通过"Design"菜单下的"Classes…"命令预先定义)或某一区域。

一般情况下，将适用范围设为"Whole Board"，即适用于整个电路板。

可在"Rule Attributes"(规则属性)框内的"num Clearance"(最小安全间距)文本框内输入特定数值，如 100 mil(即 2.54 mm)。

在适用的网络节点类型列表框内，可以选择"Different Nets Only"(仅适用于不同节点)、"Same Nets Only"(仅适用于相同节点)、"All Nets"(所有节点)。一般选择"Different Nets Only"或"All Nets"。

修改有关设置项后，单击"OK"按钮退出。

必要时，也可以单击图 7-67 中的"Add…"按钮，在图 7-68 所示窗口内设置具有特殊要求的某一节点或某类节点的安全距离。例如，电路板中某一节点的电位较高，达上百伏，而其他点的电位较低，仅为几伏，为了提高耐压性能，可增大该节点的安全间距(有关安全间距取值规则可参阅第 5 章)。

2) 选择印制导线转角模式

在图 7-67 所示窗口内，单击"Rules Classes"(规则类型)列表窗下的"Routing Corners"(布线拐角)，即可重新设定印制导线转角模式，如图 7-69 所示。

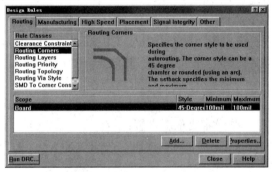

图 7-69　印制导线转角模式

从图 7-69 中看出：系统默认的转角模式为 45°(外角为 45°，内角就是 135°)，转角过渡斜线垂直距离为 100 mil(即 2.54 mm)，适用范围是整个电路板内的所有导线。

单击图 7-69 中"Properties"(特性)按钮，在图 7-70 所示窗口内即可重新设置转角模式及转角过渡斜线的垂直距离。

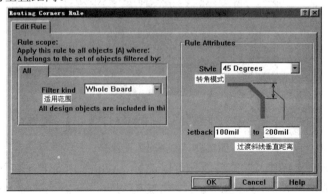

图 7-70　转角模式设置窗

在"Style"(转角模式)列表窗内，可以选择 45°(缺省设置)、90°(直角)、Rounded(圆角)三种转角模式中的一种。其中 45°转角模式最为常用，原因是转角处电阻较小，布线密度也较大；90°不常用，尽管布线密度高，但转角处电阻较大，在高频电路中应尽量避免直角走线；而圆角走线转角处电阻最小，布线密度也最低，因此仅用在高频电路中。

在"Setback"(过渡斜线垂直距离)文本盒内输入最小距离和最大距离，一般可以采用缺省值，不必修改。

在"Filter kind"(适用范围)列表框内，选择转角作用范围，一般选择"Whole Board"(整个电路板)。

3) 选择布线层及走线方向

在图 7-67 所示窗口内，单击"Rules Classes"(规则类型)列表窗下的"Routing Layers"(布线层)，即可弹出图 7-71 所示的布线层选择窗口。

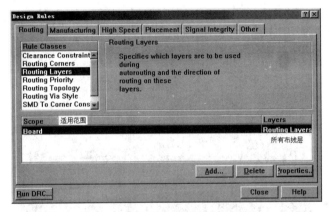

图 7-71　布线层选择窗口

单击图 7-71 中的"Properties"(特性)按钮，在图 7-72 所示窗口内，选择布线层和层内印制导线的走线方向。

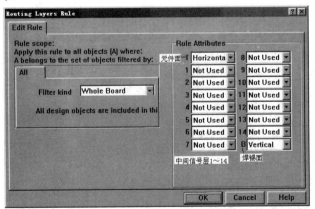

图 7-72　布线层及走线方向设置窗

缺省状态下，仅允许在顶层(Top Layer)和底层(Bottom Layer)布线，而中间层 1～14 处于关闭状态(Not Used)。

对于双面板来说，焊锡面上的走线方向最好与集成电路芯片放置方向一致，这样焊锡面上的连线不会穿越集成电路芯片引脚焊盘；上下两层信号线尽量垂直走线，因此双面板焊锡面上的走线方向与集成电路芯片排列方向相同，元件面上的走线方向与集成电路芯片成 90°。

单击工作层右侧下拉按钮，即可选择该层走线方向，其中：

- Horizontal：水平方向。
- Vertical：垂直方向。
- Any：任意方向(即水平、垂直、斜 45° 等均可)。
- 45 Up：向上 45° 角方向。
- 45 Down：向下 45° 角方向。

而当工作层走线方向设为"Not Used"时，表示不在该层走线。一般选择水平或垂直走线，这样上下两层信号耦合最小，有利于提高系统的抗干扰能力。

4) 过孔类型及尺寸

在图 7-67 中，单击"Rules Classes"(规则类型)列表窗下的"Routing Via Style"(过孔类型)，即可弹出图 7-73 所示的过孔当前状态窗口。

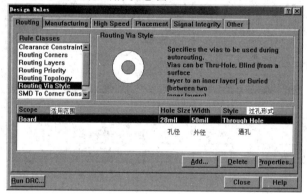

图 7-73　过孔状态窗口

单击图 7-73 中的"Properties"(特性)按钮，在图 7-74 所示窗口内，即可重新选择过孔类型及尺寸。

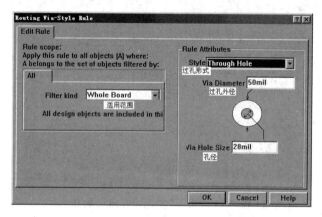

图 7-74　过孔设置窗口

单击"Style"列表窗下拉按钮，即可选择过孔形式，包括"Through Hole"(通孔)、"Blind Buried [Adjacent Layers]"(相邻两层之间的盲孔或半通孔)、"Blind Buried [Any Layers Pair]"(任意两层之间的盲孔或半通孔)。对于双面板来说，由于只有两个面，过孔自然是通孔；即使是多层电路板，在布线密度不高的情况下，也多选择通孔，因为通孔加工容易，成本低。

过孔与焊盘不同，一般仅用于连接不同层上的印制导线，因此孔径可以小一些(但不能小于 1/3 板厚，否则加工难度大，成本高；而孔径太大时，会造成布线密度下降或布通率低)；孔径公差要求也不高。由于常用的纸质、玻璃布覆铜箔层压板厚度在 1.6～2.4 mm 之间，而过孔缺省值为 28 mil(约 0.71 mm)；外径可略小于元件引脚焊盘，缺省时为 50 mil(1.27 mm)。因此，在小功率电路板上可采用缺省的过孔参数。

5) 设置布线宽度

在自动布线前，一般均要指定整体布线宽度及特殊网络，如电源、地线网络的布线宽度。设置布线宽度的操作过程如下：

(1) 设置没有特殊要求的印制导线宽度。

在图 7-67 中，单击"Rules Classes"(规则类型)列表窗下的"Width Constraint "(布线宽度限制)，即可弹出如图 7-75 所示的布线宽度状态窗口。

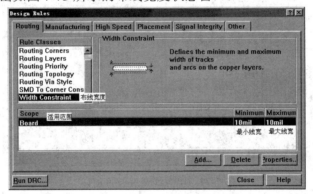

图 7-75　布线宽度状态窗口

单击图 7-75 中的"Properties"(特性)按钮，在图 7-76 所示窗口内，即可重新设置布线宽度。

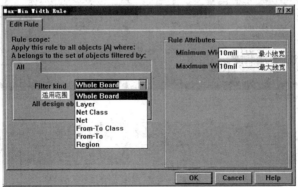

图 7-76　布线宽度设置窗口

单击"Filter kind"(适用范围)下拉按钮，选择"Whole Board"(整个电路板)，然后在"Rule Attributes"(规则属性)列表窗内，直接输入最小线宽和最大线宽。线宽选择依据是流过导线的电流大小、布线密度以及电路板生产工艺，在安全间距许可的情况下，导线宽度越大越好。缺省时，最小、最大线宽均为 10 mil，这对于数字集成电路系统非常合理。对于 DIP 封装的集成电路芯片，为了能够在集成电路引脚焊盘间走线，当焊盘为 50 mil 时，线宽取

10～20 mil(安全间距为 20～15 mil)，当采用引脚间距更小的集成芯片，如引脚间距为 50 mil 的 SOJ、SOL 封装电路芯片时，最小线宽可以减到 6～8 mil。但对于以分立元件为主的电路系统中，布线宽度可以取大一些，如 30～100 mil 等。

设置好导线宽度后，单击"OK"按钮退出。

(2) 设置电源、地线等电流负荷较大网络的导线宽度。

在电路板中，电源线、地线等导线流过的电流较大，为了提高电路系统的可靠性，电源、地线等导线宽度需大一些。自动布线前，最好预先设定，操作过程如下：

单击图 7-75 中的"Add…"按钮，在图 7-76 所示导线宽度设置窗口内，单击"Filter kind"(适用范围)下拉按钮，在弹出的列表窗内选择"Net"(节点)，接着在"Net"(网络名)文本盒内输入相应的网络名，如 VCC(假设电源网络标号为 VCC)、GND(地线)等；在线宽窗口内直接输入最小、最大线宽，如图 7-77 所示。

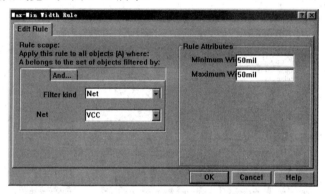

图 7-77　电源线宽度设置窗口

单击"OK"按钮后，即可发现线宽状态窗口内多了电源线宽度信息行，如图 7-78 所示。

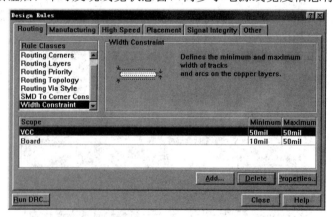

图 7-78　增加了电源宽度后的线宽信息

继续单击"Add…"按钮，设置地线(网络标号为 GND)或其他需要特殊处理的网络的布线宽度。

在图 7-78 所示的布线宽度状态窗口内，单击某一布线宽度设置项后，可通过"Delete"按钮删除或通过"Properties"(特性)按钮修改。

6) 选择布线模式

所谓布线模式，就是设置焊盘之间的连线方式。对于整个电路板，一般选择最短布线模式；而对于电源网络(VCC)、地线(GND)网络来说，应根据需要选择最短模式、星形模式或菊花链状模式。例如，对于要求单点接地的电路系统，则电源网络(VCC)、地线网络(GND)可采用星形(Starburst)布线模式。

在图 7-67 中，单击"Rules Classes"(规则类型)列表窗下的"Routing Topology"(布线拓扑模式)，即可弹出图 7-79 所示的布线模式状态窗口。

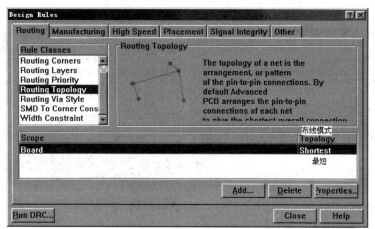

图 7-79　布线模式状态窗口

单击图 7-79 中的"Properties"(特性)按钮，在图 7-80 所示窗口内，即可重新选择布线模式。

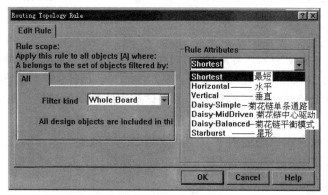

图 7-80　布线模式设置窗口

单击"Filter kind"(适用范围)下拉按钮，选择"Whole Board"(整个电路板)，然后单击"Rule Attributes"(规则属性)列表窗内的下拉按钮，选择"Shortest"(最短布线模式)，然后单击"OK"按钮退出。

接着，单击图 7-79 窗口内的"Add…"按钮，在图 7-80 所示窗口内，单击"Filter kind"(适用范围)下拉按钮，选择"Net"(节点)，并在节点文本盒内输入 VCC(电源网络)；单击"Rule Attributes"(规则属性)列表窗内的下拉按钮，选择"Starburst"(星形模式)或某一菊花链状模式，然后单击"OK"按钮退出。

按同样方式再设置地线网络的布线模式。

7)　确定网络节点布线优先权

在电路系统中，某些网络的布线有特殊要求，如输入/输出信号线尽可能短，电源线、地线也尽可能短，布线时对有特殊要求的网络可优先布线。Protel 99 提供了 0～100 级布线优先权(0 最低，100 最高)设置，即可定义 100 个网络的布线顺序。

在图 7-67 中，单击"Rules Classes"(规则类型)列表窗下的"Routing Priority"(布线优先权)，即可弹出图 7-81 所示的布线优先权状态窗口。

单击图 7-81 中的"Properties"(特性)按钮，在图 7-82 所示窗口内，即可重新选择布线优先权。

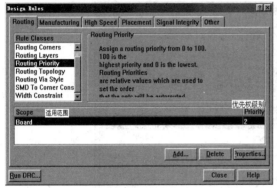
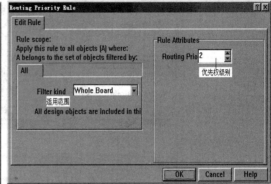

图 7-81　布线优先权状态窗口　　　　　图 7-82　布线模式设置窗口

单击"Filter kind"(适用范围)下拉按钮，选择"Whole Board"(整个电路板)，然后单击"Rule Attributes"(规则属性)列表窗内优先权文本盒右侧递增或递减按钮选择所需的优先权(整个电路板的优先权一般设为 0，即最低，然后单击"OK"按钮退出。

通过"Add..."按钮，增加有特殊要求的某一节点或某类节点的优先权。

8) 表面封装元件引脚焊盘与转角间距

如果印制板含有表面封装元件 SMD，可单击图 7-67 中"Rules Classes"(规则类型)列表窗下的"SMD To Corner Constraint"选项，设置表面封装器件引脚焊盘与转角之间的距离。

设置的布线规则越严格，限制条件越多，自动布线时间就越长，布通率就越低，布线效果就越好。

根据需要还可以进入"制造规则"、"高速驱动"、"放置"和"其他"标签，设置有关布线参数，下面再简要介绍其中一些较重要的布线规则含义及设置依据。

2. 制造规则设置

执行"Design"菜单下的"Rules..."命令，在图 7-67 所示窗口内，单击"Manufacturing"(制造规则)标签，即可对制造规则进行检查和设置。这些规则包括：布线夹角、焊盘铜环最小宽度、焊锡膏层扩展、敷铜层与焊盘连接方式、内电源/接地层安全间距、内电源/接地层连接方式、阻焊层扩展等，如图 7-83 所示。

其中"布线夹角"定义了最小布线夹角；"焊盘铜环最小宽度"定义了焊盘铜环的最小值；而"焊锡膏层扩展"则定义了焊锡膏层是否要扩展，如果电路板没有表面封装元件，就没有焊锡膏层，当然也就没有必要关心"焊锡膏层扩展"设置。

"受限制的布线区"用于设置布线时只能在该区域内或区域外走线，其作用类似于在印制板上设置填充区或敷铜区。由于"自动布线"操作不接受这一约束，因此不希望在特定面的特定区域走线时，多使用敷铜区或填充区。

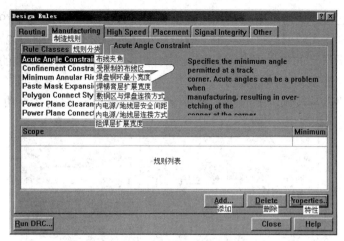

图 7-83　制造规则设置窗口

"内电源/接地层安全间距"定义了在多层印制板中，内电源/地线层与过孔、焊盘之间的最小间距，而"内电源/接地层连接方式"则定义了与内电源/地线层相连的焊盘及过孔的连接方式。由于单、双面印制电路板没有内电源/地线层，因此不必考虑这一参数。

"阻焊层扩展"用于定义阻焊层扩展宽度。缺省时，阻焊层扩展宽度为 4 mil，一般不用修改。例如，某焊盘铜环大小为 62 mil，该焊盘在阻焊层上的大小为"焊盘铜环大小+2 倍的阻焊层扩展宽度"，即 70 mil。

"敷铜区与焊盘连接方式"定义了与敷铜区相连的焊盘形状，在印制电路板中，为了提高抗干扰性能，减少接地电阻，改善散热条件，常使用敷铜方式，而敷铜区一般与地线相连，这就涉及地线网络焊盘与敷铜区的连接方式问题，设置"敷铜层与焊盘连接方式"的操作过程如下：

(1) 单击图 7-83 中"Rule Classes"(规则分类)列表窗下的"Polygon Connect Style"(敷铜层连接方式)，即可观察到敷铜层与焊盘的连接方式列表，如图 7-84 所示。

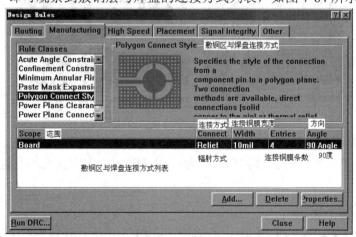

图 7-84　敷铜层与焊盘连接方式列表

(2) 单击图中的"Properties"(特性)按钮，在图 7-85 所示窗口内，即可重新选择敷铜区与焊盘的连接方式。

可以选择"Relief Connect"(辐射连接)和"Direct Connect"(直接连接)两种连接方式之

一：当选择辐射连接方式时，必须给出连接铜膜的条数(2 或 4 条)、方向(90°或 45°)以及连接线条铜膜宽度。在辐射连接方式中，敷铜层与元件引脚焊盘仅通过 2 或 4 条宽度很小的铜膜相连，敷铜层上的热量不容易传到元件引脚，常用在发热量较大的印制板上，但制作成本相对较高。而采用直接连接方式时，与敷铜层相连的焊盘直接压在敷铜层上，制作工艺相对简单，缺点是敷铜层上的热量容易传到元件引脚，一般用在小功率电路板上。

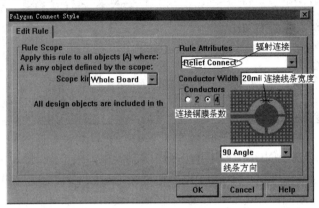

图 7-85　敷铜区与焊盘连接方式设置窗

辐射连接与直接连接的区别如图 7-86 所示。

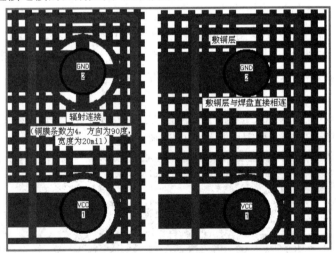

图 7-86　敷铜层与焊盘连接方式的比较

(3) 设置敷铜层与焊盘连接方式及适用范围后，单击"OK"按钮退出。

设置了敷铜层与焊盘连接方式后，放置敷铜层时按指定方式与焊盘连接，如图 7-86 所示。

3. 高速驱动规则设置

执行"Design"菜单下的"Rules…"命令，在图 7-67 所示窗口内，单击"High Speed"(高速驱动)标签，即可对菊花链分支长度、布线长度、平行走线最大长度等进行设置，如图 7-87 所示。高速驱动规则主要用于约束高频及时钟信号频率较高的数字电路的布线，其中："最大布线长度"用于限制连线的最大长度；"匹配网络长度"用于设置有阻抗匹配要求的网络的布线长度;"最大过孔数"用于限定过孔的数量;而"平行步线设置"用于设定平行走线的间距和平行走线的长度。

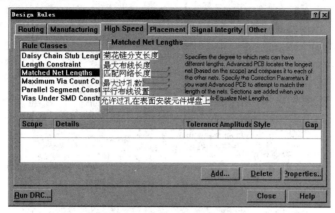

图 7-87　高速驱动规则设置窗口

7.4.2　自动布线前的预处理

完成布线规则设置后,自动布线前,应根据布线密度及不同面上的走线方向重新确定元件引脚焊盘的形状及尺寸。执行"更新"或"装入网络表"操作后,制板编辑区内所有元件的引脚焊盘均采用元件封装库文件中定义的焊盘形状,但未必合理。例如,在布线密度较大的单面印制板中,当焊盘铜环面积较小时,焊盘附着力低,焊接过程中,焊盘容易脱落。因此,最好加大焊盘尺寸,或将圆形焊盘改为椭圆形焊盘。对于以穿通方式安装的集成电路芯片,也可以将圆形焊盘改为椭圆形焊盘,以提高焊盘的附着力,但在改变焊盘尺寸时必须注意不能减小引脚焊盘间距,否则会造成引脚间不能走线。

可通过如下方式批量修改元件引脚焊盘的形状、大小:将鼠标移到待修改的引脚焊盘上,双击左键,进入焊盘属性设置窗,修改有关选项,如尺寸、形状后,单击"Global>>"(全局)按钮,设置好修改条件及修改项目后,单击"OK"按钮退出,即可一次同时修改满足条件的焊盘的形状及尺寸。

另外,为了提高抗干扰能力,还需在时钟电路下方放置一敷铜区或用导线工具绘制一封闭的矩形框,防止自动布线时在该区域走线;为了减少接地电阻,改善散热条件,还需要在 TO-220 封装的功率元件四周放置填充区。

例如图 7-61 中,需要在时钟电路下方放置一个与地线相连的敷铜区,防止自动布线时在时钟电路下方(即元件面)对应区域走线;在元件面内,三端稳压块下方放置与地线相连的填充区,利用填充区充当大功率元件散热片。

1. 敷铜区放置及编辑

放置敷铜区的操作过程如下:

(1) 单击"Place"(放置)工具栏内的"Place Polygon Plane..."(放置敷铜区)工具,在如图 7-88 所示敷铜区选项设置窗口内,指定敷铜区有关参数后,单击"OK"按钮退出。

敷铜区各选项参数含义如下:

● 在"Net Options"(节点选项)框内,单击"Connect to Net"下拉按钮,在节点列表窗内找出并单击与敷铜区相连的节点，如 GND、VCC 等；单击"是否覆盖与敷铜层相连的网络连线"复选框，即选用该选项。

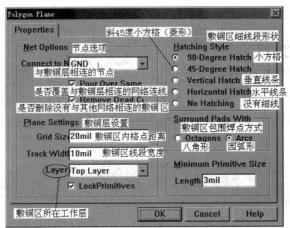

图 7-88　敷铜层选项设置

● 在"Hatching Style"(敷铜区细线段形状)选项框内，单击所需的细线段形状，确定敷铜区内部细线条的形状，可选择的线条形状有：小方格、斜 45°小方格(菱形)、水平线条、垂直线条、没有细线等，如图 7-89 所示。

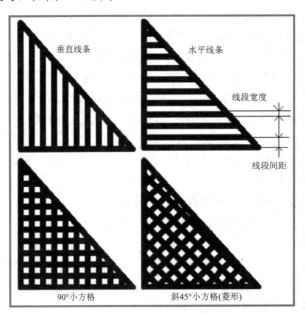

图 7-89　敷铜区内线段形状

● 在"Plane Settings"(敷铜层设置)框内，输入线段间距、线段宽度以及所在工作层。

● 在"Surround Pads With"(敷铜区包围焊点方式)框内，选择"八角形"或"圆弧形"方式(一般多选择圆弧形)。

(2) 将光标移到敷铜区起点，单击鼠标左键，固定多边形第一个顶点；移动光标到多边形第二个顶点，单击鼠标左键固定……，不断重复移动，单击鼠标左键，再单击右键结束，即可绘出一个多边形敷铜区，如图 7-90 所示。

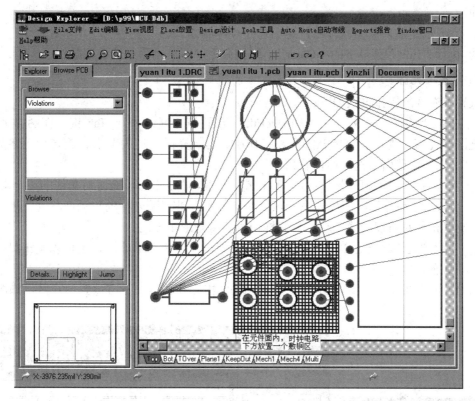

图 7-90 在元件面内、时钟电路下方放置了一个敷铜区

在绘制多边形操作过程中，如果最后一个顶点与第一顶点不重合，则 Protel 99 PCB 编辑器会自动在第一顶点和最后一个顶点间放置一条连线，形成一个封闭多边形。

值得注意的是：如果在敷铜层属性窗口内，指定了与敷铜层连接的节点，且选中"Remove Dead Copper"选项，那么当多边形没有覆盖特定节点时，单击鼠标右键结束后，敷铜区只闪动一下即消失，即敷铜区绘制操作无效。

(3) 修改敷铜区属性。将鼠标移到敷铜区内任一位置，双击鼠标左键，激活敷铜区属性窗，然后即可重新设定敷铜层参数，如线条宽度、线条间距、形状等。单击"OK"按钮关闭敷铜层属性设置窗口后，即刻显示出如图 7-91 所示的重建提示。

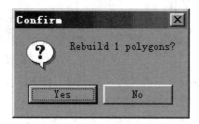

图 7-91 修改敷铜区属性后的提示信息

单击"Yes"按钮后，即按修改后的参数重建敷铜区。

(4) 敷铜区的删除。在 PCB 编辑区内，可通过如下步骤删除敷铜区、元件封装图：

① 执行"Edit"菜单下的"Select\Toggle Selection"命令，将光标移到敷铜区内任一位置，单击鼠标左键选定。此时仍处于选定操作状态，可以继续选定另一需要删除的敷铜区

或元件。

② 完成选定后，单击鼠标右键退出选定操作状态。

③ 执行"Edit"菜单下的"Clear"(清除)命令，即可删除已选定的敷铜区。

2．放置填充区

放置填充区的操作过程如下：

(1) 单击"放置"工具栏内的"PlaceFill"(放置填充区)，按下 Tab 键，在图 7-92 所示的填充区属性窗口内，选定填充区所在工作层、与填充区相连的节点、旋转角等参数后，单击"OK"按钮退出填充属性设置窗。

(2) 将光标移到编辑区特定位置，单击鼠标左键，固定矩形填充区对角线的一个端点(一般是左上角)；移动光标，即可观察到填充对角线另一端点随光标的移动而移动，单击鼠标左键固定填充区对角线的第二端点，这样便可获得矩形填充区。

(3) 可以通过"移动、单击、移动、单击"继续绘制另一填充区，也可以单击鼠标右键退出命令状态。

利用上面的操作方法，在图 7-61 中的元件面内三端稳压块下方放置填充区，如图 7-93 所示。

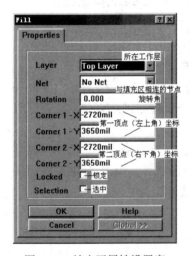

图 7-92　填充区属性设置窗

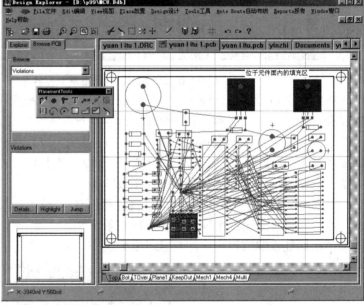

图 7-93　放置填充区

删除填充方法与删除印制导线、焊盘、过孔的方法相同，例如，将鼠标移到填充区内任一点处，单击鼠标左键选中后，按下 Delete 键即可。

7.4.3　自动布线

经过以上处理后，就可以使用"Auto Route"菜单下的有关命令进行自动布线。这些命令包括"All"(对整个电路板自动布线)、"Net"(对一网络进行布线)、"Connection"(对某一连线进行布线)、"Component"(对某一元件进行布线)、"Area"(对某一区域进行布线)。

在自动布线过程中,若发现异常,可即时执行该菜单下的"Stop"命令,停止布线;通过"Pause"命令暂停布线;通过"Restart"命令重新开始步线。

此外,在布线过程中出现异常时,可通过"Tools"菜单下的"Un-Route"命令组拆除全部或部分印制导线,待修改布线规则后,再通过"Auto Route"菜单命令重新布线。拆除布线命令包括"Un-Route\All"(拆除所有连线)、"Un-Route\Net"(拆除某一节点的所有连线)、"Un-Route\Connection"(拆除连接于两个焊盘之间的一条印制导线)、"Un-Route\Component"(拆除与某一元件相连的多条连线)。

在执行全局自动布线操作前,对有特殊要求的节点、连线可先预布线,并锁定。全局布线过程如下:

(1) 单击主工具栏内的"Show Entire Document"(显示整个画面)按钮,以便在全局自动布线过程中能观察到整个布线画面。这一步并非必须进行,但在全局自动布线时,若能看到整个布线过程将容易判别布线进程和效果,以便决定是否终止布线操作。

(2) 执行"Auto Route"菜单下的"All"命令,启动自动布线进程,即可观察到图 7-94所示的自动布线进程。

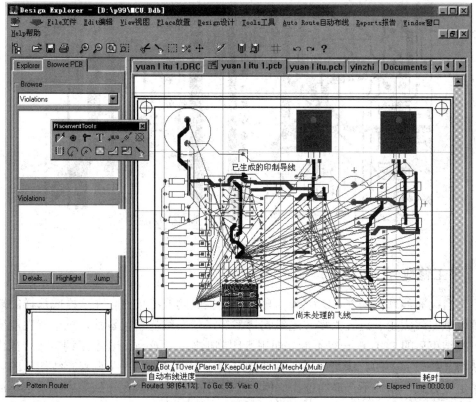

图 7-94　自动布线进程

在自动布线过程中,需要进行复杂的计算,可能需要等待一定时间。布线时间的长短取决于电路板连线的复杂程度、布线规则设置和计算机的运算速度。

自动布线结果如图 7-95 所示,从中我们可以看出虽然布通率为100%,但局部区域布线效果并不理想,最常见的现象是走线拐弯多,造成走线过长,也不美观,如图 7-96 所示;布线密度不合理,没有充分利用印制板空间,所有这些不合理的走线均需要手工修改。

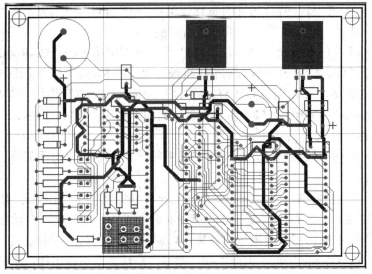

图 7-95　全局自动布线结果

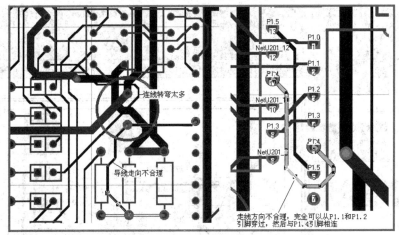

图 7-96　自动布线缺陷举例

7.4.4　手工修改

　　不论自动布线软件功能多么完善，自动布线生成的连线依然存在这样或那样的缺陷，如局部区域走线太密、过孔太多、连线拐弯多等，使布线显得很零乱，抗干扰性能变差，自动布线结束后的 PCB 板一般不能立即用于印制板加工，必须经过手工调整布线操作后，才能获得一块较完美的、满足电磁兼容性要求的印制电路板。手工调整布线的目的就是重新调整走线方式，删除不合理的过孔，使布线尽可能合理(如满足电磁兼容性要求、连线长度短)。可见，手工调整布线是电路板设计过程中的关键环节，不良的布线甚至会造成电路系统工作不正常。手工调整布线也是电路设计中最难掌握的技巧之一，它是电路板设计技术和经验的集中体现，布线本身就是一门艺术，而且还是一门存在遗憾的艺术，即使经过了多次调整，依然存在不尽合理的连线。印制电路板设计者最深刻的体会是"只能做到更好，不可能做到最好"。手工修改布线对操作者的素质要求较高，除了能熟练运用布线软件功能和一般的布线规律外，还要求操作者具有较高的电路设计技巧以及丰富的印制电路板设计经验。

1. 修改走线的方法

修改走线的基本方法是利用"Tools"菜单下的"Un-Route"命令组，如 "Un-Route\Net"(拆除与某一节点相连的连线)、"Un-Route\Connection"(拆除某一条印制导线)和"Un-Route\Component"(拆除与某一元件连接的连线)拆除不合理连线，然后再通过手工或"Auto Route"菜单下的"Net"(对指定节点布线)、"Connection"(对指定飞线布线)、"Component"(对指定元件布线)等命令重新布线。

此外，在调整走线操作过程中，也会用"Edit"菜单下的"Move\Break Track"命令切割并移动印制导线位置(导线两个端点不动)；用"Edit"菜单下的"Move\Draw Track End"命令移动印制导线端点位置；用"Edit"菜单下的"Move\Re-Route"命令重新走线。

在手工调整走线操作时，为使连线端点在焊盘、过孔或线段的中心，往往将局部区域放大了很多倍，显示出焊盘编号，如果感到影响视线，可执行"Tools\Preference"命令，并在弹出的"Preferences"(特性选项)窗内，单击"Show/Hiden"(显示/隐藏)标签，分别取消"Other"选项列表中"Show Pad Net"复选框内的"√"(即不显示焊盘上的网络名称)和"Show Pad Number"复选框内的"√"(即不显示焊盘编号)。

为了定位精确，单击图 5-9 所示的"Cursor Type"(光标形状)按钮，选择"Large 90"(大90°)光标，并允许自动删除回路布线，这样即可直接在两节点间重新连线，而不用执行"Un-Route\Connection"命令来拆除指定的连线。

2. 修改拐弯很多的走线举例

下面以修改图 7-96 所示导线为例，介绍修改走线的操作过程：

(1) 执行"Tools"菜单下的"Un-Route\Connection"命令。

(2) 将光标移到待拆除的连线上，如图 7-97 所示。

(3) 单击鼠标左键，光标下的连线即刻变为飞线，如图 7-98 所示。这时仍处于命令状态，如果还需要拆除其他连线，可将光标移到相应的连线上并单击鼠标左键，继续拆除连线，只有单击鼠标右键才返回空闲状态，这与 SCH 编辑器相似。

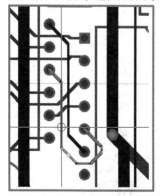

图 7-97　将光标移到指定的连线上

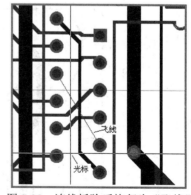

图 7-98　连线拆除后恢复为"飞线"

其实直接将鼠标移到特定导线上，单击左键选择后，按下 Del 键，也可以将鼠标下的连线段恢复为"飞线"，但这种操作方式每次仅能拆除连线中的一段，而一条拐弯很多的连线往往由多段组成，操作效率要低一些。

(4) 单击编辑区下的特定工作层，选择连线所在层。

(5) 单击"Place"工具栏内的"Wire"工具。

(6) 必要时，按下 Tab 键，在导线属性选项窗内选择导线宽度、锁定状态等选项。

在导线属性窗口内重新设置导线宽度时，导线宽度的取值范围受"布线宽度规则"限制。例如，在"布线宽度规则"中将某节点最小线宽设为 10 mil，最大线宽设为 20 mil，则无论是自动布线还是手工连线，与该节点相连的印制导线宽度就被限制在 10～20 mil 之间，除非执行"Design"菜单下的"Rules…"命令，在"布线宽度"规则窗口内，修改对应节点的线宽范围。

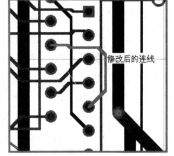

(7) 将光标移到与飞线相连的焊盘上，单击鼠标左键固定连线起点，移动鼠标用手工方式绘制印制导线。在连线过程中，拐弯及终点处均要单击鼠标左键固定。完成特定连线后，必须单击鼠标右键结束。

这时仍处于连线状态，可以将光标移到其他飞线焊盘上，继续连线。

修改图 7-96 所示区域不合理连线后的结果如图 7-99 所示。可见修改后的连线不仅拐弯少，连线长度也短了。

图 7-99 修改后的连线

利用类似方法，逐一修改印制板内所有不合理的走线。

在手工修改连线过程中，必要时可以更改个别元件，如电阻、电感的封装形式，以便从元件引脚焊盘间走线；必要时还可以更改个别元件引脚焊盘形状，以利于连线。

3. 增加电源、地线及其他大电流负荷导线的线宽

导线均有寄生电阻和寄生电感，而寄生电感的大小与印制导线长度成正比、与印制导线宽度的对数成反比；寄生电阻的大小与印制导线长度成正比、与印制导线宽度成反比。因此，为了减小印制导线的寄生电阻、寄生电感，除了尽可能缩短连线长度外，在布线密度许可的情况下，应加大电源线、地线及其他大电流负荷印制导线的宽度，如图 7-100 中的三条连线是交流电源输入端及整流输出端，电流负荷较大，应该加宽。

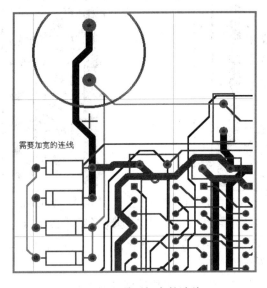

图 7-100 需要加宽的连线

其操作过程如下：

(1) 单击"Tools"菜单下的"Un-Route\Connection"(拆除连线)命令，将光标移到需要拆除的连线上，单击鼠标左键，逐一拆除需要加大宽度的印制导线，如图 7-101 所示。

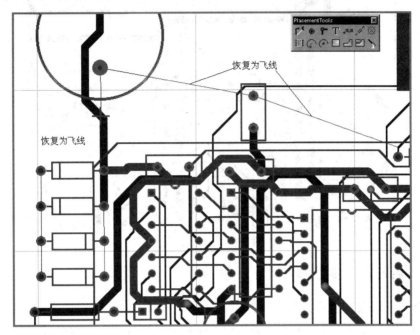

图 7-101　拆除需要加宽的连线

(2) 执行"Design"菜单下的"Rule…"命令，在图 7-67 所示窗口内，单击"Routing"标签，在"Rule Classes"(规则分类)窗口内找出并单击"Width Constraint"(连线宽度)设置项；在图 7-77 所示连线宽度设置列表窗口内，单击"Board"设置项，再单击"Properties"按钮，进入导线宽度设置窗，将导线最小宽度和最大宽度均设为 50 mil，如图 7-102 所示，然后单击"OK"按钮返回。

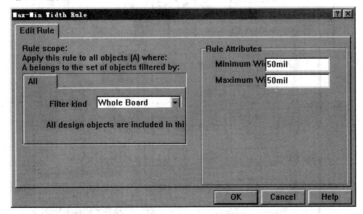

图 7-102　将板上印制导线最小/最大宽度均设为 50 mil

(3) 执行"Auto Route"菜单下的"Connection"命令，将光标移到飞线上，单击鼠标左键，对飞线重新布线。完成了连线后，单击鼠标右键退出连线状态，操作结果如图 7-103 所示。

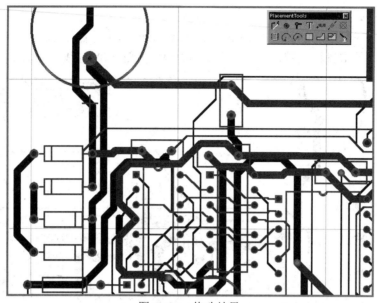

图 7-103　修改结果

7.4.5　布线后的进一步处理

1. 设置泪滴焊盘及泪滴过孔

完成连线的手工调整后，根据需要将特定区域内的焊盘变为泪滴焊盘，以提高焊盘(包括过孔)与印制导线连接处的宽度。设置泪滴焊盘的操作过程如下：

(1) 单击主工具栏内的"选择"工具，选择将要泪滴化的区域。

(2) 执行"Tools"菜单下的"Teardrops\Add"命令，将选中的焊盘、过孔变为泪滴状态，再单击主工具栏内的"解除选中"工具，即可获得图 7-104 所示的泪滴化结果。

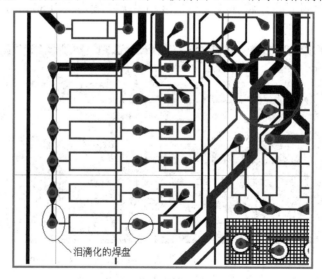

图 7-104　焊盘泪滴化处理结果

如果希望取消泪滴化处理，恢复焊盘原来状态，则选定后执行"Tools"菜单下的

"Teardrops\Remove"命令，即可将选定区域内的焊盘恢复为原来状态。

2. 设置大面积填充区

为了提高电路，尤其是高频电路系统的抗干扰能力，完成布线后，可在印制板的焊锡面、元件面内分别放置与地线相连的大面积敷铜区，使连线、焊盘四周被地线包围，如图 7-105 所示。

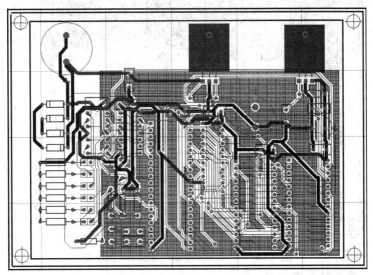

图 7-105　在焊锡面内放置与地线相连的大面积敷铜区

在大电流电路中，减少接地电阻，改善散热条件，常需要在电路板焊锡面内空白处放置与地线或电源线相连的敷铜区，如图 7-106 所示。

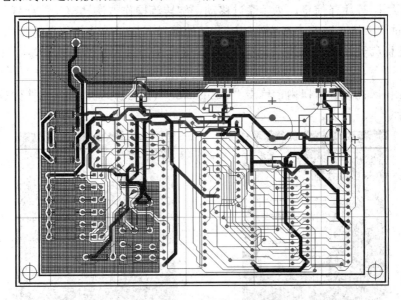

图 7-106　在焊锡面内空白处放置与地线相连的大面积敷铜区

然后再删除与敷铜区相连的印制导线。当敷铜区覆盖了某一宽大尺寸连线后，最好将该连线删除(即由原来的导线连接改为通过敷铜区连接)，同时将与敷铜区连接的焊盘改为

"直接"方式。因为当印制导线或电源区、地线区很宽时，在焊接或长时间受热过程中，铜膜将膨胀，甚至脱漏，严重影响元件的焊接质量。采用开孔的敷铜区代替大尺寸印制导线、电源、地线区后，可有效解决焊接过程中的铜膜膨胀问题。

删除了与敷铜区相连的印制导线后，图 7-106 中的敷铜区就变为图 7-107 所示的形状。

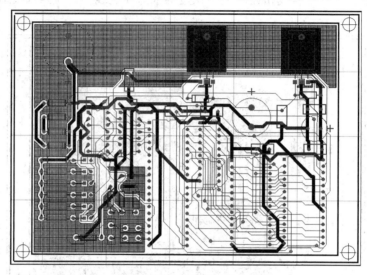

图 7-107　删除与敷铜区相连的印制导线

3. 调整丝印层上的元件标号

在布局、布线过程前，为了便于浏览布局、布线效果，常隐藏元件的标号、型号(或大小)等注释信息。完成手工布线调整后，可通过修改元件全局属性，在丝印层内显示元件标号、型号(或大小)等注释信息，然后通过移动、旋转等操作方法调整元件标号、型号等文字的位置、方向及字体。调整、修改丝印层上元件标号、型号等注释信息的操作过程如下：

(1) 将鼠标移到编辑区内任一元件上，双击鼠标左键进入元件属性设置窗口，如图 7-108 所示。

(2) 在元件属性设置窗口内，单击"Designator"(标号)标签，进入元件标签设置窗，如图 7-109 所示。

图 7-108　元件属性设置窗

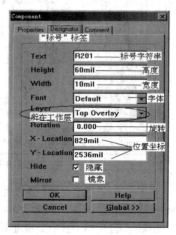

图 7-109　元件标号属性设置窗

（3）单击"Hide"(隐藏)复选框，取消其中的"√"，然后单击"Global>>"按钮，进入全局选项设置窗，如图 7-110 所示。

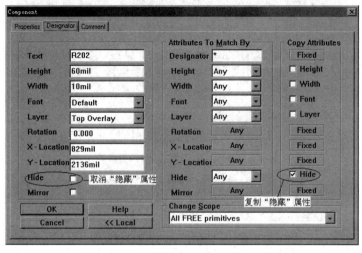

图 7-110　元件标号属性全局选项设置窗

（4）单击"Copy Attributes"(复制属性)选项框下的"Hide"复选框，使其处于选中状态，即复选框出现"√"。

（5）如果还希望显示元件型号(或大小)等注释信息时，可单击"Comment"(注释信息)标签，去掉元件注释信息窗口内的隐藏属性，并在"Copy Attributes"(复制属性)选项框内选中"Hide"复选项。

（6）取消标号、注释信息的隐藏属性后，单击"OK"按钮退出，可看到所有元件的标号、型号(或大小)等信息，如图 7-111 所示。

（7）当标号、型号(或大小)等注释信息处于显示状态后，就可以通过移动、旋转等操作调整其位置，通过标号、型号属性设置窗口选择字体或大小。在 PCB 窗口内调整标号、型号等字符串信息的位置及字体的方法与 SCH 编辑器相同，可参阅第 2 章有关内容。

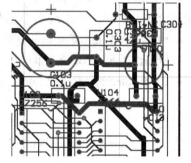

图 7-111　显示所有元件标号、型号
(或大小)信息

4. 在丝印层上放置说明性文字

单击"Place"工具栏内的"PlaceString"(放置字符串信息)，可在丝印层或其他工作层上放置一些说明性文字，操作方法与 SCH 编辑器相同。

7.4.6　设计规则检查

完成了电路板设计后，打印前最好执行"Tools"菜单下的"Design Rule Check…"(设计规则检查)命令，检验自动布线及手工调整后是否违反了由"Design"菜单下"Rules…"命令设定的布线规则，操作过程如下：

（1）执行"Tools"菜单下的"Design Rule Check…"命令，在图 7-112 所示的检查选项

设置窗内选择检查项目及检查结果报告文件名后，单击"Run DRC"按钮启动检查进程。

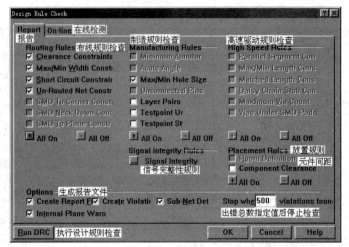

图 7-112　设计规则检查项目设置窗

　　PCB 编辑器提供了"Report"(产生报告文件)和"On-Line"(在线检测，不产生报告文件，在印制板编辑区直接给出错误标记)两种检测方式，其中"Report"方式功能最为完善。"Report"检测方式检查项目如图 7-112 所示，其中：

　　① "布线规则检查项"框内提供了以下选项：

　　● Clearance Constraint(安全间距)检查选项。如果在图 5-5 所示的工作参数设置窗内允许在线检测，则在自动布线和手工调整过程中，导电图形间距不会小于设定的安全间距。

　　● Max/Min Width Constraint(最大/最小线宽限制)检查选项。

　　● Short Circuit Constraint(最短走线)检查选项。

　　● Un-Routed Net Constraint(检查没有布线的网络)。

　　② 在"High Speed Rules"(高速驱动规则检查项)中提供了与高速驱动规则设置有关的检查项目。

　　③ 在"Manufacturing Rules"(制造规则检查项)中提供了最小夹角、最小焊盘等检查项目。

　　④ 如果希望产生报告文件，则必须选择"生成检查结果文件"复选项，运行设计规则检查后，在 PCB 文件夹内自动建立.DRC 文件(文件名与 PCB 文件名相同)，存放 DRC 检查结果。

　　⑤ 为了方便查看检查结果，最好选择"在印制板上标记违反设计规则"复选项。在这种情况下，不满足设计规则的连线、焊盘等均被打上标记——以绿色显示。

　　(2) 报告文件内容。如果选择产生报告文件，则检查结束后，PCB 编辑器自动进入文本状态，显示检查结果文件(扩展名为.DRC)，该文件内容如下：

Protel Design System Design Rule Check

PCB File : Documents\yuan l itu 1.pcb

Date　　　: 4-May-2001

Time　　　: 01:56:47

Processing Rule : **Width Constraint** (Min=30mil) (Max=30mil) Scope=From-To(VD301:K-VD302:k

(- : VD303-VD302:k (VD303-VD301:K-VD302:k : VD301:K-VD302:k-VD301:K-VD302:k))

Rule Violations :0 ； 违反规则个数

Processing Rule : **Width Constraint** (Min=60 mil) (Max=60 mil) Scope=Net(GND)

(检查指定节点线宽及详细情况)

    Violation   Polygon Arc (2421 mil, 2900 mil)   Top Layer   Actual Width = 10 mil

    Violation   Polygon Arc (2421 mil, 2900 mil)   Top Layer   Actual Width = 10 mil

    Violation   Polygon Arc (2140 mil, 2900 mil)   Top Layer   Actual Width = 10 mil

    Violation   Polygon Arc (2160 mil, 2900 mil)   Top Layer   Actual Width = 10 mil

    Violation   Polygon Arc (2419 mil, 2900 mil)   Top Layer   Actual Width = 10 mil

Rule Violations :5 ；（共 5 个错误）

Processing Rule : Short-Circuit Constraint (Allowed=Not Allowed) Scope=Board - Different Nets Only

Rule Violations :0

Processing Rule : Broken-Net Constraint （ Scope=Board ）

Rule Violations :0

Processing Rule : Clearance Constraint (Gap=15 mil) Scope=Board - Different Nets Only

Rule Violations :0

Processing Rule : Width Constraint (Min=10 mil) (Max=50 mil) Scope=Board

Rule Violations :0

Processing Rule : Width Constraint (Min=50 mil) (Max=50 mil) Scope=Net(VCC)

Rule Violations :0

Processing Rule : Acute Angle Constraint (Minimum=135.000) Scope=Board - Any Nets

  Violation between Track (4920 mil, 2375 mil)(4920 mil, 2400 mil) Top Layer and

      Track (4945 mil, 2375 mil)(5700 mil, 2375 mil) Top Layer   (Angle =90.000)

  Violation between Track (4920 mil, 2400 mil)(4920 mil, 2460 mil) Top Layer and

      Track (4945 mil, 2375 mil)(5700 mil, 2375 mil) Top Layer   (Angle =90.000)

  Violation between Track (4920 mil, 2375 mil)(4920 mil, 2400 mil) Top Layer and

      Track (4920 mil, 2375 mil)(4945 mil, 2375 mil) Top Layer   (Angle =90.000)

  Violation between Track (4920 mil, 2400 mil)(4920 mil, 2460 mil) Top Layer and

      Track (4920 mil, 2375 mil)(4945 mil, 2375 mil) Top Layer   (Angle =90.000)

  Violation between Track (4920 mil, 2400 mil)(4945 mil, 2375 mil) Top Layer and

Track (4920 mil, 2375 mil)(4945 mil, 2375 mil)　Top Layer　　(Angle =45.000)
Violation between Track (4920 mil, 2375 mil)(4920 mil, 2400 mil)　Top Layer and
Track (4920 mil, 2400 mil)(4945 mil, 2375 mil)　Top Layer　　(Angle =45.000)
Violation between Track (4840 mil, 2460 mil)(4920 mil, 2460 mil)　Top Layer and
Track (4920 mil, 2400 mil)(4945 mil, 2375 mil)　Top Layer　　(Angle =45.000)
Violation between Track (4700 mil, 2600 mil)(4700 mil, 2680 mil)　Top Layer and
Track (4620mil, 2680mil)(4660mil, 2640mil)　Top Layer　　(Angle =45.000)
Violation between Track (4700mil, 2600mil)(4700mil, 2680mil)　Top Layer and
Track (4660mil, 2640mil)(4700mil, 2600mil)　Top Layer　　(Angle =45.000)
Violation between Track (4300mil, 2630mil)(4300mil, 2680mil)　Top Layer and
Track (4040mil, 2630mil)(4300mil, 2630mil)　Top Layer　　(Angle =90.000)
Violation between Track (4300mil, 2680mil)(4620mil, 2680mil)　Top Layer and
Track (4040mil, 2630 mil)(4300 mil, 2630 mil)　Top Layer　　(Angle =81.119)
Violation between Track (4840 mil, 2460 mil)(4920 mil, 2460 mil)　Top Layer and
Track (4920 mil, 2400 mil)(4920 mil, 2460 mil)　Top Layer　　(Angle =90.000)
Violation between Track (4840 mil, 2460 mil)(4920 mil, 2460 mil)　Top Layer and
Track (4920 mil, 2375 mil)(4920 mil, 2400 mil)　Top Layer　　(Angle =90.000)
Violation between Track (3242.5 mil, 2442.5 mil)(3260 mil, 2460 mil)　Top Layer and
Track (3110 mil, 2575 mil)(3225 mil, 2460 mil)　Top Layer　　(Angle =90.000)
Violation between Track (3260 mil, 2460 mil)(3280 mil, 2480 mil)　Top Layer and
Track (3110 mil, 2575 mil)(3225 mil, 2460 mil)　Top Layer　　(Angle =90.000)
Violation between Track (3280 mil, 2480 mil)(3300 mil, 2500 mil)　Top Layer and
Track (3110 mil, 2575 mil)(3225 mil, 2460 mil)　Top Layer　　(Angle =90.000)
Violation between Track (3242.5 mil, 2442.5 mil)(3260 mil, 2460 mil)　Top Layer and
Track (3225 mil, 2460 mil)(3242.5 mil, 2442.5 mil)　Top Layer　　(Angle =90.000)
Violation between Track (3260 mil, 2460 mil)(3280 mil, 2480 mil)　Top Layer and
Track (3225 mil, 2460 mil)(3242.5 mil, 2442.5 mil)　Top Layer　　(Angle =90.000)
Violation between Track (3280 mil, 2480 mil)(3300 mil, 2500 mil)　Top Layer and
Track (3225 mil, 2460 mil)(3242.5 mil, 2442.5 mil)　Top Layer　　(Angle =90.000)
Violation between Track (3242.5 mil, 2442.5 mil)(3260 mil, 2460 mil)　Top Layer and
Track (3300 mil, 2460 mil)(3300 mil, 2500 mil)　Top Layer　　(Angle =45.000)
Violation between Track (3225 mil, 2460 mil)(3260 mil, 2460 mil)　Top Layer and
Track (3300 mil, 2460 mil)(3300 mil, 2500 mil)　Top Layer　　(Angle =90.000)
Violation between Track (3260 mil, 2460 mil)(3300 mil, 2460 mil)　Top Layer and
Track (3300 mil, 2460 mil)(3300 mil, 2500 mil)　Top Layer　　(Angle =90.000)
Violation between Track (3260 mil, 2460 mil)(3280 mil, 2480 mil)　Top Layer and
Track (3300 mil, 2460 mil)(3300 mil, 2500 mil)　Top Layer　　(Angle =45.000)
Violation between Track (3280 mil, 2480 mil)(3300 mil, 2500 mil)　Top Layer and
Track (3300 mil, 2460 mil)(3300 mil, 2500 mil)　Top Layer　　(Angle =45.000)

Violation between Track (3260 mil, 2460 mil)(3280 mil, 2480 mil)　Top Layer and

　　　　　　Track (3260 mil, 2460 mil)(3300 mil, 2460 mil)　Top Layer　　(Angle =45.000)

Rule Violations :25

More than 30 violations detected. DRC stopped!

Violations Detected : 31 (发现 31 个错误)

Time Elapsed　　　　　　　: 00:00:03

从报告结果中可以看出：只要启动了在线检查功能，导电图形间距一般不会小于设定值，最容易出现问题的线宽不满足设定值。

(3) 更正方法如下：

认真分析报告文件中的错误信息，单击"设计文件管理器"窗口内的"Explorer"标签，再单击相应的 PCB 文件图标，返回 PCB 编辑器。单击 PCB 编辑器浏览对象下拉按钮，在浏览对象列表窗内，找出并单击"Violation"(违反规则)，将"Violation"作为浏览对象。

根据错误性质，灵活运用拆线、删除、移动、手工布线以及修改连线属性等编辑手段，修正所有致命性错误。

然后再运行设计规则检查，直到不再出现错误信息，或至少没有致命性错误为止。

7.4.7　验证印制板连线的正确性

为了验证印制电路板中元件连接关系是否忠实体现原理图中元件的连接关系，完成印制电路板连线后，可通过如下方式之一进行验证：

1. "更新"原理图

在 PCB 编辑状态下，执行"Design"菜单下的"Update Schematic…"(更新原理图)命令，在图 7-113 所示的动态更新窗口内，设置有关选项后，再单击"Preview Change"(预览更新)按钮。

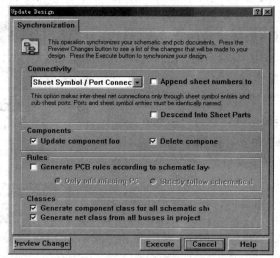

图 7-113　动态更新选项窗

在图 7-114 所示窗口内，观察是否存在不匹配的元件。

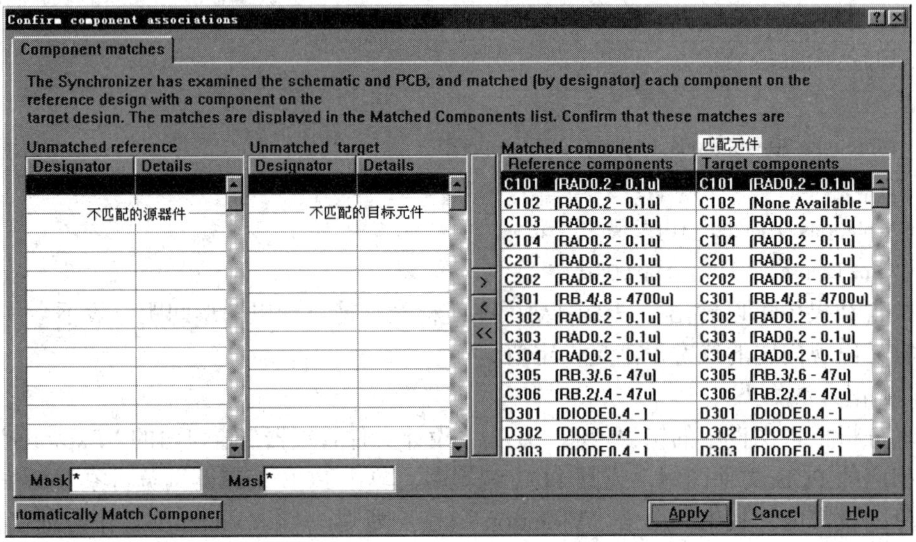

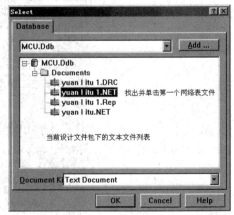

图 7-114　更新前后匹配元件列表

由于仅仅是为了观察 PCB 文件中元件与原理图中元件是否一致，因此可单击 "Cancel" (取消)按钮返回，不必更新。可见，通过更新原理图方式只能检查 PCB 文件和原理图文件元件数目、封装形式是否匹配，不能发现元件连接关系是否相同，例如在用导线将未用的 U101 第 7、8 引脚连在一起，执行更新原理图操作，在图 7-114 中并没有报告不匹配的网络。

2. 通过建立网络表文件比较

执行 "Tools" 菜单下的 "Generate Netlist" (产生网络表)命令，从印制板中抽取网络表文件，并与从原理图中抽取的网络表文件比较，即可判断出印制电路板连线的正确性。这种方法不仅能发现不匹配的元件，也能发现不匹配的连接关系。

执行 "Tools" 菜单下的 "Generate Netlist" (产生网络表)命令后，立即从印制板中抽取网络表文件(网络表文件名与 PCB 文件名相同,扩展名为 .NET,且存放在 PCB 文件目录下)，并启动文本编辑器，显示网络表文件内容。

由于两个文件中网络表描述顺序及节点描述顺序可能不同，只能通过 SCH 编辑器的 "Report\Netlist Compare" 命令比较，操作过程如下：

(1) 启动或转入 SCH 编辑器。

(2) 在 SCH 编辑器窗口内，执行 "Report" 菜单下的 "Netlist Compare" 命令，在图 7-115 所示窗口内找出并单击第一个网络表文件名，然后单击 "OK" 按钮。

(3) 在图 7-115 所示窗口内，找出并单击第二个网络表文件名，再单击 "OK" 按钮后，即可启动网络表文件的比较进程，并自动进入文本编辑器显示网络表文件比较结果，如图 7-116 所示。

图 7-115　提示输入第一网络表文件名

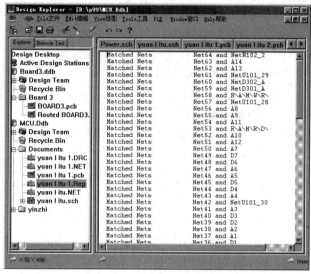

图 7-116　网络表文件比较结果

可见，网络表文件比较结果存放在.Rep 文件中，文件名与第一网络表文件名相同，该文件结构如下：

Matched Nets	Net64 and NetR102_2
Matched Nets	Net63 and A14
Matched Nets	Net62 and A13
Matched Nets	Net61 and NetU101_29
Matched Nets	Net60 and NetD302_A
Matched Nets	Net59 and NetD301_A
Matched Nets	Net58 and R\A\M\W\R\
Matched Nets	Net57 and NetU101_28
Matched Nets	Net56 and A8
Matched Nets	Net55 and A9
Matched Nets	Net54 and A11
Matched Nets	Net53 and R\A\M\R\D\
Matched Nets	Net52 and A10
Matched Nets	Net51 and A12
Matched Nets	Net50 and A7
Matched Nets	Net49 and D7
Matched Nets	Net48 and D6
Matched Nets	Net47 and A6
Matched Nets	Net46 and A5
Matched Nets	Net45 and D5
Matched Nets	Net44 and D4
Matched Nets	Net43 and A4
Matched Nets	Net42 and NetU101_30

Matched Nets	Net41 and A3
Matched Nets	Net40 and D3
Matched Nets	Net39 and D2
Matched Nets	Net38 and A2
Matched Nets	Net37 and A1
Matched Nets	Net36 and D1
Matched Nets	Net35 and D0
Matched Nets	Net34 and A0
Matched Nets	Net33 and P1.0
Matched Nets	Net32 and P1.1
Matched Nets	Net31 and P1.2
Matched Nets	Net30 and P1.3
Matched Nets	Net29 and P1.4
Matched Nets	Net28 and P1.5
Matched Nets	Net27 and NetU201_4
Matched Nets	Net26 and NetU201_6
Matched Nets	Net25 and NetU201_8
Matched Nets	Net24 and NetU201_10
Matched Nets	Net23 and NetU201_12
Matched Nets	Net22 and NetU201_2
Matched Nets	Net21 and NetU202_1
Matched Nets	Net20 and NetD201_1
Matched Nets	Net19 and NetU202_2
Matched Nets	Net18 and NetU202_6
Matched Nets	Net17 and NetU202_7
Matched Nets	Net16 and NetU202_9
Matched Nets	Net15 and NetU202_13
Matched Nets	Net14 and NetD202_1
Matched Nets	Net13 and NetD203_1
Matched Nets	Net12 and NetD204_1
Matched Nets	Net11 and NetD205_1
Matched Nets	Net10 and NetD206_1
Matched Nets	Net9 and X1
Matched Nets	Net8 and X2
Matched Nets	Net7 and NetD301_K
Matched Nets	Net6 and RES
Matched Nets	Net5 and VCC
Matched Nets	Net4 and NetY101_2
Matched Nets	Net3 and NetY101_1

| Matched Nets | Net2 and +12V |
| Matched Nets | Net1 and GND |

Total Matched Nets	= 64；匹配网络为 64 个
Total Partially Matched Nets	= 0；部分匹配网络为 0 个
Total Extra Nets in yuan l itu 1.NET	= 0；yuan l itu 1.NET 文件增加的节点数为 0
Total Extra Nets in yuan l itu.NET	= 0；yuan l itu.NET 文件增加的节点数为 0
Total Nets in yuan l itu 1.NET	= 64；yuan l itu 1.NET 文件节点总数为 64
Total Nets in yuan l itu.NET	= 64；yuan l itu.NET 文件节点总数为 64

由此可以认为两个网络表相同，印制板内的元件及连接关系与原理图完全相同。

为了验证网络表比较是否能发现 PCB 文件与原理图文件的差异，这里做一个实验：故意删除印制板中的 C303(删除电容 C303 后，在原电容焊盘位置放置过孔，保证不改变其他元件的电气连接关系)；用导线连接 U101 的第 7、8 引脚，然后重复以上操作，网络表比较结果如下：

Partially Matched Nets	Net2 and +12V
Extra Nodes in yuan l itu 1.NET Net Net2	
Extra Nodes in yuan l itu.NET Net +12V	
C303-1	
Partially Matched Nets	Net1 and GND
Extra Nodes in yuan l itu 1.NET Net Net1	
Extra Nodes in yuan l itu.NET Net GND	
C303-2	

Extra Net Net65 In yuan l itu 1.NET

Total Matched Nets	= 62
Total Partially Matched Nets	= 2；部分匹配网络为 2 个
Total Extra Nets in yuan l itu 1.NET	= 1；yuan l itu 1.NET 文件增加了 1 个节点
Total Extra Nets in yuan l itu.NET	= 0
Total Nets in yuan l itu 1.NET	= 65
Total Nets in yuan l itu.NET	= 64

这样就可以根据比较结果，在 PCB 状态下，以"Net"(节点)、"Component"(元件)作为浏览对象，找出不同的原因并修改。

7.4.8　元件重新编号及原理图元件序号更新

1. 重新编号

完成元件布局调整后，印制板上的元件序号可能很杂乱，如 U101 与 U102 并不相邻，给插件、维修带来不便。可在布线调整结束后，执行"Tools"菜单下的"Re-Annotate"(元件重新编号)命令，在图 7-117 所示窗口内选择编号顺序后，单击"OK"按钮，对印制板上的元件重新编号。

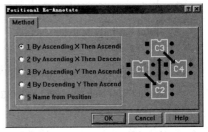

图 7-117　元件重新编号顺序选择

新旧编号对照信息存放在.WAS 文件内(文件名与 PCB 文件相同)。

2. 更新 SCH 原理图元件编号

很显然，对印制板中的元件重新编号后，必须更新原理图中元件的编号，使印制板内元件编号与原理图中元件编号保持一致，操作过程如下：

(1) 在"文件管理器"窗口内，单击原理图文件图标，进入 SCH 编辑状态。

(2) 执行 SCH 编辑器窗口内的"Tools\Back Annotate"(反向注释)命令。

(3) 在图 7-118 所示窗口内，找出并单击在 PCB 窗口内对元件重新编号时生成的新旧编号对照文件名 (.WAS)，然后单击"OK"按钮即可。

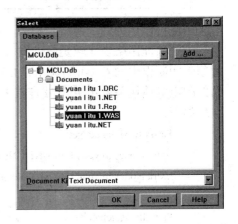

图 7-118　选择元件新旧编号对照信息文件

3. 元件重新编号的利弊

完成元件布局、连线后，对元件重新编号虽然可使印制板上的元件编号相邻，但更新原理图中元件编号后，原理图中元件编号就不见得很合理，顾此失彼。另外，重新编号时，元件序号只能用 U1、U2 及 R1、R2 等表示，于是电路系统中各单元电路内的元件将统一编号，造成无法从元件序号中分辨出元件所属子电路。因此，一般不主张在 PCB 中对元件重新编号。

7.5　信号完整性分析

随着数字电路系统时钟信号频率以及集成度的不断提高，导致高频、高速印制板电路上印制导线的"天线效应"越来越明显，信号在印制导线上传输时不可避免地产生畸变。因此，在完成高频、高速电路印制板设计后，最好能预先了解印制板上一些重要节点信号在传输过程中产生畸变的程度，以便采取相应的补偿措施，避免在印制板加工后，用实物进行 EMC(电磁干扰测试)实验。这不仅能缩短 PCB 设计周期，也有利于降低设计成本。

Protel 99 SE 提供了信号完整性仿真分析功能，它根据印制导线长度、印制板材料及厚度、铜膜厚度等参数计算出印制导线的特性阻抗，并将特性阻抗、I/O 缓冲器模型等作为仿真器输入参数，从而直接计算出任一节点处信号上冲、下冲及斜率参数，并给出改进建议，非常直观，是高速 PCB 板设计工作者的好帮手。下面以图 7-106 所示印制电路板为例，介绍 Protel 99 SE 信号完整性分析功能的使用方法及操作过程。

7.5.1　信号完整性分析设置

在印制板上进行信号完整性分析前，可先在"Design Rule"对话框中的"Signal Integrity"标签窗口内设定有关激励信号参数，否则 Protel 99 SE 将使用缺省激励源参数进行分析，而缺省参数未必与实际情况相符，导致分析结果不可靠。

信号完整性分析参数设置过程如下：

(1) 执行"Design"菜单下的"Rule..."命令，在"Design Rule"(设计规则)窗口内，单击"Signal Integrity"(信号完整性分析)标签，如图 7-119 所示。

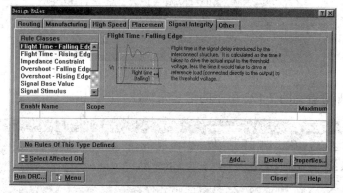

图 7-119　信号完整性分析参数设置

信号完整性分析参数项较多，主要涉及激励信号的参数，如激励信号类型、上升沿、下降沿、大小、过冲幅度等，不过除"Signal Stimulus"(激励信号类型及参数)、"Supply Nets"(电源网络)需要用户指定外，其他可以使用缺省值。

(2) 在"Rule Classes"(规则分类)列表窗内找出并单击待修改的设置项，如"Signal Stimulus"(激励信号类型及参数)，然后再单击"Add..."(增加)按钮，设置有关参数，如图 7-120 所示。

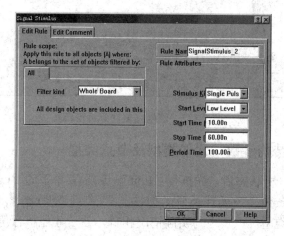

图 7-120　选择信号完整性分析激励源类型及参数

设置结果将出现在图 7-119 的 "Rule Classes" (规则列表)窗内。

在 "规则列表" 窗口内，单击待修改的规则项目名后，再单击 "Properties…" (特性)按钮，即可重新编辑规则参数。

完成了信号完整性分析规则设置后，即可单击 "Close" 按钮，返回印制板编辑状态。

7.5.2 启动信号完整性分析

设置了信号完整性分析参数后，在印制板编辑状态下，单击 "Tools" 菜单下的 "Signal Integrity…" 命令，启动信号完整性分析，屏幕将显示图 7-121 所示的提示信息，单击 "Yes" 按钮继续(不必理会这一警告信息)。

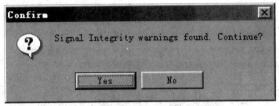

图 7-121 运行后显示的提示信息

稍等片刻，即可看到图 7-122 所示的信号完整性分析窗口。

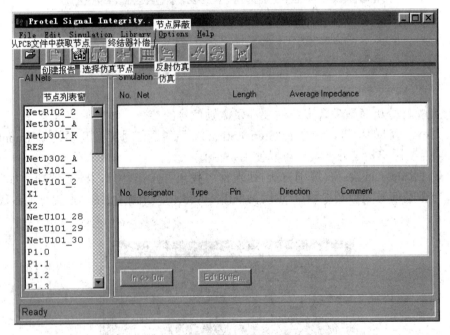

图 7-122 信号完整性分析窗口

7.5.3 设置印制板结构参数、元件类型及节点类型

进入信号完整性分析状态后，先执行 "Edit" (编辑)菜单下的 "Layer Stack…" (印制板结构参数)、"Components…" (元件类型)、"Net…" (节点类型)命令，检查并确认印制板结构、元件类型、节点类型等，使之与实际情况相符，然后才能执行信号完整性分析，否则分析结果不能体现实际情况。

1. 设置印制板结构参数

执行"Edit"(编辑)菜单下的"Layer Stack…"(印制板结构参数)命令，在图 7-123 所示窗口内指定印制板结构及参数。

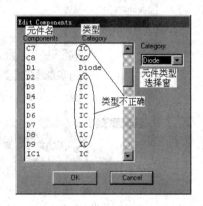

图 7-123　设置印制板结构参数　　　　　图 7-124　重新设置元件类型

2. 设置元件类型

执行"Edit"(编辑)菜单下的"Components…"(元件类型)命令，在图 7-124 所示窗口内，检查并重新设置元件类型，使之与实际情况相符。

3. 设置节点类型

执行"Edit"(编辑)菜单下的"Net…"(节点类型)命令，在图 7-125 所示窗口内，检查并设置节点类型。对于电源节点(如 VCC、VDD 等)及接地点(GND)，还要指定其电压大小，使之与实际情况相符。

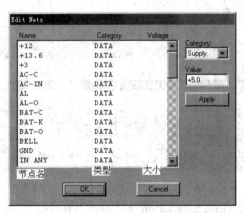

图 7-125　检查并重新设置各节点类型

7.5.4　运行信号完整性分析

对信号完整性分析参数进行了必要设置后，就可以在图 7-122 所示窗口内的"All Nets"(节点列表)窗口内找出并单击目标节点，如 A8，然后再单击工具栏内的"Take Over Selected Nets"(选择仿真节点)工具，将选中的节点提取到仿真窗口中，如图 7-126 所示。

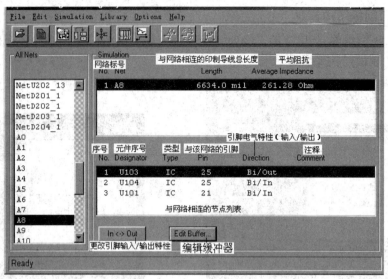

图 7-126　将目标网络放入仿真分析窗口

修改节点电气特性类型的方法：根据原理图中的元件连接关系，在与网络相连的节点列表窗口内，单击输入/输出特性与实际不相符的节点，然后再单击 "In<->Out"(更改引脚输入/输出特性)按钮，使该网络节点的电气特性与原理图相符，修改结果如图 7-127 所示。

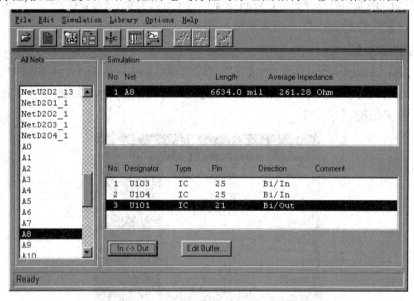

图 7-127　修改与网络相连的节点的电气特性

单击工具栏内的"Reflection Simulation"(反射仿真)按钮，启动仿真分析，结果如图 7-128 所示。

在图 7-126 所示窗口内，选择其他网络节点，重复以上操作，逐一测试印制板中所有节点信号的完整性，并根据分析结果，确定是否需要采取相应的补偿措施。例如，在图 7-128 中，从 U101 芯片第 21 引脚输出的地址信号 A8 传送到 U103 第 25 引脚、U104 第 25 引脚后，发生严重畸变(主要是上冲、下冲幅度大)，尽管尚不足以产生逻辑错误，但仍需采取一定改进措施。

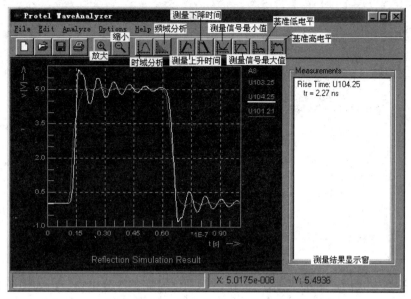

图 7-128　A8 网络信号完整性分析结果

这里需要特别提醒的是：对数据总线网络(如本例中的 D7~D0)进行信号完整性分析时，一定要分别测试读、写状态下信号是否畸变。例如，对 D7 网络进行信号完整性分析时，在图 7-127 所示窗口内，先将 U101 第 32 引脚设为"输出"，其他引脚设为"输入"，运行仿真分析，观察写操作时 D7 信号的完整性；然后再将 U104 第 19 引脚设为"输出"，其他引脚设为"输入"，运行仿真分析，观察读 RAM 存储器时 D7 网络信号的完整性。只有读写均没有问题，才不需要补偿。

7.5.5　根据分析结果采取相应补偿办法

根据信号仿真分析波形的畸变程度、性质，再结合引脚的电气特性(即引脚上的信号流向)，采取相应的补偿措施。为尽快找出解决问题的办法，仿真软件提供了七种终端匹配方案。

下面以图 7-128 所示测试结果为例，介绍如何利用这些匹配方案找出解决问题的方法，操作过程如下：

(1) 单击 Windows "任务栏"上的"Protel Signal Integrity"图标，切换到图 7-126 所示的"信号完整性分析"窗口。

(2) 根据分析结果，在图 7-126 所示窗口内单击需要补偿的节点，如 U104 第 25 引脚。

(3) 单击工具栏内的"终端匹配"按钮，在图 7-129 所示窗口内，选择相应的终端匹配方案。

根据节点电气类型，选择相应的措施：对于输出节点来说，可在输出端串联一个电阻 R；对于输入节点来说，可根据实际情况，选择在输入端与电源之间并联电阻、在输入端与地之间并联电阻、在与输入端相连的电源和地之间并联电阻、在输入端与地之间并联电容、在输入端与地之间并联 RC 阻容网络、在与输入端相连的电源和地之间并联稳压二极管等方式中的一种。

由于 U104 第 25 引脚是双向引脚，被当作"输入"引脚使用时，波形严重畸形，不妨试着采用"Parallel R to VCC"(输入端与电源之间并联电阻)补偿方式。

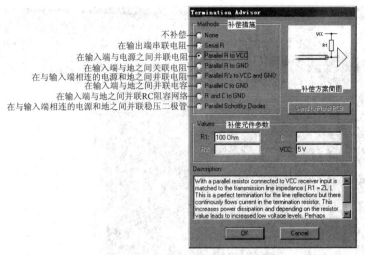

图 7-129　终端匹配措施选择窗口

选择了补偿方式后，单击"OK"按钮，返回信号完整性分析窗口，如图 7-130 所示。

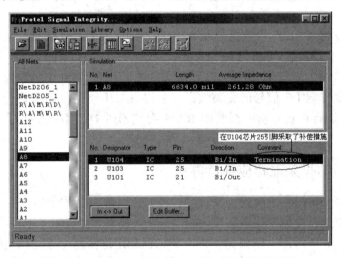

图 7-130　在 U104 芯片第 25 引脚采取了补偿措施

(4) 单击"Reflection Simulation"(反射仿真)按钮，观察补偿效果，如图 7-131 所示。

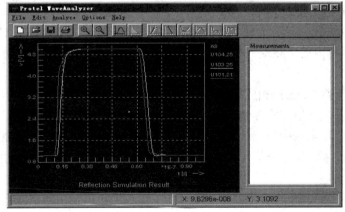

图 7-131　补偿效果

可见，在 U104 第 25 引脚与电源之间并联一个阻值为 100 Ω 的电阻后，波形失真明显小了，说明可以采用这一方案(当然并联电阻的阻值可能需要进一步核定)。

(5) 根据补偿效果，决定采用还是放弃该补偿方式。如果效果不理想可再试其他方式；必要时可修改图 7-129 所示窗口内的"Values"(补偿元件参数)，或在该网络的其他节点上同时采用补偿措施，然后再运行仿真分析，直到满意为止。

(6) 根据选定的补偿方案，修改印制板。

7.6　打 印 输 出

完成了印制板编辑后，就可以将设计结果打印出来存档或作为照相制版的底图。但打印效果与打印机种类及档次有关，只有喷墨打印机或激光打印机的输出效果能达到照相制版要求；而针式打印机分辨率低，墨迹扩散严重，打印效果很差，如线条尺寸误差大、边缘模糊，不能用于照相制版。

打印 PCB 印制电路板图纸的操作过程如下(假设安装的是 EPSON Stylus Photo 700，打印前，一般先根据电路板大小以及打印机支持的最大打印幅面，设置打印参数)：

(1) 执行"File"菜单下的"Setup Printer…"命令。

(2) 在图 7-132 所示的输出选择窗口内，单击"EPSON Stylus Photo 700 Final on LPT1"，即选择连接于并行口 1 上的 EPSON Stylus Photo 700 打印机，输出方式为 Final(精密打印方式)。

(3) 单击图 7-132 中的"Options…"(选项)按钮，在图 7-133 所示的打印输出特性窗口内，设置输出幅面大小、保留边框等。

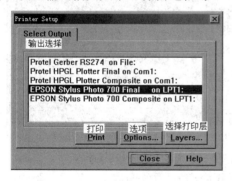

图 7-132　打印设置窗口

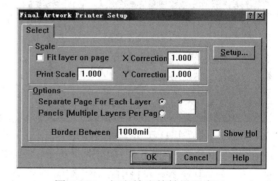

图 7-133　打印输出特性设置窗口

"Scale"(比例)选项框内各项含义如下：

● Print Scale：打印比例，取值范围在 0.1～10 之间，缺省时为 1，即按 1∶1 尺寸打印。

● X Correction：设置 X 方向的打印比例，默认值为 1。

● Y Correction：设置 Y 方向的打印比例，默认值为 1。打印印制板时，X、Y 方向放大比例应相同，否则会产生畸变，不能用于照相制版。

● Fit layer on page：当该项处于选中状态时，将自动缩放工作层，使打印结果充满打印纸，此时设定的打印比例无效。如果打算将打印结果作为照相制版底图时，不要采用充满纸面打印方式，因为在这种打印方式中印制板元件尺寸无法确定。

"Options"(特性)选项框内各项含义如下：

● Separate Page For Each Layer：分层打印，即分别打印出每一工作层。为了方便对准，常将位于机械层 4 内的定位孔与元件面、焊锡面等重叠输出，因此一般不选择分层打印方式。

● Panels (Multiple Layers Per Page)：嵌套输出方式。采用嵌套打印方式时，将所有指定的工作层重叠打印在同一纸张上。

● Border Between：印制电路边框与打印纸边框之间的距离，缺省时为 1000 mil，即 2.54 cm。可根据印制板尺寸重新设置边距，使印制板图尽可能位于打印纸中心。

此外，Show Hole 选项含义：打印焊盘及过孔内的钻孔。当该项处于非选中状态时，焊盘、过孔为实心图形。

(4) 单击图 7-133 中的 "Setup…" 按钮，在图 7-134 所示窗口内，选择打印纸类型、打印方向等。

(5) 必要时，单击图 7-134 中的 "属性" 按钮，进入特定打印机属性设置窗口，对打印机属性，如分辨率、纸张质量、颜色等参数做进一步选择。打印机属性窗口内容与打印机型号有关。

(6) 设置了打印参数后，单击 "OK" 按钮，关闭相应的打印设置窗口，返回图 7-132 所示打印设置窗口。

(7) 单击图 7-132 所示窗口内的 "Layers…" (工作层)设置按钮，在图 7-135 所示窗口内选择打印输出的工作层。

图 7-134　打印设置

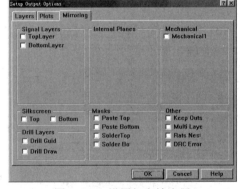

图 7-135　设置打印输出层

在需要重叠输出的工作层的选项框内，单击鼠标左键选定(复选框内存在 "√" 时，表示该层处于选中状态)。打印印制板图时，一般采用相应信号层(丝印层、钻孔层、阻焊层或焊锡膏层)与机械层重叠打印方式。目前选择了 "焊锡层" (Bottom)+ "机械层" (Mechanical 4)+ "多层" (Multi)三层，打印结果如图 7-136 所示。

(8) 选择打印层后，单击 "OK" 按钮，返回图 7-132 所示窗口。

(9) 设置打印特性选项和打印工作层后，在打印机处于准备就绪的状态下，单击图 7-132 中的 "Print" 按钮即可启动打印过程。

同理，单击 "Layers…" 按钮，选择其他打印层，然后单击图 7-132 中的 "Print" 按钮，即可打印出其他的工作层，图 7-137 给出了 "元件面" + "机械层 4" + "多层" 的重叠打印效果。

在打印 PCB 工作层时，一般不采用 "File" 菜单下的 "Print" 命令，因为执行该命令后，立即启动打印过程，而在打印前至少需要选择打印层。

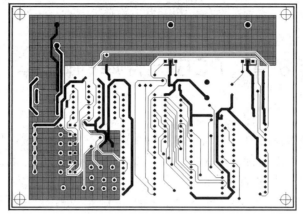

图 7-136　"焊锡层" + "机械层 4" + "多层"重叠打印输出结果

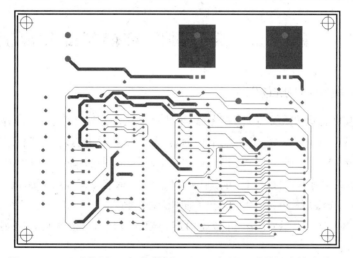

图 7-137　"元件面" + "机械层 4" + "多层"重叠打印输出结果

习　　题

7-1　如何将原理图中的元件及电气连接关系转到印制板文件中？

7-2　如何利用"Printed Circuit Board Wizard"(印制电路板向导)建立已放置好布线区的印制板文件？(提示：单击"File"菜单下的"New…"命令，在图 1-6 所示窗口内，单击"Wizards"标签，在"Wizards"(向导)窗口内双击"Printed Circuit Board Wizard"图标，启动印制电路板向导。)

7-3　禁止布线层的作用是什么？自动布局、布线前为什么要设置布线区？

7-4　元件布局时要遵守哪些规则？

7-5　简述自动布局过程及其注意事项。

7-6　如何设置"布线规则"？

7-7　通过什么方式验证 PCB 文件与原理图文件的一致性？

7-8　在 Protel 99 中编辑、设计图 2-96 所示原理图的印制板。

7-9　简述信号完整性分析的用途及过程。

第 8 章　PCB 元件库的修改与创建

电子元器件种类很多，封装形式各异，新元器件也在不断涌现，任何一种印制电路板编辑、设计软件均不可能包含电路板设计者所需的全部元器件的封装图。此外，某些非标元件，如变压器、继电器、接插件等也不可能收录在 Protel 99 SE PCB 封装库文件中。因此，几乎所有 PCB 编辑软件均提供了 PCB 元件编辑、制作功能，以便用户能编辑修改已有的 PCB 元件或创建新元件封装图。

8.1　PCBLib 编辑器的启动及操作界面

8.1.1　PCBLib 编辑器的启动

启动 Protel 99 SE 印制板元件封装图编辑器的方法与启动 SCH、PCB 等编辑器的方法相同，在 Protel 99 SE 状态下，可采用如下三种方式之一启动 PCB 元件封装图编辑器：

(1) 在 PCB 编辑窗口内，以"Libraries"(元件封装图形库)作为浏览对象时，单击元件列表窗下的"Edit"(编辑)按钮，即可直接启动元件封装图编辑器 PCBLib。PCBLib 编辑器启动后，自动装入 PCB 编辑器中当前正在使用的元件库，并在编辑区显示当前元件的封装图。例如，在图 8-1 所示的 PCB 编辑器窗口内，单击"Edit"按钮后，将显示出图 8-2 所示的 PCBLib 编辑器。

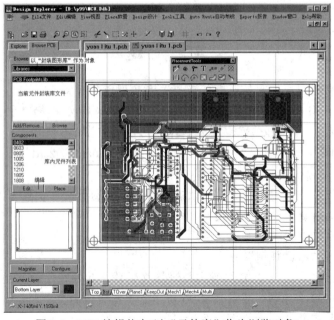

图 8-1　PCB 编辑状态(以"元件库"作为浏览对象)

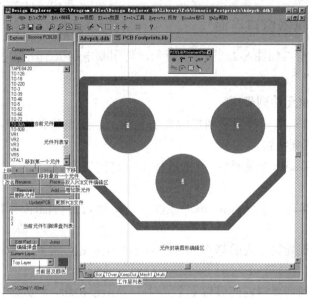

图 8-2　PCBLib 编辑器窗口

(2) 执行 "File" 菜单下的 "Open…" 命令(或直接单击工具栏内的 "打开" 按钮); 在图 1-8 所示的 "Open Design Database" 窗口的 "文件类型" 下拉列表窗内选择设计文件包 (.Ddb), 在文件列表窗内找出并单击位于 Design Explorer 99\Library\PCB 目录下 Generic FootPrint、Connectors、IPC FootPrint 三个文件夹内相应的元件封装图形库文件包, 如 Advpcb.ddb 后, 再单击 "打开" 按钮(或直接双击文件列表窗内的设计文件包), 就可以打开元件封装图形库文件包, 并进入图 8-2 所示的元件封装图形编辑状态。

(3) 在 Protel 99 SE 中, 执行 "File" 菜单下的 "New…" 命令, 在文档选择窗口内, 双击 "PCBLib" 编辑器图标, 即可在当前设计文件包内的当前文件夹下建立一个文件名为 PCBLib1 的新元件封装图形库, 如图 8-3 所示。

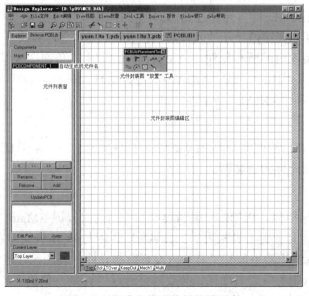

图 8-3　新建立的元件封装图形库

8.1.2　PCBLib 编辑器窗口界面

PCBLib 编辑器窗口如图 8-2、图 8-3 所示，与印制电路板编辑器 PCB 窗口相似，窗口各部分名称及作用如下：

1. Components(元件列表)窗

元件列表窗内显示了元件封装图形库内的元件，以及当前元件封装图形引脚焊盘。在元件列表窗下还有下列按钮：

- "<"(向上移动一个元件)：单击该按钮，将列表窗内的上一个元件作为当前编辑元件。
- ">"(向下移动一个元件)：单击该按钮，将列表窗内的下一个元件作为当前编辑元件。
- "<<"(上移到列表窗内的第一个元件)：单击该按钮，将列表窗内的第一个元件作为当前编辑元件。
- ">>"(下移到列表窗内的最后一个元件)：单击该按钮，将列表窗内的最后一个元件作为当前编辑元件。
- "Place"(放置元件)按钮：单击该按钮，可将当前正在编辑的元件封装图形放到 PCB 编辑器内当前 PCB 文件中。
- "Rename"(元件改名)按钮：单击该按钮，可对当前正在编辑的元件封装图形重新命名。
- "Add"(增加新元件)按钮：该按钮的作用与"Tools"菜单下的"New Component"命令相同。单击该按钮，将在当前元件库中增加一个新元件封装图形，新生成的元件名为"PCBCOMPONENT_n"(n=1,2,3)，随后可通过"Rename"按钮改名。
- "Remove"(删除元件)按钮：该按钮的作用与"Tools"菜单下的"Remove Component"命令相同。单击该按钮，将删除元件列表窗内当前元件封装图。

元件列表窗内的"Mask"(元件过滤)文本盒的作用及操作方法与 SCH 编辑器窗口的"Filter"相同，元件列表窗内显示的元件名称由 Mask 文本盒内容决定，当该文本盒为"*"时，将显示元件封装库内的所有元件。为了提高操作效率，可在图 8-2 所示的"Mask"(元件过滤)文本盒内输入"DIP*"或"AXIAL*"等，这样元件列表窗内仅显示元件封装图形名称前含有"DIP"和"AXIAL"字样的元件。

2. 绘图区

PCBLib 编辑器窗口绘图区与 PCB 编辑器绘图区完全相同，用于显示元件外形轮廓，在该区域内编辑、绘制元件的封装图。

3. 工具栏

与 PCB 编辑器相似，PCBLib 编辑器也提供了主工具栏(Main Toolbar)、放置工具(Placement Tools)栏，且放置工具栏内的工具名称、作用与 PCB 编辑器窗口内的放置工具栏相同，只是 PCBLib 编辑器中放置工具栏内没有绘制元件封装图操作过程中用不到的工具，如"放置元件"、"敷铜"等工具而已。必要时可通过"View"菜单下的"Toolbars"命令打开或关闭(缺省时这两个工具栏均处于打开状态)相应的工具栏。

主工具栏(窗)内有关工具的作用与 SCH 编辑器主工具栏的作用相同或相近，这里不再介绍。

8.1.3　工作参数及图纸参数设置

1．工作参数设置

执行"Tools"菜单下的"Library..."命令，在弹出的"Document Options"(文档选项)窗内，分别单击"Layers"和"Options"标签，即可打开、关闭相应的工作层，选择可视栅格形状、大小，光标形状、大小等。窗口各选项含义与图 5-5、图 5-6 完全相同，可参阅第 5 章有关 PCB 窗口工作参数设置的内容。

2．设置工作层、焊盘、过孔等显示颜色

执行"Tools"菜单下的"Options"命令，在弹出的"Preferences"(特性选项)"窗内，分别单击"Color"和"Options"标签，即可重新选择工作层、焊盘、过孔等的显示颜色，以及光标形状、屏幕自动更新方式等。窗口各选项含义与图 5-7、图 5-8 完全相同，这里不再重复介绍。

8.2　制作元件封装图举例

建立元件封装图前，需要了解元件外形、引脚形状及尺寸、引脚间距等信息。元器件使用手册中一般会给出元件安装参数，如果没有器件封装尺寸数据，可使用游标卡尺、螺旋测微器等高精度测量工具对元件外形、引脚尺寸、引脚间距、安装螺丝孔径(大尺寸元件，如继电器、小功率变压器、大容量电容等不能仅靠器件引脚固定)进行精确测量，然后就可以在 PCBLib 编辑器中绘制元件封装图。下面以制作 LED 发光二极管、1 英寸八段 LED 数码显示管、一个无引线电阻元件封装图为例，介绍元件封装图的设计过程。

8.2.1　制作 LED 发光二极管封装图

LED 发光二极管外形、引脚大小、间距如图 8-4 所示，假设新增加的元件存放在 Design Explorer 99 SE\Library\PCB\Generic Footprint \Advpcb.ddb 元件封装图形库文件包内的 PCB Footprints.Lib 库文件中，制作 LED 发光二极管封装图的操作过程如下：

(1) 在 Protel 99 SE 状态下，单击主工具栏内的"打开"工具按钮(或执行"File"菜单下的"Open"命令)，打开位于 Design Explorer 99\Library\PCB\Generic Footprint\Advpcb.ddb 的元件封装图形库文件包。

(2) 单击"Explorer"标签，在"设计文件管理器"窗口内，单击 Advpcb.ddb 文件包的 PCB Footprints.Lib 元件封装图形库图标。

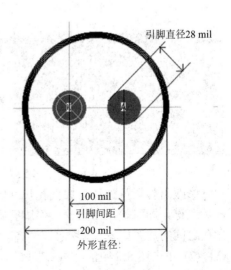

图 8-4　LED 发光二极管外形及安装尺寸

(3) 单击"Browse PCBLib"(浏览 PCB 元件封装图形库)标签，在图 8-2 所示窗口内，单击"Component"(元件)列表窗口内的"Add"按钮(或执行"Tools"菜单下的"New Component"(增加新元件)命令，激活图 8-5 所示的"Component Wizard"(元件创建)向导。

(4) 在图 8-5 所示窗口内，单击"Next"按钮，进入图 8-6 所示的对话窗，以便选择元件封装形式及尺寸单位。

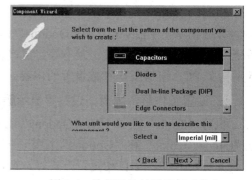

图 8-5　"Component Wizard"(元件创建)向导　　　图 8-6　选择元件外形及尺寸单位

PCBLib 编辑器提供了 10 种元件封装外形供用户选择，包括电容、电阻、二极管等分立元件的封装形式，以及 DIP、PAG、LCC 等常见集成电路芯片的封装形式。

由于目前创建的 LED 发光二极管封装图为圆形，在图 8-6 所示窗口内应选择"Capacitors"(电容)封装形式，并选择"Imperial(mil)"(英制)单位，然后单击"Next"按钮。

(5) 在图 8-7 所示的对话窗中，单击下拉按钮，选择元件在电路板上的安装方式，并单击"Next"按钮。

其中"Through Hole"表示元件引脚将穿通电路板，而"Surface Mount"为表面安装。在此选择"Through Hole"安装方式。

(6) 在图 8-8 所示窗口内，选择元件引脚焊盘外径及焊盘孔的尺寸，缺省时引脚焊盘外径为 50 mil，焊盘孔径为 28 mil。

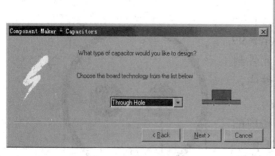
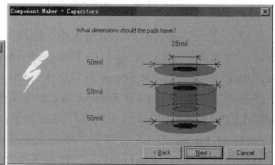

图 8-7　选择元件在电路板上的安装方式　　　图 8-8　选择元件引脚焊盘和焊盘孔尺寸

修改引脚焊盘外径、焊盘孔尺寸的操作很简单，即将鼠标移到相应尺寸数据上，单击鼠标左键，即可输入新数据。引脚孔径尺寸应等于或略大于引脚直径，引脚焊盘外径与焊盘孔之间的关系如表 5-3 所示。

(7) 单击图 8-8 中的"Next"按钮，在图 8-9 所示窗口内设置引脚水平间距(即引脚焊盘中心距)，修改引脚水平间距的操作方法与修改引脚焊盘尺寸相同。

(8) 单击图 8-9 中的 "Next" 按钮, 在图 8-10 所示窗口内选择:

● 电容的极性: 这里借用电容外形制作 LED 发光二极管封装图, 而二极管引脚有正负极, 因此选择 "Polarised" (极性)。

● 封装形式: AXIAL(电阻封装形式)和 Radial(圆形封装形式)。由于该 LED 发光二极管外观为圆形, 因此这里选择 "Radial" 形式。

● 选择 Radial 形式时, 还将弹出外观选择框, 这里选择 "Circle" (圆形)。

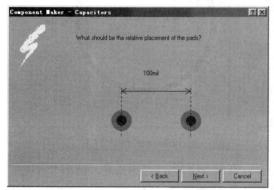
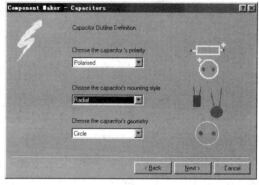

图 8-9　选择元件引脚水平间距　　　　　　　图 8-10　选择元件外形及极性

(9) 选择了以上参数后, 单击 "Next" 按钮, 在图 8-11 所示窗口内选择元件外轮廓线宽度及外轮廓线与引脚焊盘之间的距离。设置外轮廓线宽度的操作方法与设置元件引脚焊盘尺寸相同。

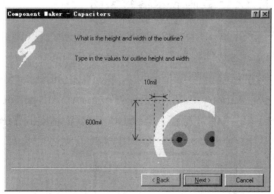

图 8-11　选择元件外轮廓线宽度

(10) 单击图 8-11 中的 "Next" 按钮, 在图 8-12 所示文本框内输入元件名, 然后单击 "Next" 按钮。

图 8-12　输入元件名称

(11) 确认元件外形、引脚焊盘孔径、间距、焊盘大小等尺寸无误后，即可单击图 8-13 中的"Finish"按钮，结束绘制过程，随后可观察到图 8-14 所示的 LED 封装图。

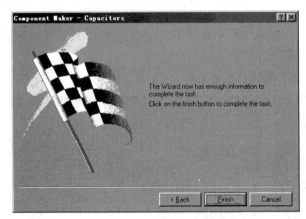

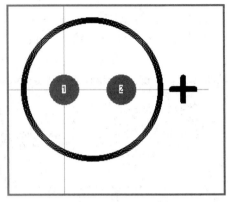

图 8-13　完成元件封装图形前的确认　　　　图 8-14　新生成的 LED 发光二极管封装图

(12) 执行"Edit"菜单下的"Set Reference"(设置参考点)命令，选择 Pin 1(第 1 脚)、Center(中心)或 Location(指定位置)作元件基准点(该点是 PCB 编辑器元件定位的参考点，一般可选择第 1 引脚)。

然后，单击主工具栏内的"保存"工具，将修改后的 Advpcb.Lib 元件库存盘即可。

8.2.2　制作 1 英寸八段 LED 数码显示器封装图

八段 LED 数码显示器采用类似 DIP(双列直插式)封装形式，因此通过制作八段 LED 数码显示器即可掌握制作 DIP 类元件封装图的方法和技巧。

1 英寸八段 LED 数码显示器的外形、引脚大小、间距如图 8-15 所示。假设新增加的元件存放在 Design Explorer 99\Library\PCB\Generic Footprint \Advpcb.ddb 元件封装图形库文件包内的 PCBLib User.LIB 库文件中，制作八段 LED 数码显示器封装图的操作过程如下：

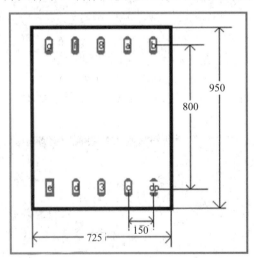

图 8-15　1 英寸八段 LED 数码显示器外形及安装尺寸

(1) 在 Protel 99 SE 状态下，单击主工具栏内的"打开"工具按钮(或执行"File"菜单下的"Open"命令)，打开位于 Design Explorer 99\Library\PCB\Generic Footprint\Advpcb.ddb 元件封装图形库文件包。

(2) 单击"Explorer"标签，在"设计文件管理器"窗口内，单击 Advpcb.ddb 文件包。

(3) 单击"File"菜单下的"New…"命令，在文档选择窗口内双击"PCBLib Document"文件图标，结果在 Advpcb.ddb 文件包下建立一个 PCBLib1 元件封装图形库文件，输入元件封装图形库文件名 PCBLib User 后，单击鼠标左键确认即可。

(4) 在"文件管理器"窗口内，单击"PCBLib User"元件封装图形库图标。

(5) 单击"Browse PCBLib"(浏览 PCB 元件封装图形库)标签，即可进入图 8-3 所示的 PCBLib 编辑状态。

(6) 单击"Component"(元件)列表窗口内的"Add"按钮(或执行"Tools"菜单下的"New Component"(增加新元件)命令，激活图 8-5 所示的"Component Wizard"(元件创建)向导，并单击"Next"按钮。

(7) 在图 8-6 所示窗口内，选择"Dual In-line Package(DIP)"(双列直插式)封装形式，并选择"Imperial(mil)"(英制)单位，然后单击"Next"按钮。

单击图 8-7 中的下拉按钮，选择元件在电路板上的安装方式，这里采用"Through Hole"安装方式，然后单击"Next"按钮。

(8) 在图 8-16 所示窗口内，选择元件引脚焊盘尺寸(长、宽)及引线孔尺寸，缺省时的引脚焊盘尺寸为 50 mil × 100 mil，引脚焊盘孔径为 25 mil。

修改引脚焊盘尺寸、引脚孔尺寸的操作很简单，即将鼠标移到相应尺寸数据上，单击鼠标左键，即可输入新数据。引脚孔径尺寸应等于或略大于引脚直径，引脚焊盘外径与焊盘孔之间的关系如表 5-3 所示。

(9) 单击图 8-16 中的"Next"按钮，在图 8-17 所示窗口内设置引脚水平间距和垂直间距(即引脚焊盘中心距)，经测量得知：该 LED 数码显示器引脚水平间距为 800 mil，垂直间距为 150 mil。输入引脚间距后，单击"Next"按钮。

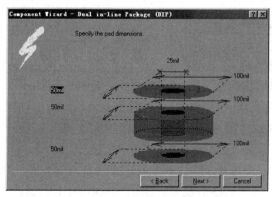
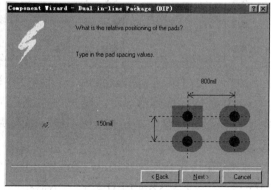

图 8-16　选择元件引脚焊盘和引脚焊盘孔尺寸　　　图 8-17　选择元件引脚水平间距和垂直间距

(10) 在图 8-18 所示窗口内选择元件外轮廓线宽度。设置外轮廓线宽度的操作方法与设置元件引脚焊盘尺寸相同。一般不需要修改元件外轮廓线宽度，因此可直接单击"Next"按钮。

(11) 在图 8-19 所示窗口内输入元件引脚数目。八段 LED 数码显示器有 10 根引脚，输入元件引脚数目后，单击"Next"按钮。

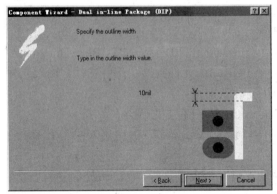
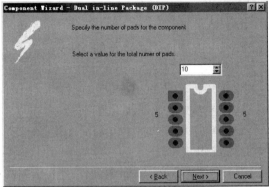

图 8-18　选择元件外轮廓线宽度　　　　图 8-19　确定元件引脚数目

(12) 在图 8-12 所示文本框内输入元件名(如 LED-8)，然后单击"Next"按钮。

(13) 当确认元件外形、引脚焊盘孔径、间距、焊盘大小等尺寸无误后，即可单击图 8-13 中的"Finish"按钮，结束绘制过程，随后可观察到图 8-20 所示的 LED 数码显示器封装图。

(14) 图 8-20 所示元件引脚排列方向与 LED 数码显示器不同，需要整体旋转 90°。操作过程为：单击主工具栏内的"选择"工具，将光标移到封装图左上角，单击鼠标左键，移动光标到封装图右下角，单击鼠标左键，使整个图形处于选中状态。

执行"Edit"菜单下的"Move\Rotate Selection…"(旋转被选择的图形)命令，在图 8-21 所示窗口中输入旋转角(这里为 90°)，并单击"OK"按钮，即可获得图 8-22 所示的结果。

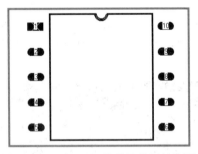
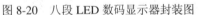

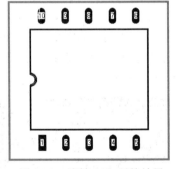

图 8-20　八段 LED 数码显示器封装图　　图 8-21　输入旋转角　　　图 8-22　旋转 90°后的结果

(15) 修改引脚焊盘名称。根据 LED 数码显示器引脚名称及排列规则，依次将鼠标移到图 8-22 所示的焊盘上，双击鼠标左键，进入图 8-23 所示的焊盘属性设置窗口，逐一修改焊盘名称。

(16) 单击工作层列表中的"Top Overlay"(元件面丝印层)，修改外轮廓线。由于从 DIP 向导获得的外轮廓线与 LED 数码显示器不同，因而应删除现有轮廓线，然后再利用画线工具绘制轮廓线。

(17) 执行"Edit"菜单下的"Set Reference\Location"命令，将参考点放在"dp"引脚焊盘上，即可获得图 8-24 所示的 LED 数码显示器封装图。

(18) 单击主工具栏内的"存盘"按钮，将生成的 LED-8 元件封装图保存到到 PCBLib

User.Lib 库文件中。至此，完成了在 PCBLib User.Lib 元件封装图形库文件内增加 LED 数码显示器元件的操作过程。

图 8-23　焊盘属性设置

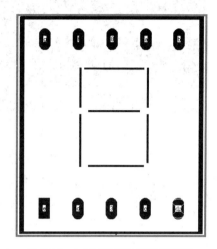

图 8-24　LED 数码显示器封装图

8.2.3　通过"复制—修改"方式创建新元件封装图

如果待创建的目标元件封装图与库文件中已存在的元件封装图相近或相似，可通过"选定—复制—粘贴—修改"方式创建元件封装图。

8.2.4　创建子电路封装图

如果原理图中存在多个相同的电路单元，为提高排版效率，可考虑将这些相同的电路单元视为一个整体，即在原理图中用元件电气图形符号表示，如图 8-25 所示。

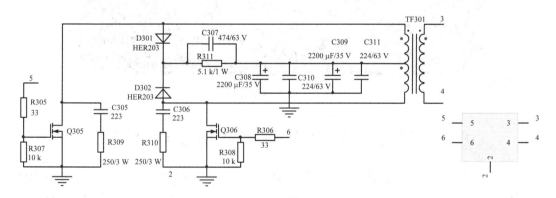

(a) 单元电路内部　　　　　　　　　　　　　　(b) 单元电路电气图形符号

图 8-25　单元电路及其电气图形符号

创建单元电路封装图的操作过程如下：

(1) 在 PCB 编辑器窗口内创建一 PCB 文件，并编辑好单元电路内部完整的 PCB 图，如图 8-26 所示。

(2) 执行"Edit"菜单下的"Select/All"命令，选定所有图件。

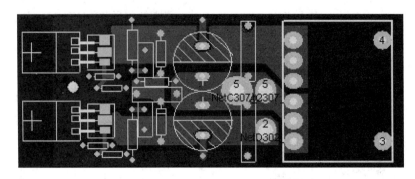

图 8-26　单元电路内部 PCB 图

(3) 执行"Edit"菜单下的"Copy"命令,选定某一点作为基准点并复制。

(4) 切换到元件封装图形编辑状态后,创建一个新的空白元件;在新元件封装图形编辑区内执行"粘贴"操作即可。惟一需要注意的是:当阻焊层内印制导线上或敷铜区内存在敷锡图件时,在粘贴、定位过程中,未解除选定前,不允许移动、旋转,否则阻焊层内敷锡区(如果存在的话)会移位。

(5) 在元件封装图编辑区内修改焊盘形状及大小、添加注释信息与外轮廓线后,即可获得所需的单元电路封装图,如图 8-27 所示。

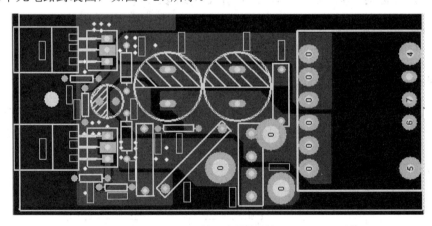

图 8-27　单元电路封装图

8.3　创建特定 PCB 设计专用元件封装库

由于每一设计项目所遇到的非标元件封装图差异很大,此外即使是标准封装尺寸元件,也会因生产工艺——插件(贴片)与焊接方式的不同而需要对标准封装元件相关部位尺寸进行适当的调整,例如在手工焊接时,就需要适当调整贴片元件焊盘的长度,因此,最好为每一设计项目创建专用的 PCB 元件库。

创建、装入专用 PCB 元件库操作过程大致如下:

(1) 在文档选择窗口内,选择"PCB Document"文件类型,在设计数据库文件包内创建一个空白的 PCB 文件。

(2) 通过"Add/Remove"命令装入相关的封装图库文件,在系统封装库文件或已有的封装库文件中找出原理图内相同或相近的元件封装图,并放入空白的 PCB 文件内,如图 8-28 所示。

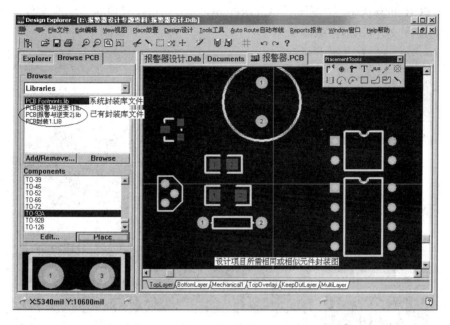

图 8-28　在 PCB 编辑区内放置相同或相似的元件封装图

(3) 在 PCB 状态下,执行"Tools"菜单下的"Make Library"命令,创建一个同名的元件封装库文件。Protel 99 SE 会将当前 PCB 文件内的元件封装图转存到新建的库文件中,如图 8-29 所示。

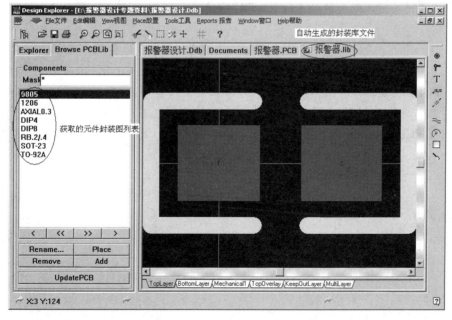

图 8-29　自动生成的封装图库文件

(4) 根据需要编辑、修改封装图库内的元件封装尺寸，并加入设计项目中用到的非标元件封装图后，即可获得特定设计项目所需的元件封装图。

(5) 在 PCB 编辑状态下，通过"Add/Remove"命令卸载其他封装图库文件，装入特定 PCB 元件封装图文件，如图 8-30 所示。

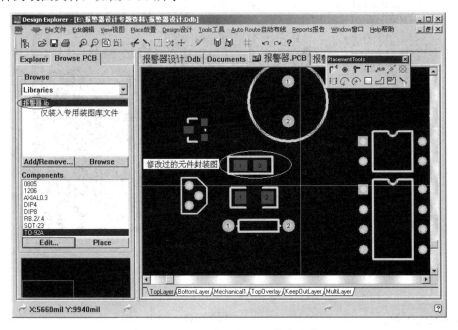

图 8-30　装入特定 PCB 封装库文件

这样，以后在更新 PCB 文件操作过程中，Protel 99 SE 将自动使用特定 PCB 封装图库文件中的元件封装图，既不会产生混乱，也没有破坏系统库文件的完整性。

习　　题

8-1　PCBLib 编辑器的操作界面与 PCB 编辑器有哪些不同？

8-2　如何编辑 PCB Footprint.Lib 元件封装图库内的元件？

8-3　在 PCB Footprint.Lib 元件库中增加图 8-24 所示 LED 数码显示器的封装图。

附录　Windows 7 和 Windows 10 操作运行遇到的问题及解决方法

一、装入 Protel 99 SE 元件库遇到的问题及解决方法

　　Protel 99 SE 安装后仅自动装入了 Protel 99 SE 所在目录原理图库文件夹内(\Library\SCH)的 Miscellaneous Devices.ddb 原理图库文件，如第 2 章的图 2-4 所示。在 Windows 7 或 Windows 10 环境下，单击 Browse 窗下的"Add/Remove…."按钮，进入第 2 章图 2-11 所示窗口，直接

双击指定的原理图库文件名(或单击指定的原理图库文件名后，再单击"Add"按钮)，欲将其他原理图库文件加入到当前原理图库文件列表时，软件给出"File is not recognized"(文件无法识别)的提示信息，如附图 1 所示，无法在原理图库文件列表内添加其他的原理图库文件。

　　Protel 99 SE 安装后也仅自动装入了 Protel 99 SE 所在目录通用 PCB 封装图库文件夹内(\Library\PCB\ Generic Footprints)的 PCB 封装图库文件 Advpcb.ddb，如第 5 章的图 5-2 所示。在 Windows 7 或 Windows 10 环境下，单击 Browse 窗下的"Add/Remove…."按钮，进入第 5 章图 5-10 所示窗口，直接双击指定的 PCB 封装图库文件名(或单击指定的 PCB 封装图库文件名后，再

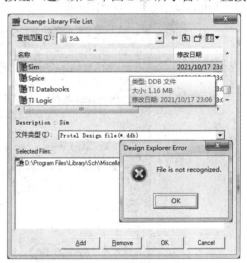

附图 1　直接添加库文件系统报告的信息

单击"Add"按钮)，欲将其他的 PCB 封装图库文件加入到当前 PCB 库文件列表时，软件也给出类似附图 B-1 所示的提示信息，同样无法在 PCB 封装图库文件列表内添加其他的 PCB 封装图库文件。

1. 原理图(SCH)库文件装入方法

　　在 Windows 7 或 Windows 10 环境下，可通过如下两种方法之一将原理图库文件装入原理图库文件列表窗内。

　　1) 直接在 Protel 99 SE 原理图编辑状态下装入原理图库文件

　　操作过程如下：

　　(1) 为方便其后的操作，将所需的原理图库文件从 Protel 99 SE 原理图库文件夹(\Library\SCH)下复制到硬盘上特定的文件夹内。例如，将 \Library\SCH\Sim.DDB 和 \Library\SCH\TI Logic.DDB 复制到 E:\E 盘\PROTEL99 SE_LIB\SCH 文件夹内，该文件夹内

也可以包含用户曾创建过的原理图库文件(包括 DDB 文件和 LIB 文件),如附图 2 中的 CPU.DDB 原理图库文件。

附图 2 将待装入的目标原理图库文件集中存放到硬盘上特定的文件夹内

(2) 打开盘上特定设计项目内的原理图文件(或用"New…"命令,并选择"Schematic Document"文件类型,创建一个新的原理图文件),进入 Protel 99 SE 原理图编辑状态,并以"Libraries"(库文件)作为浏览对象,如附图 3 所示。

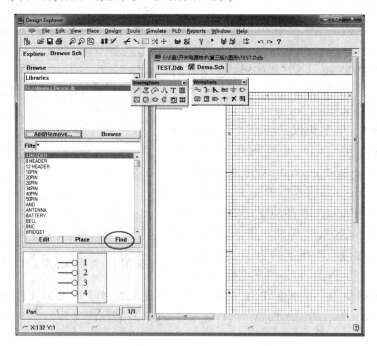

附图 3 进入原理编辑状态

(3) 在附图 3 中,单击当前库文件元件列表窗右下角的"Find"(查找)按钮,进入如附图 4 所示的"Find Schematic Component"(查找原理图元件)窗口。

如果 Path(路径)文本盒内不是待装入原理图库文件所在的文件夹,则可单击其右侧的 "…"(选定文件夹)按钮,重新选择 Path(路径)文本盒内的文件夹。

(4) 单击附图 4 中的"Find Now"(现在查找)按钮,如果 Path(路径)文本盒内的文件夹下含有原理图库文件(包括.ddb 和.lib 类库文件),它们将显示在附图 4 中的原理图库文件列表窗内,如附图 5 所示。

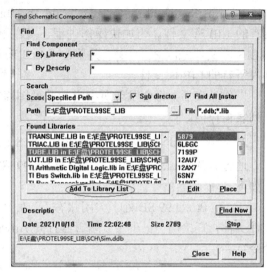

附图 4　查找原理图元件窗口　　　　　　　　附图 5　查找结果

从附图 5 可以看出：在库文件列表窗口内列出了"E:\E 盘\PROTEL99 SE_LIB\SCH"文件夹内各 .ddb 文件内所有的 .lib 库文件，选定其中的一个 .Lib 库文件(如 TUBE.LIB)，并单击列表窗下的"Add To Library List"按钮，将发现 TUBE.LIB 所在的 sim.ddb 库文件内所有的 lib 库文件已出现在附图 3 所示的库文件列表窗内，如附图 6 所示。

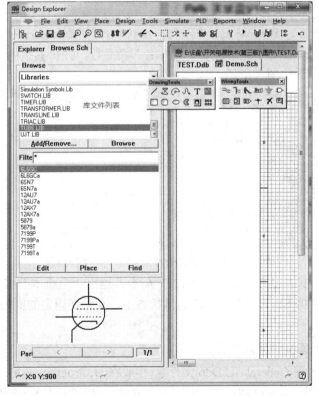

附图 6　目标原理图库文件已出现在库文件列表窗内

(5) 单击附图 6 中的"Find"(查找)按钮，返回附图 5 所示的状态，选定其他的 lib 库文件(如 TI Bus Switch.lib)，再单击"Add To Library List"按钮装入 TI LOGIC.DDB 库文件内所有的 LIB 库文件。为加快操作进程，可在附图 5 所示的库文件列表窗内，继续选定其他的 LIB 库文件(如 CPU.LIB)，并单击"Add To Library List"按钮，即可装入 CPU.DDB 库文件内所有的 LIB 库文件。

操作结束后，将会发现所指定的原理图库文件(.LIB)已出现在原理图编辑状态下的库文件列表窗口内。

2) 修改 Windows 目录下的 AdvSch99 SE.INI 配置文件

通过修改 Windows 目录下的 AdvSch99 SE.INI 配置文件，添加原理图库文件的操作过程如下：

(1) 在 Protel 99 SE 处于关闭状态下，在 Windows 目录下，找出并双击 AdvSch99 SE.INI 配件文件，直接用"记事本"编辑器打开 AdvSch99 SE.INI 配件文件，找出如附图 7 所示的命令行。

附图 7   Windows 目录下 AdvSch99 SE.INI 配件文件的部分内容

(2) 添加"File n=库文件所在目录及文件名"命令行，并将其上的"Count=1"改为与命令行匹配的数值，如附图 8 所示。

附图 8   编辑 AdvSch99 SE.INI 配件文件内容

(3) 执行"文件(F)"菜单下的"保存(S)"命令，退出"记事本"编辑器。

重新启动 Protel 99 SE 后，在原理图编辑状态下，会发现指定的原理图库文件已出现在库文件列表窗内。

2. PCB 封装图库文件装入方法

下面以装入封装图 General IC.Ddb 文件包(存放在 D:\Program Files\Library\Pcb\Generic 文件夹内)及用户封装图 User.Ddb 文件包(存放在 E:\E 盘\PROTEL99 SE_LIB\PCB 文件夹内)的 .LIB 库文件为例，介绍在 Windows 7 或 Windows 10 环境下，如何装入 PCB 封装图库文

件(.LIB)的操作过程。

(1) 如果 Protel 99 SE 安装后从未启动过 PCB 编辑器，则先打开盘上特定设计项目内的 PCB 文件(或用"New…"命令，并选择"PCB Document"文件类型，创建一个新的 PCB 文件)进入 Protel 99 SE 的 PCB 编辑状态，退出 Protel 99 SE。反之，如果已运行过 PCB 编辑器，可忽略这一操作步骤，原因是这一操作步骤仅仅是为了在 C 盘上的 Windows 目录下创建 AdvPcb99 SE.INI 配件文件。

(2) 在 Protel 99 SE 处于关闭状态下，在 C 盘 Windows 目录下找出并双击 AdvSch99 SE.INI 配件文件，直接用"记事本"编辑器打开 AdvSch99 SE.INI 配件文件，找出如附图 9 所示的命令行。

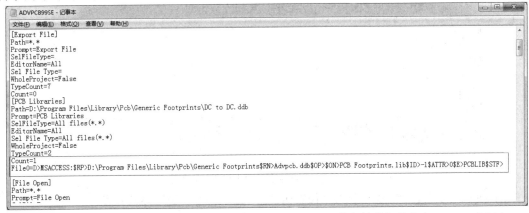

附图 9　Windwos 目录下 AdvPcb99 SE.INI 配件文件的部分内容

(3) 复制、粘贴附图 9 所示的"File0=D>MSACCESS:$RP>…"命令行，将相关信息更换为待装入的目标 PCB 封装图库文件所在目录路径及文件名，修改"File0=D>MSACCESS:$RP>…"命令行中的文件编号，并将其上的"Count=1"改为与命令行匹配的数值，如附图 10 所示。

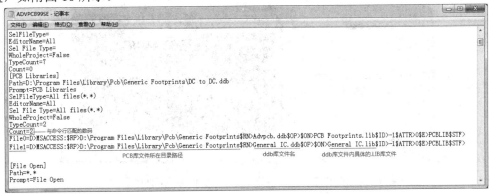

附图 10　编辑 AdvPcb99 SE.INI 配件文件的部分内容

当同一 DDB 库文件内含有多个 LIB 库文件(如附图 11 中的 USER.Ddb 文件)时，可先保存修改后的配置文件，启动 Protel 99 SE，打开对应的 DDB 库文件，记录 DDB 库文件包内的每一 LIB 库文件名。

(4) 退出 Protel 99 SE 后，进入 AdvPcb99 SE.INI 配件文件的编辑状态，逐一添加所需的 LIB 库文件命令行，如附图 12 所示。

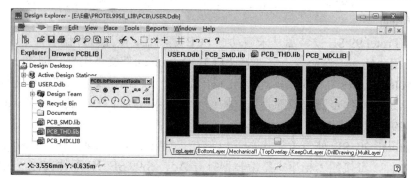

附图 11　打开 DDB 库文件获取其所包含的 LIB 库文件信息

```
ADVPCB99SE - 记事本
文件(F)  编辑(E)  格式(O)  查看(V)  帮助(H)
SelFileType=
EditorName=All
Sel File Type=
WholeProject=False
TypeCount=7
Count=0
[PCB Libraries]
Path=D:\Program Files\Library\Pcb\Generic Footprints\DC to DC.ddb
Prompt=PCB Libraries
SelFileType=All files(*.*)
EditorName=All
Sel File Type=All files(*.*)
WholeProject=False
TypeCount=2
Count=5
File0=D:\MSACCESS:$RP>D:\Program Files\Library\Pcb\Generic Footprints$RN>Advpcb.ddb$OP>$ON>PCB Footprints.lib$ID>-1$ATTR>0$E>PCBLIB$STF>
File1=D:\MSACCESS:$RP>D:\Program Files\Library\Pcb\Generic Footprints$RN>General IC.ddb$OP>$ON>General IC.lib$ID>-1$ATTR>0$E>PCBLIB$STF>
File2=D:\MSACCESS:$RP>E:\E盘\PROTEL99SE_LIB\PCB$RN>USER.ddb$OP>$ON>PCB_SMD.lib$ID>-1$ATTR>0$E>PCBLIB$STF>
File3=D:\MSACCESS:$RP>E:\E盘\PROTEL99SE_LIB\PCB$RN>USER.ddb$OP>$ON>PCB_THD.lib$ID>-1$ATTR>0$E>PCBLIB$STF>
File4=D:\MSACCESS:$RP>E:\E盘\PROTEL99SE_LIB\PCB$RN>USER.ddb$OP>$ON>PCB_MIX.lib$ID>-1$ATTR>0$E>PCBLIB$STF>

[File Open]
```

附图 12　同一 DDB 库文件内不同 LIB 库文件命令行

(5) 执行"文件(F)"菜单下的"保存(S)"命令，退出"记事本"编辑器。

重新启动 Protel 99 SE，在 PCB 编辑状态下，会发现指定的 PCB 封装图库文件(LIB)已出现在库文件列表窗内，如附图 13 所示。

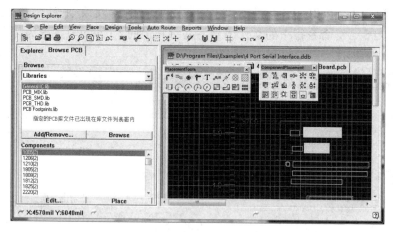

附图 13　指定的 PCB 封装图库文件已出现库文件列表窗内

当然，也可以从网上下载特定的补丁软件，完成原理图库文件及 PCB 封装图库文件的装入操作，但在病毒、恶意插件横行的年代，多数人并不情愿下载及执行这类安全性存疑、效果有待验证的补丁软件。

二、定时自动保存设计数据遇到的问题及解决办法

定时自动保存设计数据异常的主要原因是直接双击桌面上或任务栏内的 Peotel 99 SE

图标(关联 Client 99 SE.EXE)时，以本地用户身份运行 Protel 99 SE，没有取得写入权限。该问题可采用如下方式之一解决。

1. 以管理员身份运行

将鼠标移到桌面上或任务栏内的"Peotel 99 SE"图标上，单击右键，并选择"以管理员身份运行(A)"命令启动 Protel 99 SE。

为避免每次均需要通过单击右键，选择"以管理员身份运行(A)"命令启动，也可以将鼠标移到桌面上或任务栏内的"Peotel 99 SE"图标上，单击右键，执行"属性(R)"命令，进入 Protel 99 SE 图标属性设置窗，选择"兼容性"标签，进入如附图 14 所示的属性设置窗口。

在附图 14 所示的窗口内，选中"以管理员身份运行此程序"选项，并单击"确认"按钮退出，则双击对应的 Protel 99 SE 图标启动时，自动以管理员身份运行 Protel 99 SE。

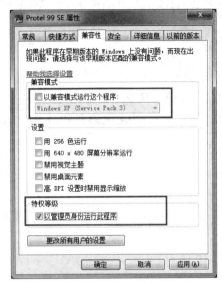

附图 14 属性设置窗口

当然，也可以在附图 14 中，选中"以兼容模式运行这个程序"选项，并指定该选项下相应的兼容模式，单击"确认"按钮退出以解决自动存盘问题。但以兼容方式运行 Protel 99 SE 时，速度可能变慢一些。

2. 修改本地用户权限

在附图 14 所示的属性设置窗口内，选择"安全"标签，进入如附图 15 所示的用户权限设置窗口。

在用户名列表窗内，选择本地用户名，如本例中的"user(user-PC\user)"，并单击"编辑"按钮，在附图 16 所示的权限设置窗口内，选定本地用户名，并选中"写入"权限项后，单击"确认"按钮退出即可。

附图 15 用户权限设置窗口

附图 16 用户权限设置

参 考 文 献

[1] 曾峰，侯亚宁，曾凡雨. 印刷电路板(PCB)设计与制作. 北京：电子工业出版社，2003.
[2] 郑诗卫. 印制电路板排版设计. 北京：科学技术文献出版社，1984.